［美］比尔·伯林霍夫
William P.Berlinghoff

［美］费尔南多·辜维亚 | 著
Fernando Q.Gouvêa

胡坦 | 译　　生云鹤 | 审译

这才是好读的
数学史
（原书第二版）

MATH

MATH THROUGH
THE AGES

A Gentle History for Teachers and Others

北京时代华文书局

图书在版编目（CIP）数据

这才是好读的数学史 /（美）比尔·伯林霍夫，（美）费尔南多·辜维亚著； 胡坦译 . — 北京：北京时代华文书局，2019.3（2025.4 重印）

书名原文：Math Through the Ages：A Gentle History for Teachers and Others

ISBN 978-7-5699-2971-3

Ⅰ.①这… Ⅱ.①比… ②费… ③胡… Ⅲ.①数学史—普及读物 Ⅳ.①O11-49

中国版本图书馆 CIP 数据核字 (20189) 第 037302 号

北京市版权局著作权合同登记号　图字：01-2017-5330 号

这才是好读的数学史

ZHE CAI SHI HAO DU DE SHUXUE SHI

著　　者 | ［美］比尔·伯林霍夫　［美］费尔南多·辜维亚
译　　者 | 胡　坦
审　　译 | 生云鹤

出 版 人 | 陈　涛
策划编辑 | 文　净
责任编辑 | 周　磊　余荣才
装帧设计 | 程　慧　赵芝英
责任印制 | 刘　银　訾　敬

出版发行 | 北京时代华文书局 http://www.bjsdsj.com.cn
　　　　　北京市东城区安定门外大街 138 号皇城国际大厦 A 座 8 层
　　　　　邮编：100011　电话：010-64263661　64261528
印　　刷 | 三河市嘉科万达彩色印刷有限公司　0316-3156777
　　　　　（如发现印装质量问题，请与印刷厂联系调换）
开　　本 | 710 mm×1000 mm　1/16　印　张 | 22.5　字　数 | 380 千字
版　　次 | 2019 年 6 月第 1 版
印　　次 | 2025 年 4 月第 30 次印刷
书　　号 | ISBN 978-7-5699-2971-3
定　　价 | 68.00 元

第二版序言

　　本书从最初出版到如今，已历十余年。这期间发生的两件事，促使我们对其进行修订：一是在数学史上，学术出版显著发展——包括许多非专业人士也能够阅读到新书；二是本书在国内外获得了广泛使用，并且读者对其有持续需求。此外，虽然本次修订中新增的内容是根据我个人的喜好选择的，但这些内容中包含的几个主题也值得简述一二。

　　本书增加了5个新的具有历史价值的概念——正切函数、对数、圆锥曲线、无理数和导数。我们选择不改变原来概念所在的编号，也就是让修订后的编号按26～30的顺序紧接着排。

　　我们对"数学简史"部分进行了较大幅度的扩展与修订，以反映最近的学术发展；"延伸阅读"部分和"参考文献"部分已经彻底修订，以反映最新的出版物；在每个概念结尾处的"深度阅读"部分也已做了修订，以说明在过去的10年期间出现过的资料来源。

　　在准备这次修订时，我们尽力留意许多大学教授已经设立的课程，并让修订内容至少有一部分是围绕第一版编制的。为此，数学概念小史1～25基本保持不变。当然，我们对其中一部分内容重新做了一些修改。我们对数学概念小史1、5、9、15、17、18，尤其是19，做了重大调整。尽管如此，所有数学概念小史的"故事线"都没有改变。

　　《这才是好读的数学史》（*Math through the Ages*）仍然保留两个版

本：一个是包含了基本文本的平装本，由奥克斯顿出版社（Oxton House）出版；另一个是我们手头上的这本"扩展版"，包括为课堂准备的问题和课题，由奥克斯顿出版社和美国数学协会（Math Association of America, MAA）联合出版。对于这个扩展的第二版，我们为这5个新的概念添加了问题和课题，而其余部分只做了一些小的改动。我们试图按第一版"序言"中所描述的指导方针做到这一点：既提供数学和历史问题，又试图确保读者了解历史背景。扩展版也有一个扩大的参考书籍，因为它包含了与问题或项目相关的材料。

《教师指南》（*Instructor's Guide*）一书提供了有关项目问题和评论的解决方案，可供教师于课堂教学中使用。

我们感谢许多阅读了第一版并让我们分享了他们的见解的读者。我们也感谢许多对第一版写出评论的评论家——我们认真地考虑了他们的批评和建议。我们也感谢所有帮助我们编写和制作这本扩展版的人。格伦·范·布鲁姆梅伦（Glen van Brummelen）和杰里米·格雷（Jeremy Gray）回答了我们的问题。杰西卡·罗森伯格（Jessica Rosenberg）坚持要换个新封面。美国数学协会教科书编辑委员会（The MAA Textbooks Editorial Board）同意合作出版此版本。奥克斯顿出版社的黛布拉·理查兹（Debra Richards）在各个阶段都做了一些仔细的校对工作。美国数学协会的卡罗尔·巴克斯特（Carol Baxter）帮助我们完成了将计算机文件转换为最终印刷读本的工作。感谢你们！

第一版序言

　　撰写本书，缘于两年前于科尔比学院数学系（Colby College Mathematics Department）走廊的几次偶然的对话，但真正的缘由比那要深刻得多，酝酿时间也很长。很多年来，我们一直对数学史感兴趣，无论是出于数学史自身的原因，还是出于对广大听众讲授数学概念方面的帮助。我们中的一位已经将数学史作为一些大学文科生基础阶段数学课程的主要组成部分。这也是他为基于美国数学教师理事会（NCTM）标准化的高中数学课程做出的重要贡献之一——数学史也被纳入高中数学系列课程中的重要组成部分。另一位则在这个领域做了大量的基础和背景研究，参与了美国数学协会有关"数学史研究所及其在教学中的应用"（Institute for the History of Mathematics and its use in Teaching，IHMT）的研究计划，并在科尔比学院教授数学史课程。我们深信，了解数学概念或技术的历史，会使我们对数学概念或技术本身有更深入、更丰富的理解。

　　遗憾的是，就对数学史有兴趣的教师和其他人来说，探索与研究这一课题的时间相对较短，但大多数关于这个问题的著作都是非常宏大的，以致让人望而生畏。如果你在准备教授二次方程或负数的时候想了解一些历史背景知识，或者你只是对 π、度量衡或零的历史好奇，那么，你会去哪里寻找？大多数数学史书籍的索引会指向脱节的、零散的、互不相干的内容，需要你自己将它们拼凑出一个连贯的知识体系。互联网上的专题搜索可能会充斥着海量的信息，一些是可靠的，另一些则是似是而非的，几乎没有什么指导意义，让人不知道哪一个是对的，哪一个是错的。

鉴于上述原因，我们决定撰写一本数学史的书籍。这本书的写作将牢记读者需要的是什么，以便更好地满足读者。这本书的主要内容是关于基础数学的一些基本概念，由25段简短的数学概念小史组成。这些数学概念小史阐述了一个想法、过程或主题的起源，有时联结着看似不同的事物，但它们有着共同的历史根源。在这25段数学概念小史的前面，我们对从古到今的数学史做了一个简短的全景式的描述。这种简短的描述为读者搭建了我们今天所知道的数学史上的重要人物和事件的骨架。它为独立的、自足的数学概念小史提供了统一的背景知识。当然，对这些数学概念小史主题的选择难免主观；在一定程度上，部分是以我们自己的兴趣为指导，部分是通过我们对老师和学生们可能感兴趣的内容的理解。如果你对本书有好的建议和想法，欢迎你通过本书版权页上的地址或电子邮件向出版社或作者写信或发邮件，我们将在下一版中修订！

我们尽一切努力尽可能准确地反映今天所知道的历史事实。然而，历史远非是一门精确的科学，不完全或相互冲突的知识来源往往导致学者之间对一些事实做出相互矛盾的判断。一些关于数学人物和事件的故事已经演绎了很多年，形成了一个个在民间广泛流传的"民间传说"，但很少有有力的文献证据来支撑它。尽管这些"民间传说"故事有可能困扰着历史学者，但其中许多故事——就像每一种文化中的民间故事一样——都是有价值的，发挥着寓言般的启发意义，勾起你记忆的"引子"，勾起你或你的学生对某一个数学概念的记忆。我们没有完全忽视这些轶事，也没有忽视它们的价值，而是在书中选择了一些更有趣的轶事，并给出了适当的提醒——请读者不要过于随便地引用它们。

为了帮助你找到更多关于你感兴趣的主题的信息，标题为"延伸阅读"（What to Read Next）部分提供了一个供读者进一步阅读的有注释的书单。它包括一些参考文献指引，但它的核心是一本简短的"必读"（ought-to-read）书单，我们认为任何对数学史感兴趣的人都会喜欢。

关于符号应注意：近年来，一些历史书籍使用B.C.E［公元前（before

the common era）］和C.E［公元（the common era）］，分别取代了更传统的
B.C.和A.D.。

　　根据历史学家的意见，这要么是（a）——历史文献的未来标记，要么
是（b）——一时的"政治正确"的时尚。在这个问题上，我们在不偏好任
何立场的前提下，选择了我们认为对大多数潜在读者更熟悉的符号。

致谢

我们感谢来自身边和远方的许多同事并分享他们的知识，感谢他们在回答我们有时有些古怪的问题时的耐心。我们特别感谢佛蒙特州的数学教育顾问莎伦·法登（Sharon Fadden）、马萨诸塞州林菲尔德高中的吉姆·卡恩斯（Jim Kearns），以及缅因州牛津山综合高中的布莱恩·摩根（Bryan Morgan）阅读和评论本书的早期版本。我们还要特别感谢格鲁吉亚·托宾（Tobin）为本书创建了埃及和巴比伦数字TeX符号，并感谢迈克尔·欧立斯（Michael Vulis）将它们转换为PostScript格式；南康涅狄格州立大学的罗伯特·沃什伯恩（Robert Washbur）为我们提供了数学概念小史6的一些材料；还有埃莉诺·罗布森（Eleanor Robson），她慷慨地允许我们使用她的一张旧巴比伦石板（第72页）的图纸。

我们中的一人有机会利用两个暑假参加美国数学协会"数学史研究及其在教学中的应用（IHMT）"的研究计划，对此我们心存感激。IHMT有助于参与者将对数学史的终生兴趣转变为容易建立起来的坚实的知识基础。特别感谢IHMT的组织者弗莱德·瑞琪（Fred Rickey）、维克多·卡茨（Victor Katz）和史蒂芬·斯科特（Steven Schot），感谢赞助机构——美国数学协会，以及所有IHMT的同事——一群有趣的、多样化的、有知识的、有帮助的人。在撰写本书的时候，他们中的许多人回答了我们的问题并提出了有益的建议，我们对此感激不尽。

我们对许多数学史学家心存感激之情，在撰写本书时大量阅读和使用了他们的研究成果和著作。如果不是试图站在这些巨人的肩膀上，我们就不可能完成这项工作。我们在散落于书中的参考文献注释和"延伸阅读"一节中，试图向读者介绍他们的一些研究成果。

我们还要感谢唐·阿尔贝尔斯（Don Albers）、马丁·戴维斯（Martin Davis）、戴维·福勒（David Fowler）、胡利奥·冈萨雷斯·卡维隆（Julio Gonzalez Cabillon）、维克托·希尔（Victor Hill）、海因茨·卢恩伯格（Heinz Lüuneburg）、埃莉诺·罗布森（Eleanor Robson）、金姆·普洛夫克（Kim Plofker）、加里·施图德（Gary Stoud）、雷贝卡·斯特赖克（Rebekka Struik）及数学史（Historia Mathematica）小组回答我们的问题。当然，本书中存在的任何错误，责任都在我们自己。

本书初版后，一些想用本书作为课堂教科书的教师问我们，可以向学生提出什么样的问题。为答复这些要求，在美国数学协会的鼓励下，我们增加了54页*的问题和专题。这个扩充版适用于相当广泛的课程，包括许多旨在为未来小学或中学数学教师准备的课程，或是在职专业发展计划的一部分。此外，即使是偶然阅读的读者，也可以从思考我们所提出的一些问题中获益。

鉴于本书潜在读者的数学背景的可变性，供他们考虑而设计的问题种类和水平皆具有多样性。每个数学概念小史后插入了差不多两页的"问题"和"专题"。两者之间的特质是近似的，但"问题"部分往往相当直截了当，尽管许多问题有些不寻常，有些需要进行一些研究。相比之下，"专题"部分是有意开放的，往往需要研究和独立思考。

我们在构建问题和项目时考虑到了几个不同的读者目标：

·更多地了解数学概念小史中的数学思想；
·以历史方式展示或表达数学；

_____

* 在英文版原书中总计54页。

·了解有关该主题的数学史的更多信息；

·明白数学史如何与更广泛的历史观点相契合。

其中的一些目标与一些数学概念小史的相容程度更胜他人，所以并不是所有的问题都存在于每节"问题"和"专题"中。然而，每组中至少有一个问题涉及这些目标中的最后一个。揭示的程度是各种各样的，因此几乎每个人，无论背景如何，都会发现一些可以接触到的东西。我们希望，这样做很有趣。在"问题"和"专题"中，引述的原始文本原封不动——除了纠正第一次印刷中出现的一些小错误和原版中的错误外。

出版社提供了一份内容广泛的《教师指南》（*Instructor's Guide*）。它包含了针对本书这些问题的解答、对大多数专题背景的讨论，以及进一步研究的参考文献来源。

许多人在很多方面为这个扩展版的编写做出了贡献。特别感谢奥托·布雷彻（Otto Bretscher，数学，科尔比学院）、扎文·卡里安（Zaven Karian，CRM编辑委员会，MAA）、萨拉·马林（Sarah Maline，缅因州法明顿大学艺术史）、法利·莫邪（Farley Mawyer，数学和计算机科学，纽约大学、城市大学）、黛西·麦考伊（Daisy Mc-Coy，数学，林登州立学院）、史蒂文·帕内（Steven Pane,音乐，缅因州法明顿大学）、彼得·赖斯（Peter Rice,科尔比学院学生）和大卫·斯科里布纳（David Scribner,数学，缅因州法明顿大学），感谢他们的帮助；感谢我们两人的妻子菲利斯·菲舍尔和马里·古维，感谢她们的有益建议、建设性批评和有耐心的支持。

我们感到高兴的是，美国数学协会选择联合出版本书，作为其课堂资源系列的一部分，并特别感谢唐·阿尔贝尔斯和伊莲·佩德里拉对他们MAA员工所作的鼓励和帮助。我们感谢MAA和奥克斯顿出版社的帮助，这些帮助使本书广泛地被参考、易于阅读和使用。

 目录

引　言

数学从何而来？算术总是以我们在学校所学到的方式运算吗？它能以其他方式运算吗？谁想出了所有的代数规则，他们为什么要这样想？还有，关于几何的事实和证明又是怎样的？

数学与文学、物理学、艺术、经济学或音乐一样，是人类不断发展和努力的成果。它既有过去的历史，又有未来的发展，更有今天的广泛应用。我们今天学习和使用的数学，在许多方面都与1000年前、500年前甚至100年前的数学有很大的不同。在21世纪，数学无疑会进一步地发展。学习数学就像认识一个人一样，你对他（她）的过去了解得越多，你现在和将来就越能理解他（她）并与其互动。

在任何起点上要想学好数学，我们需要先理解相关问题，然后才能赋予答案的意义。理解一个问题往往取决于了解这个概念的历史。这个概念是从何而来的？为什么现在或过去显得如此重要？谁想要获得这个答案——为获得这个答案，他们都做了些什么？数学发展的每一个阶段都建立在前人研究成果的基础上。在数学的发展史上，每一位做出贡献的人都具有自己独特的观点。他们如何思考？他们做了什么？这些往往都是理解他们贡献的关键因素。

要想教好不同数学水平的学生，我们需要帮助学生看到潜在的问题和将细节结合在一起的思维模式。对这些问题和模式的关注是判断一个学校数学教学好坏的最好标志。它是数学实践标准（Standards for Mathematical Practice）的驱动力，是所有"共同核心国家标准"（Common Core State Standard）中的一个重要组成部分。这也反映在国家研究委员会的"K–12框架自然科学教育"2013年度报告中的一节（《数学科学2025》[173]）上。大多数学生，尤其是低年级学生，自然会对事情的来龙去脉感到好奇。在老师的帮助下，这种好奇心会引导他们理解他们需要知道的数学过程。

那么，要在数学课堂上教好数学史的最好方法是什么？第一个浮现在脑海中的答案是"讲故事"——历史轶事，或者更具体地说，是传记故事。这是一个典型的场景——每当讲解如何将一个等差数列求和时，老师会讲述一个关于卡尔·弗里德里希·高斯（Carl Friedrich Gauss）的故事。

当高斯大约10岁时（一些故事版本说是7岁），他的老师给全班学生布置了一道很长的作业题，显然是为了给自己创造一点安静的时间，以便歇息一下。题目是把1到100之间的所有数字相加求和。全班同学开始在各自的石板上运算时，没想到高斯径直在他的石板上写了"5050"，并说："答案就是这个。"老师非常吃惊，以为高斯只是瞎猜的。其实老师自己也不知道正确答案。于是他让高斯保持安静，然后等所有同学都做好——这样就可知道谁的答案是对的。令他吃惊的是，大多数同学的答案也是"5050"，由此证明高斯的答案是正确的。那么，高斯能如此快速地算出来究竟是怎样做到的呢？

在数学史的课堂上给学生讲这样的故事是非常有用的。毕竟这是一个有趣的故事。在这个故事里，一个学生成了英雄人物，他的智力胜过他的老师。这个故事本身可能会引起学生们的兴趣，也许他们会记住它。它在学生的记忆中是难以忘记的，可以作为一个数学概念的引子（在这个例子中，是计算的方法）。像大多数传记的评论一样，这个故事也提醒学生们，他们学数学的背后确实有聪明人在动脑想问题，同时，必定会有人发现公式并想出奇妙的点子。最终，特别是如上所述，这个故事可以引导学生们自己发现公式，毕竟这样的事就发生在我们身边，而且是一个10岁的小孩。

但这个例子也引出了一些问题。原因是这个故事出现了许多不同的来源，有各种各样的版本。求和有时是另一个更复杂的算术数列。老师的愚蠢有时会因过当描述他对高斯的态度而显得更加突出。许多但并非全部的版本都包含了对高斯方法的描述。这样的变化引起人们对这个故事的怀疑。这个故事真的发生了吗？我们是怎么知道的？存在问题吗？

在某种程度上，故事的不同版本并不要紧，但人们可能会觉得不应该告诉学生一些可能不太真实的故事。就我们的例子来说，至少解决其中一些问题并不难。这个故事是高斯自己年老的时候告诉他的朋友们的。没有什么特别的理由怀疑它的真实性，尽管它有可能每次讲述有所出入，就像老人们经常讲述自己当年的故事一样，难免添油加醋，吹嘘自夸。原始版本似乎提到了一个未指定的算术数列，涉及的数字要大得多，但总的来说，上面所讲述的版本也不会太离谱。不幸的是，要确认一件轶事是否真实并不总是那么容易。因此，老师给学生讲述一件轶事、做一些口头解释或许是一个好的主意：告诉他们所听到的故事未必是严格的历史事实。

然而，讲述历史和传记轶事的主要局限是，它们往往与数学概念的联系很遥远。本书显然包括一些这样的故事[1]，希望能告诉读者一些在课堂上使用历史的其他方法，以及更紧密地把历史和数学联系在一起的方法。

这些方法之一是用历史来开阔视野。对于学生来说，将在学校学习数学作为随机收集不相关的信息来体验是非常普遍的。但这并不是数学产生的真实方式。人们做事情都是有原因的，他们的工作通常是建立在前人成果的基础上，可以说是一种跨时代的广泛合作。历史资料往往让我们与学生分享这幅"大图景"。它也常常有助于解释为什么某些想法会被开发出来。例如，针对复数，在数学概念小史17中，解释了为什么数学家会被引

---

[1] 这类故事的几个来源可参考"延伸阅读"。

导到发明新的数字，这对学生来说最初看起来是相当奇怪的。

大多数数学都是为了试图解决一些实际问题而产生的。通常，关键的洞察力来自跨越学科界限及寻找它们之间联系的实践活动。"大图景"部分指向数学各部分之间相互联系是确实存在的事实。关注历史是认识这些联系的一种方式，并且在课堂上应用历史知识可以帮助学生意识到这些联系。

理解历史常常要通过联系上下文和背景。毕竟，数学是一种文化产物。它是由人们在特定的时间和地点创造的，而且常常受到当时的环境和时代背景的影响。了解更多这方面的知识，有助于我们理解数学是如何与其他人类活动相适应的。人类最初开发数字的想法是帮助各国政府跟踪数据，如食物的生产，这可能不会直接帮助我们学习算术，但能将算术的应用从一开始就放在一个有意义的时代背景中。这也使我们想到数学在政府管理中所起的作用。如，收集统计数据是今天各国政府仍在做的重要工作。

就我们和学生而言，了解一个概念的历史往往可以引导我们对问题有更深刻的理解。如，了解负数的历史（详细信息请参见数学概念小史5）。在关于负数的基本概念被发现后很长一段时间里，数学家们仍然发现它们很难处理。问题并不在于他们不理解如何利用这些数字来运算的正式规则，而是他们对这一概念本身有困惑，包括如何以有意义的方式解释这些正式规则。理解这一点有助于我们同情学生可能遇到的困难（并产生共鸣）。了解这些困难在历史上是如何得到解决的，也可以帮助学生找到克服这些困难的方法，给他们指出一条路来。

历史也是学生活动的一个良好来源。它可以很简单，就像让学生研究数学家的生平故事一样简单，也可以是一个精心策划的项目，引导学生重建一条通往数学突破的历史路径。有时，可能会让（高年级）学生试着阅读原始资料。这些方法都是希望通过让学生积极地参与来增强他们对数学的成就感。

在本书中，我们试图为读者提供应用历史资料的所有方法。接下来的"数学简史"部分简要讲述了从远古到21世纪初的数学史，并为本书提及的各个事件建立了一个时间年表和地理框架。紧接着，30节数学概念小史，涵盖了每一个主题，以便对数学和历史背景之间的关系有更深层次的理解。最后，"延伸阅读"和散落在书中的参考文献注释为教师或学生提供了大量可供使用的资源，以帮助他们进一步了解感兴趣的任何想法、人物或事件，查询补充资料。

当然，关于历史如何在数学课堂中发挥作用，还有很多要说的。事实上，这是国际数学委员会（ICMI）所赞助的一项研究主题。其研究成果已出版，参考［80］*。这不是一本容易读懂的书，但它包含了许多有趣的想法和信息。最近的许多书籍，把历史与教学结合起来，请参考［228］、［35］、［129］、［124］。还有一个名为国际数学史与数学教学关系研究小组（International Study Group on the Relations Between History and Pedagogy of Mathematics，HPM）的国际协会。国际数学史与数学教学关系研究小组美国分部定期召开会议，探讨历史及其在教学中的应用。

在美国数学教师协会出版的《数学教师》杂志上，经常刊发一些有关数学史的论文，阐述关于历史如何在课堂上发挥作用的想法，已经出版了好几个课堂上使用的模块，参见［132］和（我们自己的）［20］、［21］。

---

* 本书此种表示，未作特别说明，均专指本书"参考文献"中引用的书籍。

上篇

数学简史

有关数学的故事跨越了几千年。它从字母的发明开始，至今仍有新的篇章不断加入。本篇综述应该被看作是对这一巨大跨度领域的简要回顾。它的目的是让读者对数学这一领域的走势有一个总体的感觉，这也许有助于读者熟悉更重要的概念。

我们现在在学校里学到的很多（但并非全部）数学知识实际上是相当古老的。它属于古代近东地区附近的一个传统，接着在古希腊、印度和中世纪的伊斯兰帝国等地发展和成长起来。后来，这一传统在中世纪晚期和文艺复兴时期的欧洲找到了自己的家园，并最终发展为今天的数学，被全世界各地的人理解和应用。虽然我们并不完全忽视其他传统（如中国数学），但因为它们对我们今天所教的数学没有那么直接的影响，所以它们受到的关注较少。

我们在研究古代数学上花费的时间，比近来用在工作上的时间要多得多。在某种程度上，这是一个真正的失衡。过去的几个世纪是数学取得伟大进步的时代。然而，更多新的工作涉及的主题远远超出了学校数学课程的范畴。于是，我们选择了在学校教学中最关注的那部分数学故事。因此，离现在越近的部分本书叙述越少。另一方面，我们所提到的许多主题都出现在本书数学概念小史中。

对数学史的研究，就像对所有的历史研究一样，都是以资料为基础的。这些资料大多是书面文献，但有时文物也很重要。当某一时期的史料来源丰富时，我们对这一时期情况的把握就相当有信心。当史料缺乏时，我们就不那么确定了。此外，数个世纪以来，数学家们一直在写关于数学学科的故事。这有时会导致形成某些事件的"标准故事"版本。这些故事大多是真实的，但历史研究有时改变了我们对所发生事件的看法。也就有了历史学家仍在争论的所谓正确的故事。限于本书的篇幅，我们忽略了许多这类微妙之处。为了弥补这一点，我们提供了参考资料，读者可以在那里找到更多的信息。为了帮助读者查阅，我们还提供了一个附加说明的书籍清单，可能这是进一步研究的良好切入点。（参见"延伸阅读"，从第320页开始。）

当阅读这篇综述的时候，我们可能会因被提到的女性人数如此之少而震惊。在20世纪以前，西方文明的大多数文化都剥夺了妇女接受正规教育的机会，特别是在科学方面的教育机会。此外，即使当一名妇女成功地学习了足够多的数学知识，对该领域做出了独到的贡献时，她也常常很难被认可。她的作品有时会以匿名方式出版，或者由一位取得出版物标准出版渠道的（男性）数学家来推荐出版。有时它根本就没有出版。直到最近几年，历史学家才开始全面揭示女性在数学方面的成就。[①]

在我们这个时代，阻碍妇女进入科学领域的大部分障碍已经消除。不幸的是，旧的"不公平竞争环境"的一些影响仍然存在。认为数学是男性领域的观点一直是一种非常容易死灰复燃的自我满足的预言。但情况正在改变。细致的历史研究成果和20世纪出现了许多有成就的杰出女性数学家表明，女性可以成为具有创造性的数学家，在过去她们对数学做出了巨大的贡献，将来一定会做得更好。

---

① 较好的信息来源见 [103]、[135]、[40]、[179]、[115]、[183] 和 [199]。

1. 开端

没有人确切地知道数学是从什么时候及怎样开始的。我们所知道的是，在每一个有文字记载的文明发展中，都发现了一定水平的关于数学知识的证据。数字和形状的名称以及关于记数和算术运算的基本概念似乎是人类共同遗产的一部分。人类学家发现了许多史前文物，也许可以用来解释数学。最古老的这类文物是在非洲发现的，可追溯到3.7万年前。它们表明，无论是男人还是女人都一直在从事着吸引人的数学活动，历史悠久、绵延。现代人类学家和民族数学研究者也观察到，世界各地的许多文化对形状和数量都有深刻的认识①，并且常常用来解决相当复杂和困难的事情，这些都需要对数学有一定的理解。其中包括，从为建筑物设计长方形地基，到为纺织、篮子和其他工艺品设计复杂的图案。这些原始社会（pre-literate）［或数学前期（pre-mathematical）］的数学元素，可能是我们了解最早期人类数学活动真实情况的最好线索。

大约在公元前5000年，当古代近东地区开始发展文字书写时，数学开始凸显为一项特殊的活动②。随着社会出现了各种中央集权政府的组织形式，就需要一些方法来统计生产活动的数量、拖欠税款数额，等等，这

---

① 这方面的最好参考文献是［12］和［87］。第二部分包括许多关于如何在课堂上使用这些材料的想法。

② 关于这种情况是如何发生的理论，见［205］。

时数学就开始出现了。政府需要知道田地的大小、篮子的数量、特定任务所需的用工人数,这些都变得非常重要。测量单位是以一种偶然的方式出现的,它产生了许多转换问题,有时涉及复杂难解的算术,遗产继承法也引出了令人关注的数学问题。处理这些问题是"抄写员"的专长,他们通常是专业的公职人员,能够编写和解决简单的数学问题。数学作为一门学科,诞生于抄写传统和培养抄写员的学校。

在数学发展的这一时期,我们得到的大部分证据来自美索不达米亚,即底格里斯河和幼发拉底河之间的地区,在今天的伊拉克境内;还有埃及和非洲东北部的尼罗河流域的河谷地区。在印度和中国,这一时期很可能也出现了类似的过程,但我们对具体细节的证据知道得相对有限。

古埃及人用墨水在纸莎草上书写,这种书写材料是不易保存数千年的。此外,大多数埃及考古发掘都是在石头建筑的神庙和陵墓附近,而不是在最有可能发现数学图文的古城遗址。因此,我们只能通过少量资料来考察古埃及数学的发展。我们获得的知识也只是粗略的,学者们对埃及数学的本质和发展无法达成共识。相比之下,美索不达米亚文化的情况则完全不同。他们用木制的笔在泥板上刻字。很多泥板幸存下来了,经过精心

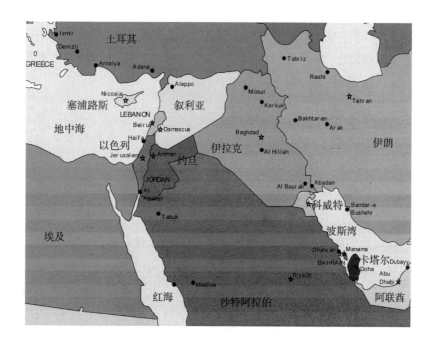

细致的研究，人们获得了更详尽的信息——尽管对它们的了解仍然是不完整和有争议的。这两个文明几乎处在同一时期，无疑会有战争对抗和商业交往之类的接触。这些接触在一定程度上会带来一些数学思想的交流，但很难准确地追溯他们共享的内容。事实上，我们从这些文化中得到的东西在风格和内容上都有很大的不同。

关于埃及数学的大部分资料来源，是因19世纪考古学家A. 亨利·莱因德（A. Henry Rhind）而得名的《莱因德纸草书》（*Rhind Papyrus*），莱因德把这本书带到了英国。它可追溯到公元前1650年，一方面，这种纸莎草纸上书写有大量的数表，它们被用作计算的辅助工具（特别是乘法）；另一方面，它可能是抄写员在培训中出现的问题合集。这些样本涵盖了广泛的数学思想，并与抄写员履行职责所需的各种技巧紧密相关。从这些资料来源和其他方面的文献资料，我们可以推导出古埃及数学的一些基本特征。

· 埃及人使用了两个记数系统（一个在石头上书写，另一个在莎草纸上书写）。这两者都是从10开始编组。一个系统使用不同的符号表示10的幂，一个特定幂的倍数，根据需要通过多次重复这些符号来表示。例如，I和∩分别表示1（10^0）和10（10^1），57就用∩∩∩∩∩I I I I I I I来表示。除了10的幂表示法外，这个方法与罗马记数方法在本质上是相同的。另一个系统更复杂，仍然基于10的幂，但有更多的表示符号。（见数学概念小史1）

· 他们的基本算术运算是加法和乘法。为了运算乘法或除法，他们采用了一种基于加倍的巧妙方法（这种基本思想至今仍被应用于计算机算法中）。

· 在表示分数时，他们只使用"第n部分"的思想，而不是用分数来表示。他们会说"第三"（意思是1/3）和"第四"（意思是1/4）。我们称之为"其他分数"的，他们用这些分数的和来表示。例如，我们所称的"五分之三"，他们称之为"二分之一和十分之一"。加倍算法在他们的数学中相当重要，在《莱因德纸草书》中就有一个数表，列出了部分的双倍。如，"第五"的双倍（即2/5）

是"第三"和"第十五"的和（即1/3+1/15）。学者们仍在争论这些表达式是如何计算的。（请参见数学概念小史4和9）

·他们可以求解简单的线性方程组。（见数学概念小史9）

·他们知道如何计算或近似计算几何图形的面积和体积，包括圆、半球和圆柱体。也许从已知文献来看（这不是出自《莱因德纸草书》），最困难的几何问题是如何（正确）计算截顶的金字塔体积。对于某些形状，它们所能计算出的只是近似值。例如，圆的面积近似计算如下：取圆的直径，去掉它的"1/9"，然后求出以剩余长度为边的正方形的面积。用我们今天的术语，直径d的圆的面积是$\left(\frac{8}{9} \times d\right)^2$，这实际上是一个比较满意的近似值。（见数学概念小史7）

《莱因德纸草书》是用来培训年轻的抄写员的，因此，通过它得出埃及整个数学水平的结论是有点不切实际的。尽管如此，我们可以说，4000年前的埃及数学已经是相当发达的知识体系，其内容与我们今天所学习的计算和几何的内容非常相似，我们今天的中小学都还在应用。它被记录下来，并通过问题的方式进行教学，这些问题的例子都是可以模仿的。大多数问题似乎都来源于抄写员们的实际工作。然而，有一些似乎是为了给年轻的抄写员在困难或复杂计算中一个显露才能的机会。目前尚不清楚的是，埃及数学家在何种程度上超越了日常工作所需要的科学，我们也几乎不知道他们的方法是如何被发现的。

古代伊拉克的历史跨越了数千年，它包括许多文明，如苏美尔、巴比伦、亚述、波斯和希腊文明。所有这些文明都了解并使用数学，但有很多变化。我们大部分关于数学的信息均来自公元前1900年至公元前1600年间，来自有时被称为古巴比伦时期的美索不达米亚地区的泥板。因此，人们有时会把这个地区的数学称为巴比伦数学。与埃及数学不同的是，已经发掘了许多关于巴比伦数学的泥板。再一次发现，他们中的大多数似乎都是学校的课本。这些丰富的课本，使我们能够更清楚地了解美索不达米亚的数学是什么样子，当然还有许多谜团有待解开。

巴比伦抄写员的数学活动似乎源于中央政府的日常生活用品核算。然而，在抄写员培训学校，出于自己的目的，人们对一些科目产生了兴趣，他们对问题的探究已超出了严格的工作实践。就像一个音乐家不满足只是在婚礼和毕业典礼演奏一样，训练有素的抄写员想超越日常问题而探究更精细和复杂的问题，其目标是想成为一名数学大师，能够处理令人印象深刻和复杂的问题。支持这一观点的人认为，抄写员是一个通过正确处理计量和数量来建立公正和确保公平的人。解决复杂问题的能力是抄写员能够履行这一职责的保证。

这一时期的大多数数学泥板上要么是用来帮助计算的数表，要么是用来培训年轻抄写员的问题集。一些刻有问题的泥板包含答案或完整的解答过程，但很少有能够说明现在正在使用的演示方法背后的发现过程。学者们对这些方法可能是什么已经做出了完好的描绘。但是，像所有历史的重建一样，这幅描绘中包含了大量的猜想。尽管如此，我们还是可以肯定地说明以下一些事项。

· 在计算过程中，美索不达米亚的抄写员通常使用基于六十进位来表示数字。重复使用1和10的符号来表示数字1到59。这些符号组相对于彼此的位置，表明它们是代表记数单位还是代表60倍或60^2倍等。（参见数学概念小史1）

· 他们使用了大量的有关乘积、倒数、换算系数和其他常量数表。分数往往用"六十进位"形式表示。这类似于今天的我们将分数写成十进位小数，只不过他们用60的幂而不是10的幂。（参见数学概念小史4）

· 与埃及人一样，巴比伦的抄写员也能处理线性方程。他们还可以解决我们所描述的导向二次方程式的各种问题。这些问题中有许多是他们自愿去处理的，其目的可能只是作为一种方式来证明他们的能力。求解二次方程的方法背后的思想可能是基于一个"割切移补几何学"，其中长方形和正方形的块被移动到周围以发现解决方案。然而，泥板的解决方案完全是数字的，旨在培养学生应用该方法的能力。（参见数学概念小史10）

·巴比伦的几何学与埃及人的几何学一样，主要致力于测量。他们似乎已经知道并应用了我们现在称之为勾股定理的实例，他们有公式用于计算或近似计算各种常见形状的面积和体积。

巴比伦数学的一个有趣的方面是，一些问题的出现，其本意不在于实用，而是在于娱乐休闲。这些都是通常简化为解决线性或二次方程的奇趣问题。下面举个例子。

有一块梯形田地。我割下一根芦苇，用它作为测量竿。当它没有折断时，我测量了60步的长度。我折断它的第六段（即1/6部分），再测量了72步长度。我又折断了1/3的芦苇和1/3腕尺长的芦苇，沿着上宽（梯形上边）测量了3个60步。我用第二次折断的芦苇，度量了下宽（梯形下边）36步。这块梯形土地的面积是1牙钻。那么，芦苇的最初长度是多少？①

除了非常奇怪的语言，事实上，我们大多数人都不知道多少平方"腕尺"等于一个"牙钻"。这个问题可能仍然出现在许多"娱乐数学"专栏中——当然，这还是挺难的。像这样一类的谜题一直出现在数学史上。

古巴比伦末期出现了许多社会和政治的变化。通过公平来衡量实现正义的意识形态变得不那么有影响力，抄写员培训学校似乎已经发生了变化。也有可能出现了其他类型的书写材料，因此保留下来的记录更少了。幸存下来的数学研究成果似乎不那么令人兴奋，也不尽如人意。一些泥板的记载把数学和其他几门学科混合在一起。数学失去了它的独立地位，大部分的热情和创造力都消失了。直到很久之后，大约公元前300年，在为巴比伦天文学的服务中，我们看到对数学的兴趣再度复苏。

从总体印象来看，巴比伦的数学是由方法驱动的。一旦有了解决某种

---

① ［120］第30页是一种略为现代化的翻译形式。

问题的方法，抄写员们似乎就会沉迷于构建越来越多的复杂问题，而这些问题可以用这种方法解决。然而，请记住，我们拥有的大部分泥板是用来训练年轻抄写员的，我们可以从自己的课本中得到类似的印象。

巴比伦数学有几个令人印象深刻的特征，尤其是二次方程的解。他们以60的幂表示数字的思想也是非常重要的，特别是用它来表示分数。我们今天仍然把一小时分成60分钟，把一分钟分成60秒，这一事实可以通过希腊天文学家追溯到巴比伦的六十进位分数；将近4000年后的今天，我们仍然受到巴比伦抄写员的影响。

截至目前，我们对早期的中国数学还不太了解。在纸发明之前，中国人在木片或竹简上书写，它们通常是用绳子串绑在一起的。这些材料很容易腐烂，所以公元100年以前的数学文献很少保存下来。这些自然的困难有时还会因人类的反常行为而变得更加复杂。秦始皇统一中国建立秦朝之初（约公元前220年），下旨"焚书坑儒"，将较早时期的图书全部烧毁了，幸存下来的只有被认为"有用"的医学、占卜、林业和农业的官方记录和书籍。[1]

在过去的几十年里，情况发生了变化，考古学家发现了各种古老的文献。在许多情况下，竹简或木片幸存了下来，但串绑的绳子却腐烂了，它们没有被串在一起，学者们必须弄清楚竹简或木片的顺序以便考察。例如，2007年，湖南大学岳麓书院收藏了约1300根竹简，至少有六本不同的书。其中有一本由231根竹简构成的书，可以追溯到公元前210年左右。

许多新发现的文献仍在学者们的研究中。它们揭示了一种复杂的数学文化。除基本算法外，还有一些涉及比例的问题，其中一些问题需要应用勾股定理运算，还包含其他重要的数学思想。我们预计会有更多的发现，它们将继续丰富我们对中国古代数学思想的了解。

中国最著名的数学文献是《算经十书》（Ten Mathematical Classics），这些书是由官员研究撰写的书籍，他们期望在上任前能证明自己有解决数学问题的能力。同埃及和美索不达米亚的文献一样，它们也包括问题和解题

---

[1] 关于该法令的实际执行情况如何，存在一些疑问。

方法。然而，在中国，解题方法往往是解决这类问题的一般方法。

中国最早的数学经典，通常被认为是《九章算术》（*The Nine Chapters on the Mathematical Art*）。刘徽（约225年—约295年）在公元263年间对幸存下来的版本进行了注释和补充。他在序言中说，书中的材料可以追溯到公元前11世纪，但他也表示，实际真正成书在公元前100年左右。较晚的成书时间几乎被普遍接受，学者们对前一个时间存在着分歧。

《九章算术》的主题是多种多样的。这些主题是在实践中提炼出来的，但已经正式书面化了。有些主题有娱乐的味道。其中一些也出现在西方数学中，有时甚至形式也完全相同。这大概反映了文化的交流，沿着"丝绸之路"的贸易路线将中国与西方世界联结起来。对称性是早期中国数学家的中心思想，它们存在于几何学（如相似三角形）和算术中（如按比例求解数值问题）。许多几何问题都是通过想象被切割和移动的图形来解析的，因为这常常涉及移动此部分并放在彼部分，所以中国人把它称为"割补术"。最引人注目的是，有一章致力于用一种方法来解决线性方程组[①]，这种方法基本上与高斯在19世纪重新发现的方法相同。最初的《九章算术》只包含问题和解决方法，但刘徽的注释常常为解决问题的规则提供理由。这些虽不是基于公理的正式证明，但它们仍然是有力的证明。刘徽的这些证明，通常具有非正式的性质。《九章算术》与其他数学经典一起，在中国数学中起着核心作用。后来许多数学家对它做过注释，这些都是对中国古代数学进一步研究的起点。

在公元前100年以前开始的中国数学传统，经历了好几个世纪的持续发展和成长。中国与西方的联系程度仍然是个未知数，但可以确定的是，至少有一些思想沿着"丝绸之路"在沿线交流，或者影响了印度的数学家。尽管如此，中国的数学一直保持着相当的独立（和不同），直到欧洲探险家16世纪抵达中国。由于中国思想对西方数学的影响是间接的，我们在此不作进一步的详细讨论。

① 它被称为"高斯消元法"或"行化简法"。

我们对早期的印度数学的了解更少。有证据表明，用于天文和其他计算以及对基本几何结构的实际兴趣是可行的数学系统。最重要的早期文献是《吠陀经》，收集了大量的经文，可能达到其最终形式，其时间大约在公元前600年。它们在被称为《绳法经》的补充文本中出现，大多集中在建筑祭坛的规则上。这需要一些数学知识。我们发现了勾股定理（参见数学概念小史12）的一种表述，粗略估计正方形对角线长度的方法，以及关于固体的表面积和体积的大量讨论。其他早期的资料显示出对大量数据的兴趣，并暗示其他数学发展几乎肯定在印度以后的发展中起到了作用。印度的传统对西方数学有着直接的影响，我们在以后章节中将进一步讨论其细节。

这些文明之间有联系吗？其中一种文明中的数学是否影响另一种文明？在许多情况下，确实有某种形式的联系，但很难判断数学思想是否被传播。近年来，人们对非西方数学的兴趣越来越大[①]，但关于思想传播和传播的学术共识尚未形成。

关于古埃及、美索不达米亚、中国和印度等文明的数学，在［98］和［209］第1部分有很好的介绍性文章。要获得可读的、完整的研究成果，请参阅［125］，其中包含的既是对非西方数学的描述，也是对它们的影响和重要性的深入讨论。罗布森的［196］详细描述了数学如何适应古美索不达米亚的社会结构。普洛夫克的［186］考察了印度数学从最早的阶段到中世纪后期的整个传统。有关中国数学的大量信息，请参见［161］或［152］。关于各种古代文化中的证据概念的论文收集在［41］。最后，没有什么能代替阅读真实的材料：从非西方文化中可以找到翻译和注释的数学文本［130］。

① 例如，参见［65］中关于"2000年数学思想的传播"的会议记录。

2. 希腊数学

许多古代文化发展了各种各样的数学，但希腊的数学家们是独一无二的，他们将逻辑推理和证明摆在数学的中心位置。正因如此，他们永远改变了运用数学的意义。

我们不知道从什么时候起，希腊人开始思考数学问题。按他们自己的历史记载，最早的数学论证可追溯到公元前600年。希腊数学传统的保持和活跃发展一直延续到公元400年。当然，在这一千年里，发生了许多变化，历史学家们一直在努力了解基于此学科的独特的希腊观点形成的过程。由于我们的大部分信息来源相当晚，要完成这项任务就显得更加困难。除了柏拉图和亚里士多德的一些著作，还有一些零星的史料，我们了解希腊数学最早的证据是欧几里得的《几何原本》，时间可以追溯到公元前300年左右。我们关于希腊数学史的大部分信息甚至是距现在更近期的，来自公元3世纪和4世纪。这些文献可能保存了早期的材料，但很难确定。许多学者的探究工作都是对整个历史的重建，但这些问题还远未解决。我们在这里的论述只能触及庞大的希腊数学的一点皮毛。

重点要强调的是，当谈到"希腊数学"时，"希腊"这个词的主要参考是它所使用的语言。希腊语是地中海大部分地区的通用语言之一。它是商业和文化上的通用语言，所有受过教育的人都使用它。同样，希腊数学传统是理论数学的主要形式。可以肯定的是，并非所有的"希腊"数学家都出生在希腊。例如，阿基米德来自锡拉库扎（西西里岛，现在是意大利的一部分），传说欧几里得定居于亚历山大市（埃及）。在大多数情况下，我们对这些数学家的实际种族、国籍或信仰一无所知。他们的共同点是一种传统、一种思维方式、一种语言和一种文化。

像大多数希腊哲学家一样，最早期的数学家似乎都是独立谋生的人，他们自己支配时间从事学术追求。后来，一些数学家以占星家的身份谋生，少数人以某种方式得到国家的支持，有些人似乎做了一些教学（通常是一对一的，而不是在学校里）事务。然而，总的来说，数学是那些拥有财力和时间的人的追求——当然，也需要有数学天赋。在任何特定时期，能够取得开创性研究成果的数学家的人数很少，可能就那么十几个[①]。所以，数学家们大多是独自工作，以书面形式相互交流。尽管如此，他们还是建立了一种知识传统，总是让每一个接触它的人留下深刻的印象。

希腊数学占优势的是几何，尽管希腊人也研究了整数的性质、比率理论、天文学和力学。后两者按几何式和理论式风格都得到了很好的处理。在"纯"数学和"应用"数学之间没有明显的分界线。（事实上，这种区别只能追溯到19世纪）。大多数希腊数学家对实际算术或实际测量长度和面积的问题不感兴趣。这些问题只是相对较晚才出现（例如，在公元1世纪海伦的著作中出现过，他可能受到巴比伦数学的影响）。他们在某种程度上保持了独立（工作）的传统。

根据古希腊几何学史学家的说法，最早的希腊数学家是大约公元前600年的泰勒斯（Thales），毕达哥拉斯则要比他晚一个世纪。当那些历史被写下来的时候，泰勒斯和毕达哥拉斯都成了远古时代的神话人物。关于他们的故事很多，很难知道这些故事中哪一个是历史真相。据说两人都在埃及和美索不达米亚学过数学。据载泰勒斯是试图证明某些几何定理的第一人，包括在任意三角形中的内角和等于两个直角和、相似三角形的对应边成比例、圆被它的任一直径平分等定理。

[①] 据热维尔·内兹估计，在整个一千年期间，希腊数学家总数不超过1000人。其中，大约有300人的名字是在希腊晚期被知晓的，现存的文献中有大约150位被提及。参见［174］第7章。

后来的希腊作家讲述了很多关于毕达哥拉斯的故事。许多传说集中在一个半宗教的社团，叫作毕达哥拉斯兄弟会（尽管女性实际上也可以成为平等的成员）。毕达哥拉斯派的大本营是克罗托内，一个在意大利南部由希腊移民建立的城市。兄弟会是一个秘密组织，专门学习各种宗教和哲学。

关于兄弟会的许多传奇故事流传下来了。它们中的大多数故事都是在过去了几个世纪之后才由"新毕达哥拉斯"哲学家写下的。他们描述的一些社会习俗在我们今天看来觉得很奇怪，也有人觉得非常合乎情理。这些成员显然从不吃肉或豆类食品，从不打猎，不使用羊毛，穿白色衣服，睡在白色亚麻床单上。他们用各种各样的仪式来强化他们的团体意识，而五角星则是他们的象征。他们相信某种转世轮回，并发展出一种数字神秘主义，认为数字是现实的秘密法则。每天都遵循普通而简单的养生之道，旨在加强精神和身体的锻炼。他们用运动保持身体健康，用静思以净化心灵。他们花很大一部分时间来讨论和学习数学，他们认为"这才是学习的精髓"。

后来，毕达哥拉斯学派的许多想法和成就都被归功于毕达哥拉斯本人。大多数学者认为毕达哥拉斯本人并不是一名活跃的数学家，尽管他可能对数字神秘主义感兴趣。但在后来的某个时期，有些毕达哥拉斯学派成员开始建构形式论证，因此开始研究数学。因为毕达哥拉斯学派的影响力保持了一段时间，所以我们知道（或可以猜测）他们的一些数学思想。他们似乎非常关心整数的性质和比率的研究（它们与音乐有关）。在几何学中，勾股定理功不可没。（参见数学概念小史12）然而，他们常常津津乐道的最重要的成就莫过于毕达哥拉斯学派发现了"不可通约量"。

比率在希腊数学中扮演着一个非常重要的角色，因为希腊几何学家没有直接将数字与他们的研究对象联系起来。线段就是线段。有相等的线段、较长和较短的线段，以及一条线段可能等于其他两条线段加在一起，但希腊数学家从来没有谈论过线段的长度[①]。面积、体积和角度被视为不同的数量，没有一种与任何数字有必然的联系。那么如何比较数量呢？希腊数学家所做的是运用数量比。例如，为了求圆的面积，我们使用一个公式，$A=\pi r^2$，它告诉我们取半径的长度，然后用它与自己相乘，然后乘一个常数 π。结果是一个数字，我们称之为圆的面积。希腊人也表达了同样的想法：

两个圆之比，与边长等于圆半径的两个正方形之比相同。

用我们今天的术语，我们会说"两个圆的面积"和"两个正方形的面积"。我们也可能会使用符号：如果 A_1 和 A_2 是两个圆的面积，r_1 和 r_2 是两个圆的半径，则

$$\frac{A_1}{A_2} = \frac{r_1{}^2}{r_2{}^2}$$

由此得出结论，因而断定，

$$\frac{A_1}{r_1{}^2} = \frac{A_2}{r_2{}^2}$$

半径为 r 的圆和边长为 r 的正方形

也就是说，一个圆的面积与一个边长等于这个圆半径的正方形面积之比（即 A/r^2）总是相同的，而与圆的大小无关。我们现在把这个比看作是一个数，我们称之为 π，我们知道这是一个相当复杂的数。（见数学概念小史7和29）

有些比率很容易理解，因为它们等于两个整数的比值。如果一条线段的长度是另一条线段的两倍，则其长度比为2∶1。同样地，就很容易理解，两条线段的比3∶2是什么意思。毕达哥拉斯学派的伟大发现，在于他们看到两条线段的比并不总是那么简单。事实上，他们证明了正方形的边和对角线之间的比不可能是任意两个整数的比值。他们称这类线段不可通约，并称这类线段之间的比是无理的[②]。（参见数学概念小史29中更多的不

---

① 当然，希腊与其他地方一样，计算和测量长度出现在每天的生活中。在希腊的传统中，理论数学和日常使用的数学之间存在着实际差距。

② 当然，他们实际上用的是希腊语单词alogos和arrhetos，虽然也可以理解为"无法形容的"或"无法表达的"，但"非理性的（irrational）"这种解释，同时可以译为"没有比例"，它是在历史上盛行的词。

可通约性与无理数）

到了哲学家柏拉图和亚里士多德的时候，了解不可通约线段是每个有教养的人所接受的教育的一部分。两位哲学家都把它作为例子，说明有些东西在感官上是不明显的，但可以通过理性来发现。两人对数学也表现出极大的兴趣和崇敬。据说柏拉图在学院门口立了一块牌子，上面写着："不要让任何一个不懂几何的人进来。"这个故事可能不是真的，因为最早提到这个铭文的现存文献是柏拉图去世后700多年后撰写的。然而，这样的题词与他对数学的态度是一致的。例如，他在《理想国》中把数学列为理想教育的一个基本部分。他还在他的几个对话中提到了数学成果。（参见数学概念小史15"柏拉图立体"的描述）

亚里士多德在他的作品中也经常提到数学。例如，他在讨论正确的推理时使用数学例子。这表明此时数学家们已经在研究数学陈述的形式证明了。大约在这个时候，他们可能开始明白，为了证明定理，必须从一些未经证明的假设开始。事实上，亚里士多德明确地说过。这些假设或基本假设被认为是理所当然且被视为真实的。这是最古老的希腊数学著作的结构，它仍然完整地幸存下来（大部分），如欧几里得的《几何原本》。

在柏拉图、亚里士多德时代与欧几里得时代之间，希腊文化发生了重大变化。这两位哲学家，也许与他们有联系的大多数数学家，都生活在古希腊文明中心之一的雅典。然而，在亚里士多德时代，亚历山大大帝征服了其他民族，建立了一个伟大的帝国。与此同时，他把希腊语言、文化和知识推广到世界的其他地方。几个世纪之后，生活在地中海东部边境地区的大多数受过教育的人讲希腊语。实际上，希腊语成为该地区的国际语言。希腊的文化知识也迅速传播开来。它在埃及北部、尼罗河出口附近的一座叫亚历山大市（以亚历山大大帝的名字命名的城市之一）的城市以一种壮观的方式繁荣起来。那里有优秀的数学传统。也许是因为这座城市中的著名寺院、缪斯女神（博物馆）和同样著名的图书馆相毗邻的缘故，到公元前4世纪末，亚历山大市成为希腊数学的真正中心。

欧几里得除了可能生活在公元前300年左右的亚历山大之外，我们对他本人几乎一无所知。我们所拥有的是他的著作，其中最著名的是一部名为

《几何原本》的书。它是希腊传统上最重要的数学成果的合集，把希腊数学有系统地组织起来，并作为正式演绎科学呈现给世人。它的呈现形式难免枯燥但收效大。它首先列出了一系列的定义，然后是公设和"常识"（欧几里得认为这是不证自明

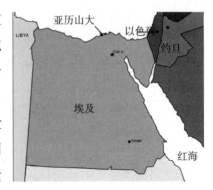

的）。之后是一系列的命题，每一个命题紧接着都有证明。没有关联的材料，也没有试图说明动机。紧接着，每个命题的旁边有一个图表，证明通常以一种关键的方法来引用它。（参见数学概念小史14）后来，当欧几里得转到其他学科时，他引入了更多的定义和假设。这样，涵盖了平面几何和立体几何，他研究了整数的整除性，提出复杂的比率理论（实际上是两次，一次是数量级，一次是整数）并开发出二次无理数比的复杂分类。《几何原本》把到那个时期为止的希腊数学的主要成就集中到一起了。

　　《几何原本》是一个巨大的成就，它的风格和内容不仅对希腊数学，而且对西方数学传统都有着巨大的影响。即使在20世纪早期，在西方，研究该书的第一部分成为通行的一种智力仪式。欧几里得的书被认为是清晰而精确的推理模式的典范，被那些追求严谨和精确的人模仿。

　　希腊几何并不只有《几何原本》。欧几里得本人还写过有关圆锥曲线、几何光学、球面几何学和求解几何问题的书籍。阿基米德写了关于各种曲线图形的面积和体积的著作，阿波罗尼奥斯写了一篇关于圆锥曲线的专著，时至今日，它仍然能令人印象深刻地显示几何的高超力量。（参见数学概念小史28）几何学仍然是几个世纪以来希腊数学家的兴趣中心所在。

　　我们在《几何原本》中看到，数学成果系统的有序呈现只是希腊传统的一部分。另一个重要的组成部分（有些人声称它是最重要的）是传统的数学问题。事实上，有时人们会看到"隐藏"在欧几里得的文章"背后"的一些数学问题。例如，由于希腊人没有通过分配数字的方式来测量面积，所以他们试图通过构造一个矩形（或正方形）来测量面积，该矩形的面积与给定圆形的面积相同。对于以直线为边的图形，是在欧几里得《几

何原本》的前两部分（被称为"卷"）中完成的。从这个角度来看，勾股定理可以看作是构建一个正方形面积等于另外两个正方形面积之和的方法。到第二册的结尾，他已经证明了自己可以构造一个等于任何给定多边形的正方形的面积。

然而，当我们试图为一个圆做同样的事情时，会发生什么呢？也就是说，给定一个圆，可以构造一个与圆面积相同的正方形吗？这就是所谓的化圆为方的问题，结果很难解决。事实上，它很快引出了我们所说的"建造"的问题。希腊数学家知道如何解化圆为方的问题，只要给他们一条特殊的曲线（任一割圆曲线或阿基米德螺旋）。但这真的是解决问题的办法吗？一些数学家反对说，构造这些曲线本身是有问题的，所以这个问题并没有真正得到解决。

除了圆的面积问题之外，希腊时代也出现了另外两个著名问题。一个是三等分角问题——构造一个角等于一个给定角的三分之一；另一个是加倍一个正方体——构造一个正方体，它的体积是给定正方体的两倍。希腊数学家最终解决了这两个问题。然而，他们的解决方案总是用到某种辅助设计，有时是机械设计，有时是数学设计。（关于如何加倍正方体的问题与圆锥曲线有关，请参阅数学概念小史28）后来数学家们通过添加只使用直尺、圆规，即只使用直线和圆的要求，重新诠释这些问题。我们现在知道，在这种限制下，两个建造都不可能实现，但直到19世纪才证明了这一点。一些希腊数学家也知道（或怀疑）这一点，尽管他们无法证明这一点。例如，帕普斯（约写于公元320年）曾批评用标尺和圆规解决复制正方体的问题，说每个人都知道这个问题需要其他技术。

这些问题和其他问题是希腊几何学研究背后的主要动机之一。数学定理似乎常常是作为解决某些问题的步骤而被发现的。事实上，一些希腊几何问题是如此困难，以至于它们成为17世纪数学家致力于推动解析几何发展的动力。

当几何学是希腊数学的中心话题时，许多其他学科也出现了。人们对天文学也很感兴趣，一种复杂的球面几何学（球体表面的几何研究）得以发展，被用来解释和预测恒星和行星的运动。为了能够在天空中定位一颗行星，就需要有一种测量角度的方法，所以数和量不能完全分开。希腊天文学家借用了巴比伦的数学，并开始使用数字来测量角度。一个可以看到的巴比伦连接，角的分数是以六十进制的方式表示的，就像今天一样，仍然用在"分钟"和"秒"的表示上。在这种情况下，我们看到了三角学研究的起点。（见数学概念小史18和26）

希腊著名的天文学家克罗狄斯·托勒密（Claudius Ptolemy），大约于公元120年生活在亚历山大市，写过许多学科的著述，从天文学到地理学再到占星术，其中最著名的著作是《天文学大成》（Syntaxis）。今天，它因许多世纪后阿拉伯学者取的昵称而闻名。他们称它为《天文学大成》（Almagest），来自希腊语的意思是"最伟大的"。托勒密的著作是一个了不起的成就，它对所有视觉天文现象提供了一个可行的和准确的描述。在16世纪以前，它是几乎所有的方位天文学的理论基础。

丢番图（Diophantus）是希腊数学家中最具创造性的一位，他可能生活在托勒密之后一个世纪左右的时期里。他的《算术》（Arithmetica）中没有几何学，也没有图形，而是专注于解决数论问题。这本书只包含一系列问题和解决方案。在这些问题中，丢番图用符号代表未知数和它的幂，这预设了一千年后在欧洲出现的代数符号。他的问题总是要求数字解，对他来说，这意味着有理数（普通分数）。例如，一个问题要求用一种方法寻求一个正方形面积是其他两个正方形面积之和。丢番图的解决方案，总是用具体的数字，继续解释如何找到答案。当解决将一个正方形面积写为两个正方形面积之和的问题时，他总是边说边开始："假设正方形是16。"然后，他通过好几个步骤，最后归结如下：

$$16 = \frac{256}{25} + \frac{144}{25} = (\frac{16}{5})^2 + (\frac{12}{5})^2$$

虽然他的解使用的是特定的数，但它们是通用的。读者应该看到，对于选择的任何初始数，类似的步骤都是有效的。这个方法的一个有趣的特征是，偶尔会有一个问题对于一些初始数可解，而对其他则不可解。在这种情况下，丢番图通常会找出问题可解的条件，从而表明他曾试图找到通用的解。

丢番图的著作似乎失传，又多次被重新发现。最终，它对16世纪和17世纪的欧洲代数学产生了深远的影响。我们仍然把要用整数或有理数求解的方程称为丢番图方程。然而，目前还不清楚，他的学术成果是否对他的时代有何影响。

大约在公元300年之后，希腊数学失去了一些创意本领。在这一时期，人们开始重视对古老著作的考证和注释工作。这些著作实际上是希腊数学传统的最好来源，因为它们收集了那么多更早期的资料。同时，也造成了一个难题，即如何区分哪些是增加的注释和校勘材料，哪些是原始的文献典籍。

希腊后期最重要的数学家，也许是公元4世纪中期的帕普斯。他的《数学汇编》是一种著作汇集，包括原典、对早期作品的评注以及对其他数学家著作的摘要。从历史的角度来看，也许帕普斯著作中最重要的部分是他对"解析法"的讨论。大致而言，"解析"是发现证据或求解的方法，而"综合"则是赋予证明或构图的演绎论证。如，欧几里得的《几何原本》都是综合。帕普斯对分析的讨论不是很具体。这种模糊性意外地变得很重要，因为文艺复兴时期的数学家们理解他时，意味着希腊的数学背后有一种秘密的方法。他们试图找出这种方法，因此在16世纪和17世纪产生了许多新的思想和发现。

在帕普斯之后，希腊数学家中的大多数都参与了对早期数学的评注。4世纪时，生活在亚历山大市的赛翁（Theon）修订编写了欧几里得《几何原本》的新版本和托勒密的《天文学大成》。赛翁的女儿希帕蒂娅[①]对她父亲的作品、阿波罗尼奥斯的《圆锥曲线论》和丢番图的《算术》都作了评注。希帕蒂娅也是亚历山大市里教授柏拉图哲学的著名教师，在那里，基督教已经成为占主导地位的宗教。不幸的是，她后来被卷入了奥瑞斯提提

---

① 在希腊时代，希帕蒂娅并不是唯一一位活跃的女数学家。至少还有一位是众所周知的潘多罗西（Pandrosian），在帕普斯《数学汇编》第三册中记载的一个数学老师。

督与西瑞尔大主教之间的权力斗争，被大主教的追随者残忍地杀害了。

普罗克鲁斯是希腊传统上最后的重要数学家之一。他写了一篇关于欧几里得《几何原本》相关内容的评注，它受到新柏拉图哲学思想的严重影响。他的评注包括早期希腊数学史，大多数学者认为它包含了欧德摩斯早期著作的部分内容。

公元5世纪标志着古希腊数学传统的终结。然而，在离开那个时期之前，我们应该注意到，在公元前600至公元400年间，希腊传统并不是唯一在希腊、希腊文明和罗马文明中延续的数学。可以这么说，在数学家的"科学"传统的表面之下，有一种"亚科学"传统，它就是日常生活中的数学。无论数学家们对几何怎样迷恋和对数字如何蔑视，商人们都不得不在交易时使用加和减，税吏们在测量田地的面积时也不得不使用加和减，建筑师和工程师在设计建筑和桥梁时必须测算，以确保它们不会倒塌。所有这一切都需要数学知识，这几乎是独立于数学学者所做的事情。事实上，它们的大部分从来没有被记载下来（唯一的例外是赫伦的著作，他立足于科学与次科学传统之间，并试图让它们相互交流与结合）。次科学传统的一个有趣的特点是，使娱乐数学再一次现身，就像在巴比伦文献中所呈现的。

关于研究希腊数学的文章难以计数。因为希腊数学影响力非常大，它在数学史的研究中占有很大的份额，而在这样的研究中阅读希腊数学章节（如［131］或［45］）是开始学习更多数学史的好方法。在［98］中也有一个数学概念小史。对希腊数学的最接近和最新的长篇调查在［50］中。许多希腊原文都有英文译本，很大程度上要归功于托马斯·L.希思和多佛的著作，请参见［69］和［70］。人们往往可以在网上找到这些文本，传统的亚科学讨论在［120］中有关娱乐方面的数学，请参阅大卫·辛格马斯特的著作（如［216］和［215］）。最近有几本书改变了我们对希腊数学的理解。通常这些书内容很深，但读起来常常令人兴奋。在［142］、［86］和［174］中有三个重要的例子。

3. 同一时期的印度

在接下来的400多年里，欧洲和北非的数学活动寥寥无几。在西欧、北非和中东，野蛮人的入侵使罗马帝国分裂。由此产生的社会环境不利于智力活动的开展。深受希腊文化影响下的东方罗马帝国仍然很强大，但拜占庭的学者对其他事物更感兴趣。他们虽然保存了古代数学手稿的副本，但只是偶尔有人对它们的内容表现出真正的兴趣。7世纪，伊斯兰教出现后，这些地区更加动荡。8世纪，伊斯兰军队袭击并征服了中东大部分地区和整个北非，甚至欧洲的一些地区。直到伊斯兰王朝政局逐渐稳定下来之后，这些地区才开始拥有数学研究的较好环境。

当然，在这个时期，人们还在进行着建造房屋、买卖货物、征税和测量土地等经济活动，所以亚科学传统在这些领域仍然存在并传承着。在许多情况下，我们对数学概念是如何被理解和传递的，没有多少文献证据。现有的文献指出，当时的数学实用但不深入，但它仍然保留着一定的地位。例如，西方哲学家曾赞美几何学的重要性和意义，但当他们真正解释几何学的含义时，只是提出了一个混杂的概念，里面包括一些希腊几何学、一些传统的用于检测和度量的度量衡，还有相当多的形而上学的推测。

在欧洲和北非地区数学处于沉寂的这一时期，印度的数学传统得以发展和繁荣。如上文所述，在希腊数学开始发展的时候，印度已经有了自己的数学传统。这一传统很可能受到早期天文学家、巴比伦人和希腊人的影响。事实上，研究天文学是印度数学研究的主要原因之一。印度数学家研究的许多数学问题都是由天文问题引起的。因此，印度人从这里开始对数学产生了兴趣，甚至伴随着一些娱乐的成分。

现存的印度数学最早文献是用梵文写的。这就需要采用很多复杂的方法来表达其数学思想。每个关键术语（如一个数字的名称或一个运算的名称）可以用几种不同的方式来表达，允许诗人选择适合他的诗节的形式来表达。因此，这些文献是非常难以理解的。很快，以评注来解释古老文献的传统就流传下来。

和希腊数学的情况一样，在众多的印度数学家中，我们只知道少数数学家的名字，并能够研究他们的著作。这些人中最早的一位是阿耶波多（Āryabhata），早在公元6世纪时他完成了自己的数学著作。7世纪，最重要的数学家当数婆罗摩笈多（Brahmagupta）和婆什迦罗（Bhāskara），他们是第一批承认和使用负数的人（见数学概念小史5）。也许中世纪印度最重要的数学家是另一位生活在12世纪的婆什迦罗第二（Bhāskara Ⅱ，1114—约1185年）（为了区分两位都叫婆什迦罗的数学家，大多数历史学家都这样表示：Bhāskara Ⅰ和Bhāskara Ⅱ）。几乎在所有的情况下，我们所拥有的数学文献都是天文学书籍的延伸部分。

印度数学家最著名的发明是十进制记数系统（见数学概念小史1）。他们在较早的系统中就保留了代表1 ~ 9的九个数字符号；引入了位值记数法，并创建了一个符号——以一点或一个小圆圈来表示空位（参见数学概念小史3）。这就是我们今天仍然使用的记数系统。这一重大进步的历史到目前为止仍然是模糊的，有可能是受中国的影响，当时中国已经使用了十进制计数板（decimal counting board）。不管怎么说，在公元600年以前，印度数学家们已在使用十进位值制记数法（a place-value system based on powers of ten）。他们同时还开发了用这些数字进行算术的法则。上面提到的所有数学家，都曾在他们的著作中致力于阐述十进制法并给出计算规则。

新的记数法很快传播到其他国家，它的便利性应是有利于它传播的有力证据。一份写于公元662年叙利亚的手稿提到了这一新的计算方法，也有证据表明，该记数法不久后在柬埔寨和中国也开始使用。到了9世纪，新的记数法在巴格达被人们所熟知，并从那里传到了欧洲。

印度人在三角学方面也做出了重要贡献。希腊天文学家发明了三角学，用来描述行星和恒星等天体的运动。印度天文学家很可能是从托勒密的前辈希帕克（Hipparchus）那里学到这一理论。希腊三角学的研究，其实是围绕着一个角所对的弦的概念为中心的。对于一个圆心角β，其两边的线段与圆相交产生交点，如下面图（a）中所示，将这两个交点连接起来所形成的线段，称为角β的弦。然而，事实证明，在许多情况下，需要考虑的不是此弦，而是此弦的一半。印度数学家把圆心角的两倍角所对弦的一半作为他们的基本三角段。他们称之为"半弦"。这个名称（通过阿拉伯人）被误译为拉丁语"sinus"，这就产生了我们今天的α正弦（sine）。事实上，由图（b）显示：

$$\sin(\alpha) = \frac{1}{2}\,\mathrm{chord}\,(2\alpha).$$

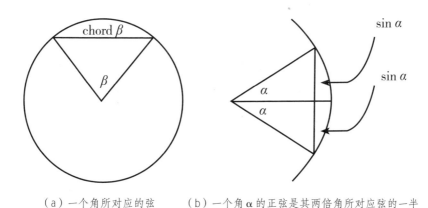

（a）一个角所对应的弦　　（b）一个角α的正弦是其两倍角所对应弦的一半

这种从弦到正弦的观念转变，使三角学比以前更简单（详情见数学概念小史18）。

然而，当时正弦被认为是特定圆中的一条线段，而不是抽象的数字或比值。例如，阿耶波多用半径为3438单位的圆来构造一个正弦表①。对于每个角度，正弦表给出了该角度的正弦长度，即与该圆相关的某一线段的长度。因此，90度的正弦就是3438。如要将此表应用到半径不同的圆上，就必须使用比例来作调整。

由于几乎不可能精确地确定正弦值，因此建构正弦表时就需要用到近似的技巧。托勒密曾用这种技巧制作出他的正弦表。印度数学家们进一步研究了他的思想，而近似方法则成为他们数学的重要组成部分。从简单的观念出发，印度数学家最终开发出了相当复杂的近似计算公式。

印度数学家也对代数和组合数学的某些方面感兴趣。他们有计算平方根和立方根的方法。他们知道如何计算等差数列的和。他们用我们今天使用的公式来处理二次方程式，唯一不同的是，当时是用文字来描述公式的。他们往往以有趣的方式举例说明二次方程式。以下是来自婆什迦罗第二的一个例子。

> 有一群猴子，其中八分之一排成正方形阵列，在树林里快乐地蹦蹦跳跳。其余12只猴子在山上叽叽喳喳地聊着。问，一共有多少只猴子？②

除了单变量的方程式外，印度数学家们还研究了多变量的方程式。这类方程式通常有许多组解，因此为了使问题有趣，必须添加一些条件，通常指定解是某一特定类型的，一个典型的例子是所求的解只涉及整数。阿耶波多和婆罗摩笈多能够解线性整系数方程式$ax+by=c$③，其中a、b、c是整

---

① 为什么阿耶波多会选用3438单位？因为他希望圆周尽可能接近21600=360×60。这将使圆周上的一个长度单位对应于一分弧度。

② 译自［131］，由H.T.科尔布鲁克翻译。

③ 我们用现代代数的形式给出这些表达。这不是当时的表达方式。参见数学概念小史8。

数，所求的解中x和y也是整数。婆罗摩笈多也研究了一些更艰深的问题，例如，求$92x^2+1=y^2$这类方程式整数解x和y。后来，婆什迦罗第二推广了婆罗摩笈多的想法。他描述了一种方法，只要存在这样的解，就可以找到$nx^2+b=y^2$在整数范围内的解。这类问题是很难的，印度数学家在这个领域的成就令人刮目相看。

从6世纪到12世纪，印度数学家发展了各种各样有趣的数学。从今天的角度来看，他们的著作主要缺少的是，对发现方法和结果的过程所作的解释，他们没有给出证明或推导。然而，人们不可能凭简单的猜测就能得出这样的结论，所以它们一定是以某种方式推导出来的。一种猜想是，他们认为推导过程属于商业秘密，所以没有记载下来。

当然，印度的数学传统并没有停止在12世纪。例如，喀拉拉邦的学校在14世纪和16世纪之间取得了惊人的发现。然而，后来的工作似乎并没有影响欧洲数学，所以我们不会详细讨论它。印度离欧洲很远。直到16世纪，欧洲和印度学者之间仍然几乎没有联系，因此西方数学家并没有直接从印度数学家那里学到东西。相反，正如我们在下一节所讨论的，在印度发现的许多数学成果都是通过巴格达和阿拉伯传向西方的。

印度数学史上最好的研究文献是［186］。同样有趣的是［125］，这本书对非西方传统的价值和影响尤其感兴趣。这两本书都包括对后来著作的评注。对于近代的研究文献，请参阅［98］第1.12节，［209］、［131］第6章。一些主要来源的翻译可以在［130］中找到。对于想学习更多印度数学传统的人来说，关于婆罗摩笈多对阿耶波多的数学著作的评注，在［134］中给了我们针对最早的资料来源的注释翻译。

4. 阿拉伯数学

公元750年，伊斯兰帝国的势力范围已经从印度的西部边缘一直延伸到西班牙的部分地区。扩张时代即将结束时，一个新的王朝——阿巴斯王朝建立。他们初建时期的行动之一便是建立新的帝国首都。这个名为巴格达的新城市迅速成为帝国的文化中心。它位于现在伊拉克中部的底格里斯河两岸，得天独厚的地理位置使它成为东西方交汇的地方。

第一批被带到巴格达的科学著作是有关天文学的书籍，它们很可能来自印度。然而，在9世纪初期，阿巴斯王朝哈里发对帝国的智力发展采取了一种更谨慎的做法。他们获得了希腊文和梵文的学术手稿，它们由能够阅读、理解和翻译的学者带到巴格达。在接下来的几年里，许多重要的希腊和印度的数学书籍被翻译和研究。因此，一个新的科学和数学创新时代开始了。首先要翻译的希腊文献之一，当然是欧几里得的《几何原本》。它具有很大的影响力。数学家们在学习和吸收了欧几里得的方法之后，就心无旁骛地采用了它。从那时起，他们中的许多人严谨地提出了各种定理并用欧几里得的方法证明了这些定理。

与希腊一样，阿拉伯数学传统以使用共同语言为特点。在幅员辽阔的帝国中，阿拉伯语是学者使用的语言。然而，并不是所有使用阿拉伯语的伟大数学家都是阿拉伯人，也不是所有人都是穆斯林。共同的语言让他们互相学习，创造了一个从9世纪到14世纪持续活跃的、全新的重要数学传统。

阿尔－花剌子模（Muhammad ibn Mūsa al-Khwārizmī）是最早的久负盛名的阿拉伯数学家之一。他的名字表明他来自花剌子模——位于现在乌兹别克斯坦咸海以南的一个城镇（今天称海瓦）。阿尔－花剌子模活跃于9世纪中期，他写了几部非常有影响力的书。其中一本是对十进制位值系统的解释，用于写数字和算术运算，据作者称这种位值系统源自印度。300年后，这本书被翻译成拉丁文，成为欧洲人学习新的记数系统的主要资料来源。（参见数学概念小史1）

由阿尔－花剌子模撰写的《还原与对消的规则》这本书，意味着"恢复和补偿"。该书首先讨论了二次方程式，然后讨论了实用的几何、简单的线性方程，以及如何应用数学来解决继承问题的长篇讨论。最著名的部分是二次方程式（见数学概念小史10）。阿尔－花剌子模解释如何解这些方程式并像美索不达米亚数学那样纯粹利用几何的方法证明方法正确。这并不奇怪，因为巴格达距离古巴比伦城大约50英里远。当该书后来被翻译成拉丁文的时候，"al-jabr"变成了"algebra"（代数）。

在该书和其他书中，阿尔－花剌子模似乎一直把自己从各种渠道学到的知识传授给他人。他从印度学会了十进制记数法则。我们并不清楚他的有关代数的研究材料来源于何处。也许有一些来自印度的影响，一些来自希伯来的数学，还有一些可能来自美索不达米亚的本土传统。大部分资料可能源自亚科学实践传统。如果是这样的话，阿尔－花剌子模的研究就是从亚科学传统中学习科学数学的一个实例。

自阿尔－花剌子模以后，代数成为阿拉伯数学的重要组成部分。一些数学家致力于这个问题的基础研究，给出了代数方法研究的欧几里得式的证明，其他人则扩展了这些方法。阿拉伯数学家学会了多项式运算，解某些代数方程，等等。所有这一切都是不用符号来完成的。阿拉伯代数完全是用文字来完成的。例如，要表示一个方程，比如$3x^2 = 4x + 2$，他们会说

"三份地产[1]等于四件物品外加上两个迪拉姆"。同样的解答也会用文字来说明。（详情见数学概念小史10）

阿尔–海亚米，在西方被称为欧玛·海雅姆，是最著名的阿拉伯数学家之一。如今，他以诗人而闻名，在他那个时代，他也是著名的数学家、科学家和哲学家[2]。阿尔–海亚米写了一本关于代数的书。他写这本书的目的之一是想要找到一种方法来求解三次方程。他无法找到数值解，但他确实找到了用几何作图法解所有这些方程的方法（希腊数学家所做的这样一些三次方程的解，见我们在数学概念小史28的讨论，但是阿尔海亚米是有系统地去解）。他的办法是通过超越直尺和圆规得到他的解，他用抛物线和双曲线来确定三次方程解的对应点。然而，他在书中指出，如果一个人想找到数值解，这个几何解法就不太有用了。几个世纪以后，这一被用文字记录留下的挑战，终于被意大利代数学家解决了。（见数学概念小史11）

对阿拉伯数学家来说，只有正数才有意义。另一方面，他们比希腊人更愿意把不同线段的长度视为数字。在某种程度上，这是因为他们对三角学感兴趣：三角函数表需要数字。三角学也使他们注意到，通过选择一个固定的线段作为单位，可以按比例获得其他线段的长度。

阿拉伯人在几何学和三角学方面做出了重要的贡献。他们研究了几何学的基础概念，特别着重于欧几里得的第五公设（见数学概念小史19）。他们还进行了最新的几何学研究，扩展了希腊人的研究成果。其中三角学是一个重要问题，主要是因为它在天文学上的应用。三角函数的发展必然导致方程式近似解的研究。一个特别值得注意的例子是，在14世纪由阿尔–卡西（Al-Kashi）开发了N次方根的近似解法。

组合学也出现在阿拉伯传统中。他们至少知道我们今天所说的"帕斯卡三角形"（在中国叫"杨辉"三角）的前几行。同时，他们理解$(a+b)^n$

---

① 这里"面积"用"地产"（properties）来表示，因为它们可以代替（土地）面积。

② 一些学者认为，诗人阿尔–海亚米和哲学家/数学家阿尔–海亚米实际上是两个不同的人，但这是少数人的观点。

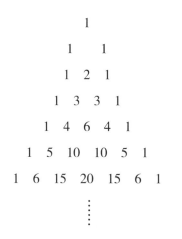

$$
\begin{array}{ccccccccccccc}
& & & & & & 1 & & & & & & \\
& & & & & 1 & & 1 & & & & & \\
& & & & 1 & & 2 & & 1 & & & & \\
& & & 1 & & 3 & & 3 & & 1 & & & \\
& & 1 & & 4 & & 6 & & 4 & & 1 & & \\
& 1 & & 5 & & 10 & & 10 & & 5 & & 1 & \\
1 & & 6 & & 15 & & 20 & & 15 & & 6 & & 1
\end{array}
$$

⋮

帕斯卡三角形：每个内部数字都是其上一行最相近的两个数字之和

与这些数字的组合解释之间的关联，在欧几里得和丢番图译著的影响下，他们在数论方面也有所涉猎。他们几乎在数学的每个分支都留下了痕迹，做出了一定的贡献。

最后，必须指出的是，实用数学也在进步。举一个例子，可能是由于——至少部分的原因是伊斯兰教禁止雕像，包括人体的任何艺术表现。因此，一种复杂而精致的装饰艺术被开发出来。建筑物由一个重复进行的简单的基础图案装饰。这种装饰需要一定程度的预先考虑，因为并非所有的形状都可以用重复基础图案来覆盖。决定什么样的形状可以使用这种方式是一个数学问题，与平面倾斜的研究和对称的数学理论都有关联。然而，没有证据表明阿拉伯数学家曾注意到这里存在有趣的数学问题。相反，这些图案与式样是由工匠开发的，很可能是通过实验开发的。直到19世纪和20世纪，数学家才发现隐藏于其中的基本数学概念。

阿拉伯的数学传统非常具有创造力，他们从希腊数学和印度数学中挑选最好的东西，并进一步发展它。令人遗憾的是，只有一小部分被传播到欧洲。结果，这些成果中的许多不得不重新去发现，有时甚至是在几个世纪之后才被发现。到了19世纪，欧洲学者开始研究阿拉伯数学文献。从那时起，历史学家对这个时期有了更多的研究，也有了比较深入的了解。目前，仍然有许多手稿需要阅读和研究，且一直有新的发现。我们对阿拉伯数学成就的了解仍然是不完整的。

若想要了解更多关于阿拉伯数学的知识，可以从［98］第1.6节、［131］第7章和［209］第137—165页开始阅读。有关中世纪欧洲的一些文献资料，［229］第五部分提供了阿拉伯数学家研究的33个具体例子。在［18］中有两个有用的专门长篇介绍，在［202］中更多介绍的是数学知识。对天文学更感兴趣者，请参见［192］第2章。

5. 中世纪的欧洲

大约在9世纪前后，西欧的政治和社会生活逐渐趋向稳定，人们也开始把注意力集中到教育上来。在许多地方，"教会学校"兴起，专门致力于为当地教区培养未来的牧师和神职人员。他们集中介绍古代传统的入门3科：语法、逻辑和修辞学。资深的学生可以更进一步地学习算术、几何学、音乐和天文学4门学科。很可能只有少数学生真正对4科中的数学感兴趣，但是课程中的这些教学内容有助于激发他们对数学的兴趣。

一旦人们对数学感兴趣，他们会去哪里学习更多的知识呢？显而易见的事情是去伊斯兰王朝统治下的地方，其中最容易到达的地方是西班牙。格伯特·德奥里亚克（Gerbert d'Aurillac），即后来的西尔维斯特二世（Pope Sylvester II，945—1003年），就是一个很好的例子。他去西班牙学习数学，然后在法国的莱姆斯重新筹办了一所教会学校。他重新引入了算术和几何学的研究，教学生使用计数板，甚至包括了阿拉伯数字（但似乎不是完整的位值系统）。

在接下来的几个世纪里，许多欧洲学者就居住在西班牙，翻译阿拉伯语文献资料，所译涉及各种主题。很少有欧洲学者懂阿拉伯语，因此，许多居住在西班牙的犹太学者都这样做——翻译通常是由一名懂阿拉伯语的犹太学者将阿拉伯语翻译成一些通用的语言，然后把这种语言翻译成拉丁语。许多阿拉伯语的数学和哲学文献被翻译成其他语言。此外，从亚里士多德（最有影响力）到欧几里得的各种古希腊语文献都是从阿拉伯语翻译过来的，从而使它们在西方产生影响。①

西班牙离巴格达很遥远，也不是数学活动的真正中心。只有最古老和最简单的数学文献资料可能会在西班牙图书馆找到。这可能是阿尔-花剌子模的著作在当时为什么如此突出的原因。他的代数著作于1145年由切斯特的罗伯特（Robert of Chester）翻译过来〔正是他将"al-jabr"翻译成拉丁文"algebra"（代数）〕。他的关于阿拉伯数字的算术著作似乎已经翻译和改编过几次了。这些版本中有许多都是以"dixit algorismi"开头的（"阿尔-花剌子模这样说的"），正是因为这种表达，"algorism"一词意思是运用阿拉伯数字进行计算的过程。今天"algorism"的意思是做某事的"秘诀"，是算法的现代变体，也就是做算术的秘诀。

在11世纪、12世纪，教会学校制度最终促使在博洛尼亚、牛津、巴黎和其他欧洲城市建立了第一批大学。在大多数情况下，大学的学者对数学不感兴趣。然而，亚里士多德的著作对此确实有很大的积极影响。他在运动理论方面的研究，使牛津和巴黎的一些学者开始思考运动学，即对运动物体的研究。对于这些学者来说，我们应该对瞬时速度和均匀加速运动的概念进行研究。其中最伟大的也许是巴黎大学的尼可·奥雷斯梅。奥雷斯梅致力于研究比率理论和运动学方面的若干问题，但他最著名的贡献是用一种图形化的方法来表示变量，这与今天的函数作图的概念不谋而合。此外，运动问题导致他考虑无限和越来越小的条件。他有时使用巧妙的绘图技巧获得了几个重要的结果。

贸易是欧洲人和伊斯兰帝国之间的另一个联系途径。17岁的列奥纳多②居住在比萨，是一名商人的儿子。他经常跟随父亲一道旅行，学习了相当多的阿拉伯数学，并在自己的著作中解释和补充了自己所学到的知识。他的第一部著作是《计算之书》（*Liber*

---

① 在〔131〕第291页中的表格很好地讲述了这个翻译工作。

② 列奥纳多经常被称为"斐波那契"，是由于他父亲名字的关系。然而，没有证据表明列奥纳多曾为自己使用过这个名字。

Abbaci），于公元1202年出版，并于公元1228年修订再版。它从解释阿拉伯记数法开始，接着考虑了一系列广泛的问题。其中的一些问题是相当实用的，如货币汇率转换和利润的计算。另一些则更像今天的代数课本中的文字题。这本书包含了关于求解二次方程规则的几何解释和其他一些理论问题，但重点是问题和解决这些问题的方法。

列奥纳多的其他作品也很重要。他的《实用几何》（*Practica Geometriae*）是一本具有实用价值的几何手册，这本手册似乎受到12世纪住在西班牙的亚伯拉罕·巴希亚著作的很大影响（亚伯拉罕·巴希亚用希伯来文写作，但他的著作是那个世纪被翻译成拉丁文的众多作品之一）。列奥纳多还写了《平方数之书》（*Liber Quadratorum*）。在这本书里他展示了自己是一名有创造力和具有天赋的数学家。这本书讨论了在整数解的约束下，如何解各种涉及平方的方程。这些问题通常涉及多个变量。列奥纳多的《平方数之书》早在费马和欧拉的著作问世前的400年或更早的时间就已出现，给了他们很多启发。

列奥纳多的著作可能是意大利生动活泼的传统的源泉之一。随着意大利商业的发展，他们越来越需要计算。意大利"计算师傅"（abbacists）试图通过撰写  算术和代数方面的书籍以满足这种需要。这些书通常用在日常生活中使用的意大利语写作，而不是拉丁语，拉丁语则是科学家的常用语言。这一传统的顶峰作品是卢卡·帕乔利的《算本集成》（也译《算术、几何、比及比例概要》）（*Summa de Aritmetica, Geometria, Proportione e Proportionalita*），是一本相当庞大的实用数学手册，包括从日常算术到复式记账法等各种内容。此时印刷术刚刚在德国兴起，在意大利日益蓬勃发展。帕乔利的《算本集成》是最早印刷的数学书籍之一。这使它有了广泛传播的便利，它成为后来代数研究的基础。（更多有关帕乔利的详细信息参见数学概念小史2和8）

关于中世纪欧洲数学史的专著并不多，尽管有许多主要文献的译本及不同版本可供使用。在［131］第8章中，对这一时期的数学史有很好的概述，［98］的第2部分是一个有益的补充。传记是了解时代的好方法：有关格伯特·德奥里亚克（Gerbert d'Aurillac）的话题在［26］中，而比萨的列奥纳多在［64］和［63］中有主要内容。

6. 15和16世纪

　　大约在14世纪末，世界各地许多不同的文化都孕育出有趣的数学知识。在中美洲，玛雅人开创了二十进位的计算系统（参见数学概念小史1）和相当复杂的历法。在中国，数学家发展出了解决各种问题的巧妙方法。在印度和阿拉伯，数学也继续发展着。

　　在某种程度上，这些文化相互之间隔绝，并孤立于欧洲文化之外。那个时候他们之间虽然也有一些接触，特别是在商贸上的联系，但很少有数学知识上的交流。所有这一切很快发生了戏剧性的变化。从15世纪开始，欧洲人开始发展航海技术，因此能够航行到遥远的大陆，世界各地的交流开始增多，欧洲文化也被带到世界各地。到16世纪晚期，从南美到中国，许多地方都建立了教会学校。教会文化网络最终扩展到整个世界，导致的结果是，欧洲数学在世界各地被教授和研究，最终成为世界范围内数学的主要形式。

　　随着欧洲水手开始前往其他大陆，解决航行的技术问题变得越来越重要。远程导航取决于天文学和对球面几何的了解，这有助于把三角学推向大众关注的焦点。占星术也是这一时期文化的一个非常重要的组成部分，制作星座图也取决于充分掌握（球面）三角学。正因如此，三角学成为15世纪和16世纪数学的主要课题之一。

　　在对航海技术、天文学和三角学深入研究的同时，人们对算术和代数也越来越感兴趣。随着商人阶层的崛起，越来越多的人发现他们需要计算能力。由于代数被认为是一种广义的算术，所以学者们在深入研究时，一开始研究算术，再转向研究代数是很自然的事。代数一直是数学家们在17世纪感兴趣的主要课题，我们在下一节中将对此进行详细的论述。

当然，代数和三角学原本就息息相关，相互影响。三角学是一种代数化几何学，代数和三角学都是求解问题的方法。通常同一个学者都会涉猎这两门学科并著述研究成果。一个典型的例子是约翰·缪勒（Johannes Müller，1436—1476，德国数学家、天文学家），他同时也被称为雷乔蒙塔努斯（Regiomontanus）（一种拉丁化版本来自"Küonigsberg"，指的是他的出生地）。他除了翻译了许多希腊古典文献和研究星座外，还撰写了《论各种三角形》（De Triangulis Omnimodis），这是最早专门研究三角学的专著之一。

这个时期，许多新的概念被引入三角学。编三角函数列表（正弦、余弦、正切、余切、正割、余割）成为标准化程序。一些新公式和应用被发现。考虑到人们对航海和天文学的兴趣，无论是在天体上还是在地球上，大部分的焦点都集中在球面三角学上。在所有这些过程中，正弦和余弦继续被认为是某一特殊线段的长度。没有人认为它们是单位圆上的比率或长度。所有正弦表都是基于一个固定半径的圆，在应用程序中，必须使用相称性来调整信息以适应当前的半径。（有关早期三角学的更多内容参见数学概念小史18和26）

与这一切有些关联的，就是意大利艺术家对透视画法的发现。如何画一幅画，给人留下立体感的印象是相当困难的。其实透视画法的绘图规则有实质性的数学内涵，虽然文艺复兴时期的艺术家没有把这些规则运用到一个完整的数学分析中，但他们明白自己所做的只是几何学的一种形式。他们中的一些人，如阿尔布雷特·丢勒（Albrecht Dürer），对所涉及的几何学知识的理解是相当精通的。事实上，丢勒撰写了第一部平面曲线的印刷作品，它超越了圆锥曲线，他对透视和比例的研究，既反映在他的绘画中，也反映在与他同时代人的作品中。（见数学概念小史20）

在［131］第9章、第10章和［98］第2部分中对这一时期的数学作了很好的介绍。关于欧洲以外的观点，请参看［209］。关于三角学早期历史的最好描述，请参看［238］。为了更好地理解，请参看［83］和［8］。

7. 代数时代

随着时间进入近代早期，数学开始变得更加广泛和多样。虽然有些关系在某些时间段会成为焦点，但总是有其他课题正在研究中。从这点来看，我们的论述还是选择并遵循一些重要的线索，而不是试图涵盖所有内容。在16和17世纪早期，代数学一直占据了中心位置，成为焦点。

了解这个时期代数是什么样子很重要。列奥纳多的《计算之书》，就像启发它的阿拉伯代数一样，内容完全是修辞性的文字，方程式和运算过程完全用文字表达。从列奥纳多时期开始，到16世纪之间，学者们发明了许多单词的缩写，如用p表示"加法"（plus）。但他们并没有真正改变其本质，特别是没有引入任何一种通用的或标准化的符号。人们还是从算术规则出发，试图求解方程。处理的方程大多是一次方程或二次方程，或者是很容易被化约为这样的方程。

意大利代数学家用cosa这个词，意思是"事物（thing）"，来表示方程式中未知的变量。当其他国家的学者参与进来时，他们使用了coss（未知数），结果，他们有时被称为"未知数计算家（cossists）"，而代数有时被称为"解未知物之术"（the cossic art）。①英国学者罗伯特·雷科德（Robert Recorde，约1510—1558）就是这一传统的一个最佳的例子。在他的《艺术

---

① 当时英语拼写不规范，所以在不同的地方也出现了"cossick"或"cossike"等不同于"cossic"拼法的现象。

基石》(*Grounde of Artes*，1544)中，他解释了基础算术。这本书以英文对话的形式写成，出版发行了29版，流传甚广。他的第二本书《砺智石》(*The Whetstone of Witte*，1557年)是一部续集，他把它描述为 "the cossike arte"，也就是代数学。(书名是双关语：在拉丁

（摘自雷科德著作的书名页）

语中，"cos" 的意思恰巧是 "磨刀石")这是早期代数传统的典型例子：它被看作是一种流行的、实用的数学形式，在奠定算术基础之后它是使人们更机智敏锐的一种方式。

英国的雷科德只是一个例子。从葡萄牙的佩德罗·努内斯到德国的迈克尔·斯蒂尔，所谓的 "未知数计算家" 遍布欧洲各地。他们特别擅长发明符号，用不同的符号来代表未知的量、未知的平方，等等。一些人用特殊符号来表示代数运算和开方，其他人只是简单地把关键词缩写出来。他们没有用符号来表示未知数以外的数，这种量都是数字的。因此，他们可以列出像 $x^2 + 10x = 39$ 这样的式子，却不能写出类似 $ax^2 + bx = c$ 的式子。因此，虽然他们肯定 "知道" 二次公式，但他们不能像我们今天这样用公式写出来。相反，他们会用文字把方法记录下来，并列举许多例子。(参见数学概念小史2及8关于代数符号的演变)

这个时期，几名代数领域的数学家试图找到一种求解三次方程的方法。做出关键性突破的是意大利数学家，先是希皮奥内·德尔·费罗(Scipione del Ferro)，然后是塔塔利亚(Tartaglia)[1]。他们两个人都发现了如何求解某些三次方程的方法。他们对自己的解决方法保守秘密，因为当时的学者大多都得到了富人的赞助，并且不得不通过在公共竞赛中击败其他学者来赢得工作。知道如何求解三次方程，他们就可以用别人不知道解

---

[1] 虽然这位数学家的真名是尼古拉·丰塔纳(Niccolò Fontana)，但每个人都知道他的绰号——塔塔利亚，意思是 "结巴"。

（摘自卡尔达诺著作的书名页）

法来挑战其他人，因此人们倾向于对自己的发现保持沉默。

就三次方程来说，这一保密格局被吉罗拉莫·卡尔达诺（Girolamo Cardano）打破了。卡尔达诺承诺永远不会透露求解方法，于是说服塔塔利亚与他分享这个秘密。一旦他知道塔塔利亚的求解某些三次方程的方法，就能够推广到求解任何三次方程式的方法。卡尔达诺觉得已经做出了自己实际的贡献，于是决定不再受保密承诺的约束。他写了一本名为《大衍术》（*Ars Magna*）的书（"伟大的艺术"）。书中（用拉丁文撰写）给出了关于如何求解三次方程的完整的几何证明。它还包括了他的学生洛多维科·费拉里发现的求解一般四次方程式的方法。尽管他承认塔塔利亚的贡献，但塔塔利亚依然被他违背诺言行为激怒了。他公开抗议，但最后无能为力。事实上，求解三次方程式的公式今天仍然被称为"卡尔达诺公式"。（更多关于这个问题中人性的故事，请参阅数学概念小史11）

卡尔达诺的符号仍然是老旧的传统。方程式$x^3=15x+4$，他会写成像下面这样：Cubus. aeq. 15. cos. p.4。

它被解读为"一个立方等于15个物加上4"。

然后，他给出一个求解方程式的步骤，这个公式与我们今天使用的三次方程式公式基本相同。由于他的方程的系数总是数字，所以他用文字来描述这个方法，并举例说明它的应用。

不过，这会产生一个非常严重的问题。应用卡尔达诺的方法来解上述提到的方程式（用现代符号表示）：

$$x = \sqrt[3]{2+\sqrt{-121}} + \sqrt[3]{2-\sqrt{-121}}.$$

在二次方程式中，一个负数的平方根的出现是无解的信号。但是这里很容易检查出该方程式有一个解是$x=4$。卡尔达诺的方法解决了大部分的三次方程式，但在这种情况下他遇到了麻烦。最后，他把这个问题掩盖起来。像这类的方程式在该书中很少提及，少数提到的也是晦涩难懂且一带而过。（参见数学概念小史17）他的方法适用于他详细讨论的每一个方程式。

卡尔达诺刻意掩盖的问题，由拉法耶尔·邦贝利（Rafael Bombelli）解决了。在他的著作《代数学》（Algebra）中，邦贝利从几个不同的层面拓展了卡尔达诺的想法。特别指出的是，他开创了一种处理三次方程式的方法，能够解决诸如上述涉及负数平方根的问题。我们或许可以说邦贝利的方法是复数理论的开端，虽然还不清楚他是否真的认为它们是"数字"。他把它们描述为"关联到一种新类型的三次方程式的解"，并解释了如何与它们一起操作，以获得解的方案。（更多关于复数的起源，请参见数学概念小史17）

邦贝利提出的另一个重要概念，是以更直接的方式将代数和几何联系起来，而卡尔达诺只把x^3看作未知边长的立方体的体积。从另一方面，邦贝利已开始考虑包含边长为x^2的图形，并使用这些图形来解释他的方程式。通过强调连接几何形状，邦贝利期待的代数的发展方向很快到来。

邦贝利的《代数学》还有另一个重要特征。在他撰写这本书时，邦贝利得知雷乔蒙塔努斯（1436—1476，德国数学家、天文学家）已经翻译了丢番图的《算术》[《数论》（Arithmetica）]的一部分内容。他找到这部分译稿并认真学习，很显然这本古希腊著作对他的思想产生了巨大的影响。事实上，邦贝利这本书后面很大一部分内容都包含了丢番图的问题。这些问题通常是有几个变量的方程式，这些变量有多个解，但对于这些方程，应该在整数或分数中求解。他们需要一组完全不同的代数技巧。邦贝利并没有超越丢番图已经做过的事情，但在这里，他也为代数未来的发展铺平了道路。

到16世纪末，通过韦达（François Viète，1540—1603，法国数学家）的巧手，代数开始看起来更像今天的模样。在许多数学研究之外的事情中，韦达曾作为一个密码专家为法国宫廷工作，破译截获的秘密信息。这也许是导致他最重要的创新的原因：他可以用字母来代表方程式中的数字。用元音字母A、E、I、O、U表示未知的量，辅音表示已知的数。因此，他是第一个能够写出诸如$ax^2 + bx = c$这类方程的人，尽管他的版本看起来像是：

B in *A* squared + *C* plane in *A* eq. *D* solid.

（记住元音字母*A*是一个未知的量，辅音字母*B*、*C*
和*D*代表数值参数。）

该方程式的形式凸显了韦达担心的一件事：他一
直认为数量应该具有同等的维度。因为A^2乘以*B*会得到
一个"立体的"（即三维）量，他明确了*C*必须是个平
面，即平方，这样*CA*也是一个立体，最后*D*也一定是个立体。正如上文所述，
邦贝利没有这种担心。笛卡尔后来说服每个人，最好不要担心维度问题。

韦达所做的最重要的事情也许是把代数作为数学的一个重要组成部
分来推广，提升了代数在数学中的地位。在代数学里，人们通常从假设
$ax^2 + bx$ 等于*c*开始，然后再推导出*x*等于多少。这让韦达想起了4世纪希腊
数学家帕普斯所做的分析——人们假设一个问题已经解决了，并从这个假
设出发推导出一些东西。因此，韦达指出，希腊的分析学实际上就是代数
学，它是希腊人都应该知道并一直保守的秘密[①]。当时，与几何学相比，代
数学通常被认为不那么重要。通过赋予代数学一个希腊血统，韦达让更多
的数学家更容易接纳代数学。（有关韦达对代数学更多的贡献，请参见数学
概念小史8）

最后，笛卡尔完成了把代数带入成熟状态的过程。
在他的著名著作《几何学》（作为《方法导论》的附录
出版）中，笛卡尔基本上提出了我们今天使用的符号。
他建议从字母表结尾处起用小写字母（如*x*、*y*和*z*）来表
示未知量，从字母表的开头处起用小写字母（如*a*、*b*、
c）表示已知量。他还提出了用指数表示变量的幂的想
法。最后，他指出，一旦确定了单位长度，任何数字都
可以解释成几何的一条线段的长度。所以，x^2可以指一条长度是x^2的线段。

---

① 关于这一点他是错误的，但是在古典学习被高度重视的时候，为代数发明一个
希腊起源是有用的。

这样，笛卡尔就完全免除了韦达关于维度的担心了。（有关笛卡尔如何影响代数符号的更多信息，请参见数学概念小史8）

这一时期有三项创新是极其重要的。其一，没有人能够解决一般五次方程式的一般解，这一事实促使代数学家开始提出更深层次的问题。慢慢地，关于多项式及其根的理论逐渐发展起来。其二，笛卡尔和皮埃尔·德·费马把代数和几何联系起来，发明了我们今天所说的"解析几何"。它们表明，正如我们能以几何的方式解释代数方程组一样，我们也可以用代数方式解释几何关系。（更多关于解析几何的知识，请参见数学概念小史16）费马和笛卡尔通过将代数应用于帕普斯曾讨论的著名的几何难题，证明代数在几何问题求解中的作用。其三，费马提出了一种全新范畴的代数问题。这些都与希腊数学家丢番图的著作有关，但远远超出了他的研究范围。具体而言，费马开始提出"关于数字的问题"，他指的是整数。例如，一个平方数是否等于1加上一个立方数？这相当于方程 $y^2 = x^3 + 1$，他希望在 x 和 y 是整数的限制下求解。这个方程式有一组简单的答案：$x=2$ 和 $y=3$。但还有其他整数解吗？费马发展出回答这类问题的方法。他也可以用这些方法来证明他所说的"否定命题"。这些证明说明，某些方程式是无法解出的。例如，他证明了方程式 $x^4 + y^4 = z^4$ 没有（非零）整数解。

可惜的是，很长一段时间，只有费马独自在研究和体会这些有趣的问题。当时的数学家们认为有用的数学是可以解决实际问题的，所以他们对费马的否定命题深感困惑。为什么不能解决某些问题时反而感到自豪？此外，费马不是专业数学家，而是在法国图卢兹的法庭上服务的一名律师。因此，他从未出版过自己的证明。相反，他写信给朋友，解释他的想法和发现，但没有阐述任何技术上的细节。一个世纪后，其他数学家又必须重新发现这个问题，并再次寻找所有证据。当我们讨论欧拉和其他人在18世纪和19世纪的研究时，我们会回到这个问题。

代数的早期历史在［131］第9章和第11章中进行了讨论。若想要更详细的研究资料，可参阅［210］或［133］。

8. 微积分与应用数学

16世纪末和17世纪初，当数学家们正在研究代数学的时候，另一部分人则开始使用数学来尝试了解宇宙。当时，这部分人通常被称为"自然哲学家"。其中最著名的一位应该就是伽利略。他一生中大部分时间都居住在意大利佛罗伦萨，所研究内容包括天文学和运动物体的物理学。他把观察和实验与数学分析结合起来。事实上，他坚信人类只有用数学，才有机会了解这个世界。

伽利略并不孤单。在德国，开普勒使用古老的希腊圆锥曲线来描述太阳系；在希腊，希腊人为其数学兴趣而研究了椭圆。开普勒发现行星围绕太阳在椭圆轨道上运转，并制定了数学定律来描述每个行星移动的速度。（参见数学概念小史28）在法国，神父马林·梅森①尝试让从不同的地方来的学者聚集在一起，开展讨论并分工合作以便了解这个世界。在英国，托马斯·哈里奥特（Thomas Harriot）则发展了代数，并将数学应用于光学、航海技术和解决其他问题。笛卡尔把代数和几何学结合在一起，做出了突破性的变革。他也开始尝试去理解彗星、光和其他现象。

---

① 马林·梅森是一名圣方济各会（Franciscan）的修士，是重要的音乐理论家，也是一位优秀的业余数学家。

所有这些研究工作都给大家带来了一些特殊的数学问题。研究运动不可避免地产生了与空间和时间的无限可分性有关的疑难问题。当物体运动时的速度不断变化，人们怎么知道它的速度是多少？如何计算出它在给定数量的范围内的距离？当物体以速度不断变化的方式运动时，人们如何理解它的速度呢？在给定的时间内，人们如何计算它所运动的距离呢？

这些问题并不新鲜。中世纪的学者们一直在研究和探讨这些问题，如尼科尔·奥雷姆（Nicole Oresme）和之后的许多其他人。但新的相关性问题的出现使对它们的研究显得更为紧迫，曲线的切线

和曲线圆形面积的相关问题也被研究和求解。结果，许多数学家开始着手研究它们。博纳文图拉·卡瓦列里（Bonaventura Cavalieri，1598年—1647年11月30日）就是其中的一位。他是耶稣教团成员（Jesuat）[①]，曾是伽利略的学生和博洛尼亚大学的教授。为了研究曲线图形的面积和体积，卡瓦列里使用了"不可分原理"。这种观点认为平面区域可以看成是一组无限平行线段，而立体图形可以看作是一组无限平行平面区域。例如，一个圆柱体可以想象成一叠大小相同的圆，球体则是一叠大小不等的圆。利用这个想法，卡瓦列里可以计算出许多以前难以分析的圆形面积和体积。法国的费马和笛卡尔，以及许多欧洲数学家也做过类似的研究。到1660年左右，很明显，这种问题可以根据实际需要加以解决。然而，没有可用的一般通用的方法。

在17世纪60年代末，艾萨克·牛顿（1643年1月4日—1727年3月31日，爵士，英国皇家学会会长，英国著名的物理学家）和戈特弗里德·威廉·莱布尼茨各自独立地发现了一种一般化的方法。事实上，他们发现了两种稍微不同的方法。牛顿的方法强调自谓的"流量"及其流数，他称之

---

① 不要和"耶稣会士"（Jesuit）混为一谈。从1366年到1668年，"Jesuat"是天主教会内的一个教团。

为"流体的变化率"。莱布尼茨的方法使用了"无穷小"或无限小量的概念。如果一个量用一个变量x表示，莱布尼茨定义它的"微分"dx是它在无穷小的时间内变化的量。流数和微分基本上都是我们现在所称的导数。（参见数学概念小史30）

这个（微分）发现最重要的部分可能是认识到，人们可以开发出一种计算这些事物的秘诀。这是一种计算方法——"微积分"。莱布尼茨是最清楚地看到这一方法的人。在他的第一篇关于这个问题的论文中，他强调了解决问题的重要性，而不必去想到底发生了什么。我们只是简单地应用微积分的规则就行了。①

有了这样一个强大的工具，许多人开始将它应用于世界上的很多事物上。这成为18世纪数学的主题。牛顿完成了他的《原理》（*Principia*）这本书的写作，该书是有关运动定律和太阳系统运转的数学分析。雅各布·伯努利，以及他的弟弟约翰·伯努利，还有其他人学会了微积分的应用。约翰扮演了一个特别重要的角色。由于他的哥哥是家乡（瑞士巴塞尔）的数学教授，他不得不到别处去寻求发展。为了赚钱，他给法国一名贵族洛必达教授新的微积分学。他们达成协议——约翰·伯努利用写信的方式给洛必达讲授微积分，而这些信件的内容则属于洛必达所有。后来，洛必达于1696年以自己的名义出版了第一本微积分教科书——其内容基本是约翰·伯努利给他的信件。

很快，就有许多这样的书陆续出版，许多数学家继续用微积分来研究自然世界。其中有丹尼尔·伯努利（Daniel Bernoulli），即约翰·伯努利的儿子，研究了力学和流体力学。在意大利，玛利亚·阿涅西成为了现代数学史上第一个有影响力的女性数学家。她撰写的教科书，统一处理代数、解析几何和微积分。尽管阿涅西的书很老套，但它对很多人还是很有用的。后来阿涅西变得越来越出名，甚至一所大学要授予她教授的头衔，但她没有接受这个职位。

---

① 我们今天教微积分的人可能会觉得莱布尼茨做得太好了，这是可以理解的。

在法国，微积分的新数学概念的传播，与牛顿运动和万有引力新概念的传播息息相关。许多学者参与了这一过程。其中最重要的是一位女性——夏德莱夫人。除其他方面外，她还将牛顿的《原理》翻译成法文，并做了大量的注释。由于欧洲人比较喜欢莱布尼茨所用的术语和记号，夏德莱夫人同时也得翻译这部分数学。在这个过程中，她澄清了几个重要的问题，并让人们相信新物理学是正确的。

然而，当时最伟大的数学家是欧拉。他出生于瑞士，从约翰·伯努利那里学习私人课程（当时他已经取代了他的哥哥在巴塞尔的地位）。然而，欧拉一生的大部分时间都是在圣彼得堡（俄罗斯）和柏林（当时的普鲁士首都）度过的。在那个时候，大学对科学研究兴趣不大。相反，一些欧洲国王建立了皇家科学院，学者们可以在那里工作和交流。甚至，各国皇家科学院都争抢最优秀的学者，它们之间展开争夺人才竞争。在欧拉一生中，几乎都与圣彼得堡学院联系在一起。一度，他被各种利益引诱离开了，在柏林科学院待了几年，但最终还是返回俄罗斯圣彼得堡皇家科学院。

学习和研究欧拉的著作给人的印象是，他是一名洋溢着各种思想火花的数学家。他在很多方面都有涉猎，包括数学和物理学，也有关于天文学、工程学和哲学方面的知识。在数学领域，他将微积分发展成为一个有力的工具，并将它应用于纯数学和物理学中解决各种复杂的问题。他撰写教科书向他人解释这一切。在他的《微积分预修》教科书中，他强调了函数的概念。我们今天仍然使用的许多概念和符号都是在他的书中介绍的。

欧拉没有停止他的研究。他重新发现了费马的数论，并对它进行了整理。他找到了费马命题的正确证明，并确立了数论作为数学的一个重要组成部分。他研究代数和多项式，并慢慢开始证明代数的基本定理。他研究了三角形中的几何学，发现了关于多面体的基本定理，并开始研究曲线和曲面的几何。他将数学应用于船舶和涡轮机的设计以及其他工程问题。他甚至考虑过彩票和关于在七座桥上行走而不穿过任何一座桥的难题。当研究某样东西需要用到已有的数学知识时，他就拿来使用。当没有可用的数

学知识时，他就去研究发展新的数学知识。在我们生活的今天，已出版的欧拉的著作超过了80卷。欧拉从不坐等正确的分析方法，他只是埋头他的研究。当他发现了一种更简单或更好的方法，他就会再撰写一篇论文。阅读他的论文可以让人了解他为什么对每一个问题都感兴趣，以及他的想法是如何产生的。

欧拉的影响是巨大的。他是第一个建议人们，最好考虑把正弦和余弦作为角度的函数，并根据单位圆来定义它们的人。他是第一个以现代形式表达牛顿运动定律的人。他推广了用 π 表示圆周率，并发明了e作为自然对数的基数符号。他的教科书中所建立的风格和符号在很长时期内被使用。在数学上，人们随处都能找到以他的名字命名的概念。

也许人们可以从两位数学家皮埃尔·西蒙·拉普拉斯（Pierre Simon Laplace，1749—1827）和约瑟夫·路易斯·拉格朗日的研究中看到18世纪数学的顶峰。拉普拉斯是个彻头彻尾的应用数学家。他写了关于天体力学和概率论的名著。这两本书都是充斥各种数学问题的巨著。它们也都有更流行的普及版本：解释太阳系运行原理的《宇宙体系论》（*The System of the World*），以及关于概率论基本概念及其广泛适用性的《概率分析理论》（*Philosophical Essay on Probabilities*）。（概率的早期历史参见数学概念小史21）

就拉格朗日而言，他从事数学所有领域的研究，从代数到微积分。他最重要的著作之一是关于力学的论述，其中他提出了一个数学理论：解释了事物如何以及为何运动。这部著名的著作在物理学史上有着非常重要的地位，也因其中完全没有图表而闻名。拉格朗日认为他的公式很好地捕捉了物理现象，因此不再需要图表。

18世纪是一个令人乐观的年代。拉普拉斯毫不犹豫地将他的概率计算应用于法官裁决和陪审团的活动中。现代读者常常觉得他的假设很奇怪。[①]

---

① 举个例子，把人类的决策看作类似于从瓮里抽出彩球，这样的想法真的合理吗？

同样，拉格朗日在没有图表的情况下研究物理。数学家们觉得他们掌握了现实的钥匙。而且，在很大程度上，这些钥匙确实开启了许多未知的门。

　　然而，并非所有的事情都一帆风顺。麻烦的最明显标志来自乔治·贝克莱（George Berkeley，1685年3月12日—1753年1月14日），他是爱尔兰哲学家和英国圣公会克洛因教区主教。贝克莱被一位数学家公开的无神论言论——他认为神学是推测性的和不确定的——所冒犯。他反驳说，数学家们非常重视微积分的基础，这一点也是不可靠的。他发表尖刻的名为《分析学家》（The Analyst）的文章，指出牛顿对流数和莱布尼茨对无穷小的定义都是不明确的，在某些方面是矛盾的。流数是以两个增量计算的商。牛顿有时似乎说这些增量都是零，有时又说它们不是零。贝克莱直接指出了这一矛盾：

　　　　这些流数是什么？是瞬时增量的速度。这些相同的瞬时增量又是什么？它们既不是有限的量，也不是无限小的量，更不是零。我们不可以称它们为幽灵吗？

　　这篇文章从一开始就提出自己的中心观点："……一个能了解二阶或三阶流数的人……依我看来，没必要对神学的任何论点都那样苛求才对。"

　　贝克莱还认为，例如，牛顿会在他的写作中走捷径，跳过困难，或者选择正确的表达方式，从而使某些问题变得模糊不清。贝克莱的批评表明，微积分的基础是不稳定的。

　　对于许多数学家来说，答案是"但它是有用的！"法国数学家和哲学家达朗贝尔（Jean Le Rond D'Alembert）也是著名《百科全书》（Encyclop'edie）编辑之一，据说他曾对学生说过："坚持，信念就来了。"然而，一些数学家，包括达朗贝尔在内，开始寻找更适合的基础。终于在19世纪初期，出现了第一个研究成果，虽然这项任务直到很久以后才完成。

　　微积分的早期历史一直是许多历史研究的主题。从［131］的第12章和第13章开始阅读，是一个不错的选择，而［99］的前半部分则提供了更多的良好信息资源。两者都对进一步的阅读给出了建议。

9. 严谨性和专业精神

在19世纪，数学活动发生了巨大的爆炸性的变化，数学家们在哪里和如何完成他们的工作也发生了重大变化。数学在许多不同的方向上取得了进展，很难找到一个主题来描述数学工作的特征。我们选择强调19世纪数学变化的三个重要方面。第一，人们对严谨性深感关切，尤其是在微积分方面。第二，物理学问题引发了更多、更复杂的数学知识。第三，数学家以一种新的、不同的方式成为专业人士。

19世纪的开局以1789年法国大革命的余波为标志。这场革命影响了整个欧洲。在改革中，教育是法国的革命家关注的重点。他们建立了学校，如巴黎的综合理工学院，其主要使命是为中产阶级提供技术教育。目标是培养一批训练有素的公务员来管理新法兰西共和国。结果之一是期望数学家到学校给学生上课。更重要的是，他们的学生也被期望从他们的教学中学习到数学知识。这给清晰、精确和严谨带来了新的价值取向。毕竟，如果老师不理解所学内容的基础，学生又该如何理解呢？大约在同一时间，法国科学院发明了公制作为标准化的计量系统，用于科学和商业。法国政府于1795年正式通过公制作为计量系统后，逐渐扩展到其他国家。到19世纪末，公制已成为公认的国际标准。（参见数学概念小史6）

19世纪开局时，在数学领域处于支配地位的人物是高斯。他似乎是个神童，在3岁的时候就能做算术题。在17岁时，他在数学方面已经有了意义重大的新发现，他在数学日记中记录了这些发现。他的第一本重要著作于

1801年出版，书名为《数论研考》（*Disquisitiones Arithomeae*）。它涉及整数及其性质，其特点是所谓的高斯风格：节省的、精确的，除了技术证明之外，几乎没有任何动机或解释。

高斯的工作贯穿了所有的纯粹数学和应用数学。事实上，他在物理学和天文学方面的成就，也像他严谨的数学研究一样出名。他也有办法把两者结合起来。例如，在做了一些测量之后，他会把自己在这项工作中开发的想法应用于对曲面几何的研究中。应用程序和理论之间的相互作用是19世纪伟大的数学家工作的典型特征。

19世纪早期的另一个伟大人物是奥古斯丁·路易斯·柯西。在很年轻的时候，柯西就被巴黎的一所综合理工学院（Ecole Polytech）聘为教授。他的主要工作是教微积分，他更喜欢称之为分析学。他显然不满意分析学的基础。其结果是编写了数学史上最著名的教科书之一的《综合理工学院分析课程》（*The Ecole Polytechnique Course in Analysis*），书名并没有显示出内容是多么的革命性。第一卷[①]书名是《代数分析》，并试图使想法更精确，如连续性和收敛性。在他的课程中，柯西的目标是"正确地做微积分"。在本书中，第一次出现导数和积分的定义。微积分的基本定理也是第一次被强调为基本定理。而且，和我们今天一样，柯西强调了微积分的代数方面，它更喜欢计算而不是图表和公式或几何直观法则。

柯西的研究涉及数学和数学物理学更广泛的领域。他的写作也涉猎了所有的领域。事实上，他是一位多产的作家，以致法国一家主要期刊的编辑一度对他的论文施加了限额。作为回应，他说服了一位出版商（碰巧是他的亲戚）为他出版了一份专刊，这份专刊只刊载柯西的论文！他对严谨性的强调对其他数学家产生了很大的影响。拉普拉斯曾经听柯西解释无穷级数收敛的重要性。他听后惊慌失措地跑回家，在自己那本关于天体力学的巨著中检验了这个级数。柯西新思想的影响是深远的。

许多数学家继续着柯西对分析学精确而严谨的研究工作。在这个过程

---

① 从来没有第二卷。

中，他们发现了他的研究中的一些缺陷，并试图改进它。在这些数学家中最重要的是卡尔·威尔斯特拉斯，他的名字，甚至在今天，也是严谨和精确的代名词。威尔斯特拉斯也是一名教师。事实上，他是从一名中学教师开始自己的职业生涯的。除了教授数学，他还必须教授其他学科，从物理学、植物学到书法和体操。直到发表了几篇科学论文之后，他才被公认为一位富有创造力的数学家。他最终成为柏林大学的教授。

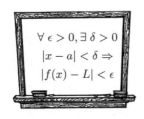

$$\forall \epsilon > 0, \exists \delta > 0$$
$$|x - a| < \delta \Rightarrow$$
$$|f(x) - L| < \epsilon$$

威尔斯特拉斯在柏林开设的分析学讲座很有名。他不是一位活泼的老师。健康问题迫使他坐着讲课，而学生则在黑板上协助书写公式。但受到了他的讲座内容的启发，他的许多学生成为了伟大的数学家。这些讲座取得的一项成就是让微积分基础的彻底转变。他的清晰而精确的定义，从微积分中消除了任何神秘或几何直观的痕迹，把它建立在一个只依赖于代数和算术的逻辑基础上。这种新方法并不容易，不过，那些必须得知"ϵ-δ"极限的学生将会继续给出证明。

在明确了为微积分找到的缜密基础之后，数学家们也考虑了数学的其他部分。理查德·德德金德和朱塞佩·皮亚诺研究了算术的基础，乔治·坎托发明了集合的概念，这使他能够对无穷大做出重大且基本的发现。集合论最终被认为是所有数学的可能基础。（参见数学概念小史25）

代数和几何学在19世纪也发生了根本性的变化。在16世纪，人们发现了求解三次和四次方程式的代数公式，但没有人能解出五次方程式。渐渐地，数学家们开始从寻找五次方程式的解，转向去了解为什么无法获得五次方程式的解。在18世纪，约瑟夫·路易斯·拉格朗日就已经注意到，通过在各种多项式上分析方程式根的重排所得的结果，可以理解方程式所有存在的解。这表明数学家们如何更严格地思考求解一个方程的"公式"是什么，连同发现公式和根的重排之间的联系，这最终导致了19世纪的重大代数发现。

第一个突破来自挪威数学家尼尔斯·亨里克·阿贝尔（Niels Henrik Abel），他的辉煌生涯因早逝而中断。1822年，阿贝尔成功地证明了五次方程式的解实际上没有一般公式。这是一个了不起的发展，但代数学的真正革命来

自于伽罗瓦（Evariste Galois）的研究。伽罗瓦才华横
溢，喜怒无常，对数学和政治都充满热情。作为一个
年轻人，在短短的一生大部分时间中，他都被赶出了
学校，并被关进了监狱。尽管他经常卷入这些事件，

但他还是在数学研究上投入了大量的精力。他把大量的时间花在数学上，
但他的作品却无人注意。1832年，在他21岁生日前不久，他卷入了一场决
斗中，并因此失去生命。

　　在那场"事关名誉的决斗事件"发生的前一天晚上，伽罗瓦匆忙地给
一位朋友写了一封急信，总结了他在几篇数学论文中的成果。他在信的结
尾请他的朋友把信送给当时最优秀的数学家，并表示希望以后"有人会发
现自己的优势并去破解这一切混乱"。他是对的。他所说的"混乱"，就是
通过群论来分析代数方程式的可解性，群论已成为现代代数学和几何学的
基石。

　　伽罗瓦还介绍了洞察力的根本变化。他认为有必要从考虑特定的方程
式转换到考虑所有可能的转换。随着时代的发展，其他数学家开始采取更
抽象的观点，最终导致了现在所谓的"抽象代数"。

　　在几何学上，这也是一个革命的时代。几个世纪以来，人们一直在思
考欧几里得的平行假设及其在平面几何中的作用。高斯、尼古拉·罗巴切
夫斯基、伯恩哈德·黎曼的研究最终解决了这个问题，导致非欧几里得几
何学的发现（参见数学概念小史19）。再一次，这一步是走向抽象和严谨，
而不是试图找出"现实世界的几何学"是什么。这些数学家发现，研究几
何学有几种可供选择的方法，每一种都有内部的一致性，每一种都是有趣
的，每一种都是正确的。在当时，它似乎是一个无用但美丽的梦想，一个
远离适用性的举动。但结果并非如此。当爱因斯坦在20世纪头十年寻找一
种方式来表达他对重力的洞察时，他在黎曼的几何学方法中找到了正确的
语言。事实证明，我们可能生活在一个非欧几里得的宇宙中。

　　数学和理论物理之间的联系一直很强。应用数学是一个有趣而又困难
的问题的来源。为了解决这些问题，必须创造重要的新数学。为了研究热
是如何通过物体传导的，傅立叶（Joseph Fourier）发明了现在被称为"傅立

叶级数"的成果,这些被证明在应用数学中非常有用,如研究光、声音以及其他周期波现象都是非常有用的。它们也被证明是有趣的数学研究对象,解开它们的特性需要严谨的微积分学方法,而这正是刚刚发展起来的。物理学的许多其他领域也被研究了。电学和磁学引起了有趣的问题,而这些问题都导致了重要的数学发展。理解机械、流体流动、行星运动、结构的稳定性、潮汐、弹性材料的反应——所有这些都引起了许多数学家的关注。

　　其中一个例子是索菲·热尔曼(Sophie Germain),她与高斯、柯西和傅立叶是同一时代的人。尽管在所谓的"启蒙运动"中成长起来,热尔曼想成为数学家的愿望却遇到了阻力。在当时,妇女不能在理工学院学习,为了能学好高等数学,热尔曼不得不通过向男学生们借笔记来学习。她克服了社会对女性知识分子的偏见,成为法国最优秀的数学家之一。除了在数论中做出了重要的贡献外(更多信息参见数学概念小史13),她还在弹性材料的数学理论中取得了重要的成果。许多数学家在她的研究基础上完善了弹性理论,这在19世纪末埃菲尔铁塔的建造过程中起到了至关重要的作用。索菲·热尔曼的研究成果使建设埃菲尔铁塔成为可能,然而,她的名字却没有刻在埃菲尔铁塔的底座上!

　　理解电磁现象的问题吸引了许多数学家,包括伯恩哈德·黎曼(Bernhard Riemann)。黎曼的天才使他对自己所从事的所有领域都做出了重要贡献。从上面提到的几何学的发现到他在电磁学方面的研究成果,他所做的一切都使人受到启发。有时他很有灵感,也就省去了许多细节,留下来让他的后继者去完成他的证明工作。在他的应用工作中,黎曼非常愿意在没有数学证明的情况下使用物理学的论据。这也给他的继任者留下了有趣的问题。在他的一篇论文中,他说了这样的话:"相信这一点是合理的……"黎曼认为合理的论断现在被称为黎曼假设,它仍有待证明。

　　在19世纪末,费利克斯·克莱因证明了新的非欧几里得几何学和新的代数理论是相关联的。通过分析不同几何体系中的变换代数,我们可以理解不同的几何学。这再次表明,严密和抽象是数学进步的关键。它还表明,这种观点允许人们统一不同的数学分支。在一个飞速发展的学科中,找到统一的思想，让人们理解更广泛的数学是非常重要的。

将数学统一起来的趋势被亨利·庞加莱具体化了。他几乎超人类的记忆力和逻辑理解力使他能够为算术、代数、几何、分析、天文学和数学物理学等方面做出重要的贡献。他撰写了关于科学和数学普及的著作。在许多其他事情中，庞加莱的研究带来了全新的力学观点，特别是在太阳系的力学方面。正是在这一背景下，庞加莱遇到了我们今天称之为"确定性混沌"的第一个例子。

随着19世纪的结束，数学越来越专业。大多数数学家在大学工作，在那里他们既教书又做研究。学术研讨会成为大学生活的常态，博士研究成为学术生涯的标准切入点。把纯数学、应用数学和理论物理分开的界线变得更加清晰了。一些专业协会和期刊也被创立起来。学术会议也开始定期举行。1897年，第一届国际数学家大会（ICM）在苏黎世举行。第二届于1900年在巴黎举行，从那时起，每四年举行一次ICM会议（由于战争而中断），世界各地的数学家齐聚一堂。

19世纪的数学是相当技术性的，所以这一时期的数学史研究也是最重要的。整个故事的最佳史料来源在［131］和［100］中。

10. 抽象、计算机和新应用

19世纪结束时，出现了一个重要的标志性事件。1900年，国际数学家大会的组织者邀请当时最著名的德国数学家大卫·希尔伯特发表演讲。希尔伯特的演讲集中讨论了数学研究中尚未解决的问题在引领未来数学研究中所起的作用。他讲述了他认为在新世纪将要研究的23个重要问题。就大多数情况来说，他的猜测是对的。对这些问题的研究将直接或间接地导致数学的许多重大进步。能够解决希尔伯特所提出的问题中的一个或者部分，其研究者都会得到国际学术界的承认。

然而，即使是希尔伯特也无法预见数学在20世纪会如何发展。数学家越来越多，期刊越来越多，专业社团也越来越多。开始于19世纪的惊人发展还在继续，每隔20年左右，数学知识就会成倍地增长。宇航员第一次登上月球后，产生了比以往历史上更多的原创性数学，比以前所有的历史都要多。事实上，据估计，今天已知的数学知识中有95%是自1900年以来产生的。在世界上成百上千的期刊中有关数学方面的期刊就占有很大的份额。摘要数据库《数学评论》（*MathSciNet*）每年都刊载数千篇含有最新成果的文章摘要。20世纪（到目前为止的21世纪）无可非议地被称为"数学的黄金时代"。

当然，数量本身并不是当代数学在数学史上所处的独特地位的关键。在这种惊人的知识扩散之下，有一种走向统一性的基本趋势。这种统一性的基础是抽象。这导致了两个方面的发展。一方面，新的数学更抽象的领域已成为自己需要建立的研究领域。另一方面，研究真正宏大的古典问题的研究者，如费马最后定理或希尔伯特的23个问题，越来越擅长从一个数学领域使用新技术来回答另一个领域的老问题。结果，20世纪许多老问题终于得到解决，许多新问题又不断被提出来。

数学数量的增加和抽象水平的提高不可避免地导致了专业化的发展。今天大多数数学家对他们的研究领域很了解，对邻近的主题了解不多，对与数学学科不相关的了解甚少。抽象观点的统一性力量在某种程度上可以弥补这种情形，但只有非常优秀的数学家才能对这个领域有充分的了解。鉴于这些，对20世纪的数学，我们只能提供一个简短且非常不完整的描述。我们选择突出关于数学基础的辩论、抽象的作用、计算机的发明以及各种新的应用。

在20世纪开始后的几十年里，数学家和哲学家们研究了数学学科的基础。数是什么？数学知识是确定的吗？我们能证明数学不可能是自相矛盾的吗？数学家们对这些问题进行了激烈的辩论。一方是"形式主义者"，他们的计划是通过研究符号的形式操作来表明，对数学思想的哲学疑虑可以得到解决。能够证明无限集和其他有争议的观点，这样这些观点将永远不会导致矛盾，希望通过用有限的方法给出一个证明。另一方是"直觉主义者"，他们认为许多数学思想实际上没有充分的依据。他们想要重新编组整个学科，消除对无限集合的大多数诉求，摆脱"排除中间定律"（亚里士多德学派原则：如果能证明非 A 是假的，则 A 一定是真的）。

两方都没有走太远。直觉主义者的建议对大多数数学家来说太过极端。形式主义者的想法差一点就可以被接受，但他们的纲领在20世纪30年代之后就失去了其大部分吸引力。所发生的事情是，哥德尔找到一种方法来证明，得出矛盾不存在的证明是不可能的。哥德尔的研究首次证实了有些事情是无法被证明的。

这造成了一种奇怪的效果。对从事基础研究的数学家来说，这是一个真正的打击，他们必须以某种方式去接受。然而，对于其他数学家来说，这基本上意味着在基础方面的研究不能对他们解决问题提供很大的帮助。因此，他们必须继续努力证明定理和解决问题。

随着基础性辩论的发生，抽象化成为20世纪早期数学的主题。这不仅仅是因为它是流行的（尽管这确实是它的部分原因），还因为抽象方法也是很强大的。使用它，老的问题要么解决，要么焕发新的光芒。不久，数学就被抽象分析、拓扑学、度量理论、泛函数分析和其他领域所支配。从本质上说，这是采取抽象的观点，对19世纪数学发展成果的高度概括。新的观点揭示了哪些想法重要，哪些不重要。因此，它常常导致新的发现。

没有什么比代数的变化更明显了。这个话题变得比以往任何时候都要一般化得多。伽罗瓦（Evariste，1811—1832，法国数学家）关于必须将所有代数运算分类一并考虑的见解，在19世纪下半叶，由德国数学家狄德金（Dedekind，1831—1916）进一步发展了。在20世纪20年代，这些想法被艾米·诺特（Emmy Noether，1882—1935）和埃米尔·阿廷（Emil Artin，1898—1962）所采纳并发扬。在他们手中，抽象代数的结构和语言成为一种强有力的工具。

20世纪30年代末，一群年轻的法国数学家聚集在一起，想要彻底改变数学。他们认为，数学界，尤其是在法国，新观念还没有充分内化到数学社群中，现在是打倒"保守派"的时候了。他们的计划是做两件事。首先，他们将共同编写一套多卷版教科书，内容包括所有基础数学的简编。为了向欧几里得致意，他们把这套书称作《数学原本》（*Elements of Mathematics*）。因为是集体编写的，他们采用笔名：作者署名"尼古拉斯·布尔巴基"。[①]

"布尔巴基"的成员对他们的集体角色很感兴趣。他们为尼古拉斯·布尔巴基创造了生平，给了他一所大学的背景，甚至曾经寄发他女儿婚礼的请柬。当《大英百科全书》说明"布尔巴基"是一个集体化名，因此不存在这个人时，他们收到了尼古拉斯·布尔巴基"本人"的一封愤怒

---

① 据说取"布尔巴基"这个名字，其灵感来自法国南锡一位经历过"普法战争"名叫查尔斯·D.S.布尔巴基的将军身上。"尼古拉斯"的动机尚不清楚，但它的选择使得由此产生的首字母"N.B."成为一种吸引人的奖励。

的抗议信，质疑百科全书条目作者的存在性。"布尔巴基"的创始人认为，创造性数学主要属于年轻人的科学，所以他们同意50岁之前退出这个团体，选出年轻的同事代替他们。①因此，尼古拉斯·布尔巴基成为一位著名但神秘的国际学者，他的专业研究能力一直处于巅峰，为科学界提供了一系列现代、清晰、准确的当代数学领域的论述。

"布尔巴基"团体要做的第二件事是，他们决定定期举行研讨会，讨论在数学上发生的事情。这被称为"著名的布尔巴基研讨会"。现在，每年在巴黎举行三次研讨会，它仍然是数学领域最新进展的最重要的讨论会，会上顶尖学者与来自世界各地的数学家们讨论重要的新思想和定理。

"布尔巴基"的影响力主要是通过《数学原本》体现的。因为这套书是要花很多年时间才能撰写出来，所以，它们的影响在20世纪中期才产生。这套书采取严格的抽象观点，对其所涵盖的每一个领域都给出了精确而可靠的说明。许多人指责布尔巴基引导数学教师采取了一种正式而抽象的方法。但事实是，《数学原本》从不指望成为数学教学法的典范。更确切地说，这套书的目的是将大量的数学内容集合起来，使之正式化，并且他们所做的（基本上）很成功。

在20世纪的最后几十年，"布尔巴基"似乎已经失去了"他"的原始能量。布尔巴基研讨会仍然强劲地举办，但是《数学原本》的出版发行速度减慢了。这在一定程度上"归咎于"布尔巴基计划的成功，但这也反映了数学家情绪的转变，从抽象转向了具体的例子，即计算机实验与应用。

计算机的发明和发展是20世纪后半叶的重要标志（参见数学概念小史23和24）。最初，数学家们深入地参与了这个过程。他们分析了新机器的可能性，发明了"计算机程序"的概念，帮助建造了第一批设备，并提供了困难的计算问题来测试它们。然而，计算机科学很快就走自己的路，把重点放在自己的问题上。

计算机作为工具，已经对数学产生了巨大的冲击。计算机至少在三个

----

① 有传言说，一些创始人在他们离开的时候后悔制定了这条规定。

方面改变了数学。第一个变化是，他们允许数学家测试猜想并发现新结果。这就允许"实验数学"。假设有人试图找出n^2+1形式是否有无穷多个素数，这个问题仍然没有解决。他可以在计算机上输入几百万个n值，并检验结果是不是素数。如果我们发现许多素数，我们可能会相信事实上会有无限多个素数。请注意，这并不能解决这个问题。找到证据的艰难工作仍有待完成。但利用计算机可以提供线索，而且它可以使我们或多或少地相信我们试图证明的确实是真的。

第二个变化与模拟和可视化有关。计算机可以制作数据图片，这些图片往往比数字数据本身更具有启发性。此外，计算机允许我们使用数值计算找到方程式的近似解。因此，我们可以用计算机来理解因为精确的描述过于复杂而无法进行完整数学分析的情况。当然，这已经彻底改变了应用数学。如今，对复杂微分方程的近似解是这一努力的核心部分。但它也影响了纯数学。这种效应的一个很好的例子就是"分形"被发现。这些高度复杂的结构早在20世纪初就已经被注意到了，但在这一点上，它们似乎异常复杂，无法处理。然而，一旦我们学会用计算机来画它们的图形，我们就发现"分形"可以是美丽的，由此数学的一个全新的领域诞生了。

第三个变化与所谓的计算机代数系统有关。这些计算机程序可以"做

代数"。它们可以做多项式、三角函数、指数函数，等等。它们可以加、乘、分解因子、取导数和积分，并计算级数逼近。换句话说，他们可以做很多以前学校和大学数学的计算内容。

由于这些系统变得更加普及，教给学生动手做复杂计算的理由越来越少了。因此，数学家需要重新思考应该教什么和怎样教。

20世纪的数学应用范围也大大拓宽了。在19世纪末，"应用数学"几乎等同于"数学物理"。这种状况很快改变了。第一个变化可能是统计学的发展，最初是着眼于生物学中的应用。统计数据作为一种分析数据的工具的

价值很快就被世界各地的学者所重视，其他的应用也很快得到了效仿。（有关统计的早期历史，请参阅数学概念小史22）

越来越多的数学思想被认为是有用的。数学物理开始使用概率与统计、黎曼几何、希尔伯特空间和群论。化学家发现结晶学有大量的数学成分。拓扑思想与分子形状的研究是相关的。生物学家用微分方程式来模拟疾病的传播和动物种群的增长。

从第一次世界大战开始，各国政府发现，从数学上思考实际问题会产生有益的结果，由此"运筹学"诞生了。在第二次世界大战中，数学家们在许多方面起着至关重要的作用，最著名的是在发展密码学和破解德国谜团密码。电话网络和后来的互联网都是运用应用数学来研究的。"线性规划"的发展是为了在各种领域——从工业到政府到军事中，找到做事情的"最好的方法"。计算机模型允许各种新的知识应用于生物学，从种群的动态到血液循环、神经元的研究以及动物如何迁徙。最后，在20世纪末，数学和物理再次联手，创造了新的和尖端的物理学理论。

也许在19世纪末之后，对数学的最有趣的解释在［101］中，在艺术的"现代主义"背景中领会它。另一种感受20世纪初的方法请阅读［245］中有关希尔伯特问题的解决者。有关最近的工作，请参阅［5］、［4］、［6］，其中包含生动的在世数学家简介。

11. 今日数学

过去几十年一直是数学的"黄金时代"。许多老问题已经解决，许多新思想被提出。纯粹数学和应用数学都取得了惊人的成果。在这个结论部分，我们提到了一些新发现。

20世纪初，希尔伯特提出了一系列他认为重要的问题。这些问题是20世纪上半叶数学家的一个重要动机。21世纪开始，克莱数学学院决定在克莱的领导下，选择7个数学课题，并提供100万美元的奖金来解决每一个问题。7个"千禧年问题"涵盖了从最纯粹的数学到与流体流动、粒子物理学和计算理论有关的所有数学问题。

其中一个千禧年问题可以追溯到19世纪末庞加莱的著作。它涉及三维空间的几何。在20世纪，它被推广到更高的维度，在这种情况下它更容易解决。在五维空间及更高的维度中，这个猜想在20世纪60年代被斯蒂芬·斯梅尔证实了。在四维空间中，唐纳德·沙利文在20世纪80年代证明了这一点。但是，最初的三维空间问题直到2002年，格里戈里·佩雷尔曼才发现了证据。值得注意的是，他拒绝接受100万美元的奖金。

一个有趣的新问题与开普勒的一个古老的猜想有关——如何将最大数量的球体放置在最小的空间中。想象一下，你有一堆同样大小的弹珠，怎样排列会把它们装得最紧？开普勒提出了一个猜测，但没有人能够证明它，直到大概是1998年，托马斯·黑尔斯提供了证据，但他的证据需要计算机对大量的案例进行检查。他把它寄给了《数学年鉴》，请求12位专家检查证据。他们在2003年最终决定，"99%肯定"是正确的，但他们还不能完全肯定，因为他们没有办法检查计算机部分。99%的把握够吗？

数论是另一个发展领域。正如我们在数学概念小史13中解释的，费马的最后定理在1994年得到了证明。但也有许多令人印象深刻的其他成果。2004年，本·格林和陶哲轩[1]证明，能找到一个可以任意长的算术等差数列完全由素数构成，如$3+4k$，$k=0$，1，2[2]。已知的最长的一个从数字43142746595714191开始，包含25个其他素数，每个素数比前5283234035979900个素数多。

一个相关的问题也看到了一个巨大的进步：数学家早就猜测有无限多对的素数的差值为2，例如11和13，29和31，但没有人知道如何证明这一点。2013年，张益唐[3]震惊世界，证明了如果我们允许一个更大的固定的差值而不仅是2，就有无限多的素数对。通过许多其他方面的工作，我们现在知道有无穷多对素数的差值不大于246。

数论通常被认为是最纯粹的数学，但在20世纪70年代，我们学到了其他的东西。你可能已经注意到乘法比分解因数容易：如果有人要求你计算463乘以2029，你可以轻松地计算；但是如果他们给你的是939427，并要求你分解它，那就难多了。在20世纪70年代，罗恩·里弗特、阿迪·沙米尔和伦纳德·阿德尔曼找到了一种方法，使用这种构造方式发送秘密信息，而不必与其他人见面来交换密钥[4]。我们今天都使用这个方法：它允

---

① 陶哲轩，男，1975年7月17日出生于澳大利亚阿德莱德，华裔数学家，任教于美国加州大学洛杉矶分校（UCLA）数学系。陶哲轩是赢得菲尔兹奖的第一位澳大利亚人，也是继1982年丘成桐之后获此殊荣的第二位华人。

② 译者注：$3+4×0=3$，$3+4×1=7$，$3+4×2=11$，3、7、11构成一个公差为4的素数等差数列。长度为3，即数列中最多包含3个数字。

③ 张益唐（1955年—），华人数学家。祖籍浙江省平湖市，出生于上海。1978年考入北京大学数学系，1982年本科毕业；1982—1985年，师从著名数学家、北京大学潘承彪教授攻读硕士学位；1992年毕业于美国普渡大学，获博士学位；现在美国加州大学圣塔芭芭拉分校数学系任教。

④ 译者注：即RSA算法。

许我们加密通过互联网发送的信息。不过，数学的好处在于，突然间，一种更好的计算数字的方法变成了一个强大的工具。为此数学家们付出了很多努力，已经找到了一些好的方法，但是没有一个好到有突破性的加密方法。

一些最令人兴奋的发展是与其他领域相关的。在数学物理中，弦理论揭示了新的和深奥的数学问题。数学和计算生物学正开始提供重要的见解。概率方法现在占据了数学建模，工程师使用越来越强大的数学技术。微波的产生对信号和图像的处理产生了深远的影响。

如果我们拓宽视野，包括那些在常规的学术机构之外的数学使用者和数学生产者，我们会看到更多的多样性。当今数学面临的许多最有趣和最有用的问题是数学和科学之间的交叉问题。在金融界，数学变得如此重要，以至于有人在寻找2008年金融危机背后潜藏的数学原因。许多商务和商贸领域的技术进步越来越依赖于更复杂的数学思想。在当今数千万美元总产值的工业项目中，数学处于或接近创新的核心。飞机设计、基因研究、导弹防御系统、CD播放机、疫情控制、GPS卫星和空间站、移动电话网络、营销和政治调查、个人计算机和计算器、"变形"等特殊的视觉效果，用于电影和视频游戏、计算机动画、电子硬件和软件工具，处理几乎每一个企业大大小小的日常事务——所有这些和其他许多事情都依赖于数学思想，需要数学专家来实现。

今天的数学涉及很多人和许多不同的事情。在大学和研究机构，高效率的研究继续突破我们知识的界限。在学术界之外，很多人每天都在使用和发展数学技术。虽然这些人中的许多人并不把自己称作"数学家"，但他们的活动有助于推动数学及其应用向前发展。所有这些人的工作都得到了各级教师和教育工作者的支持。

这么多的工作在这么多不同的领域开展着，给人的印象是支离破碎的，但今天的数学，从内部看，比以往任何时候更多样化和更统一。它比以往任何时候都更抽象，对现代生活的所有领域都有更广泛的适用性。的确，数学家通常都是某个领域的专家，他们的研究几乎总是远远超出了业余爱好者的兴趣范围，连那些具有大学高学位的人也难以望其项背。在今天的研究性期刊中，任何新的定理都可能是大多数人无法理解的，当然不包括从事相关课题研究的数学家。尽管存在多样性，但存在着根本的统一性。数学一直都围绕着一些庞大的概念，这些概念仍然是这个领域的中心，尽管它们在第一眼看起来可能并不明显。

"从外面看"这一观点是可以理解的，也有点令人困惑。一方面，数学是一个深奥的、艰难的课题，甚至很多受过良好教育的人都坦承对数学的无知。另一方面，它被视为现代繁荣、安全和舒适的重要组成部分，因此，数学专家被认为是有价值的宝贵的人才。政府不断设法让更多的人学习数学，但这个问题仍然难以解决，学数学的人远远达不到政府期望的数量。

这种矛盾心态给数学教育工作者造成了两难处境。他们是否允许受试者在代数、几何、微积分等传统领域里进行更严格的训练，以便下一代的专家将会有更坚实的基础去进行他们的研究？或者，他们是否同意社会的外在的需求，规定了一种更广泛、更严格的数学思想教育，使每个人都能成为有数学素养的公民，能够与专家进行知识互动？这种明显的目标冲突在今天的数学教育中制造了紧张和混乱。但乐观的观点是，当教育工作者想方设法实现这两个目标时，这种混乱就是创造性的、建设性的。他们这样做是至关重要的，明天的世界将需要更多的数学。

12. 专题

（1）在这个专题中，你的老师会为你挑选并指派一位数学家进行研究。我们将把这个人称为"你的数学家"（YM）。

① YM在本书中被提到了吗？

② 在《科学人名词典》和《百科全书》中查阅YM（文献在［90］或［91］中）。阅读文章并做笔记，并注意这些资料之间的任何差异。你如何决定哪一个更可靠？

③ 试着在互联网上找到YM的信息。阅读这些信息，并与你已经知道的信息进行比较。你如何判断在互联网上发现的东西是否可靠？

④ 参观你周边的图书馆，翻阅数学史方面的书籍。书中提到过YM吗？有关于YM的书吗？YM的文集出版了吗？如果出版了，图书馆是否能找到副本？

⑤ YM是以什么语言写作的？你是怎么知道的？他或她在撰写数学时所使用的语言是什么？

⑥ 写一个简短的YM传记。

（2）选择本数学概念小史中提到的数学事件或人物，写一篇论文描述当时世界上发生的事情。不要局限于你所选择的人或事件的区域，考虑整个世界的所有部分。同时也要考虑到当时的主要历史特征——政治变革、社会思潮、科学突破、宗教运动、文学、艺术等。然后讨论（如果有的话）你所选择的人或事件对数学的影响或受你所描述的历史状况的影响。你可以提出你自己的观点，但它们应附有基于历史证据的支持论点。

（3）如今，人们经常看到"纯数学"与"应用数学"之间的鲜明对比。历史上其他时候是这样吗？希腊人如何看待这件事？18世纪的数学家会把这两种风格区分开来吗？

（4）不用翻阅《莱因德纸草书》，就可以制作一个由两部分组成的表格。使用符号n指定第n部分。现在开始制作：

n	两部分
3	$\overline{2}$ $\overline{6}$
4	$\overline{2}$
5	$\overline{3}$ $\overline{15}$

（5）比较和对比（已知的）古埃及和古美索不达米亚的数学传统。（为了获得足够的信息，你可能需要做一些额外的研究。）

（6）这一节只简要地提到了"民族数学"。做一些调查，然后就这个主题写一篇简短的介绍。

（7）了解更多关于中国的数学历史，写一篇简短的报告。

（8）了解更多有关印度数学史的情况，并写一篇简短的报告。

（9）欧几里得《几何原本》第二卷常被描述为"几何代数"，但现代学者对这种描述相当怀疑，认为它更多地说明了我们倾向于用代数来看待所有的数学问题，而不是欧几里得的本意。阅读《几何原本》第二卷，提出你自己的见解（你也可能想读一些关于这个问题的学术辩论）。

（10）数学家们喜欢引用这样一种说法："几何是对不正确的数字进行正确推理的科学。"图表似乎在希腊数学中起着至关重要的作用。即使是快速浏览《几何原本》或阿基米德的著作，都能看出那时有多少图表。图表对论点有多重要？证明工作可以不用图吗？

（11）一位老师和一位学生进行了一次类似这样的对话：

学生：我认为1+1=2，永远不会有任何其他表达方式。

老师：但是1+1=2是犹太-基督徒！

是吗？分析数学史，以确定西方数学传统是否受到犹太教或基督教的影响，以及在何种程度上受到了影响。

（12）了解更多关于数学和航海之间的联系。16世纪的航海家需要知道什么样的数学？他们是如何使用它的？

（13）伯努利家族以产生了许多杰出的数学家和科学家而闻名于世。

找出更多关于他们的信息，制作一个家族树，将相对重要的伯努利家族成员放在中心位置，撰写一篇简短的家族传记和其他相关信息。

（14）除了做分析员，伯克利主教还撰写了代数。找出他对代数问题的看法是什么。

（15）正如第59页所提到的，克莱数学研究院在2000年宣布，它已为解决7个数学问题设立了100万美元的奖金。请问7个"千禧年问题"是什么？

（16）伯特兰·罗素是20世纪早期英国著名数学家和哲学家（见［201］），曾经称数学为"我们从来不知道我们在说什么，也不知道我们说的是不是真的"。在他那个时代的数学发展的背景下，解释他这句话。

（17）阿尔伯特·爱因斯坦曾经说过，"当数学原理用于现实，它们是不确定的，而只要是确定的，它们并不是指现实。"（见［67］）解释这句话是怎样与20世纪关于数学本质的观点有关的。

（18）詹姆斯·O.布洛克在他的文章（见［28］）中说：

"数学是可以理解的，因为它是抽象的。我们不依赖观察来知道线是完全直的，平行线永远不会相遇。这是可能的，我对这些断言充满信心，因为数学不是被发现的，而是被发明出来的。"

在这种背景下，"抽象"意味着什么？欧几里得会同意布洛克的这种说法吗？希尔伯特会同意吗？这句话是如何反映出数学家看待他们课题的历史变化？

（19）大多数女性对数学的看法是否与大多数男性不同？如果是，怎么办？（这里征求你的意见，目前还没有关于这个问题的明确的心理学研究）如果你对第一个问题的回答是否定的，那么这个项目就不适合你了。如果你回答是，请继续读下去。假设你的观点是正确的，如果数学最初起源于女性，数学发展的方式又有什么不同呢？如果你可以的话，提供具体的说明。

（20）拉努扬的生平和著作构成了20世纪数学中最引人入胜的情节之一。写一篇简短的传记，包括你的观点和支持的理由，以及他对现代数学的影响（如果有的话）。[①]

（21）第一个被授予数学博士学位的非洲裔美国人是埃尔伯特·F.考克斯，他1925年在康奈尔大学获得了博士学位。了解更多关于埃尔伯特·F.考克斯和至少其他两位已经获得数学博士学位非洲裔美国人的情况。把你的研究结果写成一系列简短（1页）的传记文字。如果你愿意，总结你的关于非洲裔数学家对现代数学贡献的几点看法。一定要辨明你在收集信息时使用的资料来源。

（22）写一篇关于中世纪教育的更多细节的论文，包括（中世纪大学的）三门学科和（中世纪的）四门学科（指算术、几何、天文、音乐），认真讨论。

（23）多年来，欧几里得《几何原本》在欧洲和美国的大学课程中起着重要的作用。研究数学课程的历史，以便准确地确定如何应用了欧几里得的《几何原本》。为什么它被列入课程？这本书的哪些部分被实际使用了？学生们对此有何反应？为什么是欧几里得而不是阿基米德呢？用你掌握的希腊数学知识和你学习数学的经验，评估欧几里得在课程中发挥如此重要作用的智慧所在。

（24）（针对大学生）你的大学是什么时候建立的？那时教什么样的数学？你能找到关于教科书或教学方法的任何内容吗？

（25）在美国有几个不同的数学家和数学教师的专业社团，包括美国数学学会、美国数学协会、数学教师全国委员会及工业和应用数学学会。这些社团之间有何不同？它们是何时创建的？它们是如何影响美国的数学和数学教育的？

（26）国际数学家大会是在19世纪下半叶首次举行的，现在是经常性的国际数学活动。了解更多有关ICM的历史，并编写一篇简短的报告。你的报告应该包含一些关于下一个ICM的信息。

（27）数学竞赛在数学史上扮演着什么角色？它们在当今的数学世界中扮演着什么角色？

---

① ［126］是拉努扬的一本不错的传记。

下篇

数学概念小史

1. 保持记数：写整数

随着货物交换的发展，人们要计算羊只的数量，或者在其他货物交易时也需要记数，如何有效地写出数字是一直困扰人类的问题。最简单、最原始的方法（而且现在仍然在用）是通过记数——对每一个被记数的东西做一个单独的标记，通常是"I"或其他一些简单的东西。因此，1、2、3、4、5被书写或雕刻成：

I　　II　　III　　IIII　　IIIII

凡此种种，不一而足。人们今天仍然还在用这个方法在一些简单的游戏中记分、计算班级的选举，或者类似的，有时会把5个作为一组来记数。

记数系统太过简单是它最大的弱点。它只使用一个符号，所以即使是要表示中等大小的数字，也需要写很长的字符串符号。随着文明的进步，不同的文化在这种方法上有所改进，发明了更多的数字符号，并以不同的方式将它们组合起来，以表示越来越大的数字。在过去的六千多年里，不同的群体在不同的时间使用了100多种不同的记数系统①。研究一下这些早期的数字

---

① 见［42］。

系统，可以说明我们目前的数字书写系统的作用和便利性。

公元前3000年前的某个时候，古埃及人通过选择更多的数字符号并将它们串在一起，直到它们的数值加起来达到他们想要的数字，从而改进了记数系统。这些符号是"象形文字"；也就是说，它们都是日常生活中事物的小图画。埃及记数系统的基本图片及其数值如下图显示。

符号	解释	所代表的数目
|	stroke	1
∩	heel bone	10
℮	coiled rope	100
⚱	lotus flower	1000
⌐	pointed finger	10, 000
∾	tadpole	100, 000
𓀠	astonished man	1, 000, 000

埃及象形数字

在这个记数系统中，例如数字113，可以写成：

℮ ∩ \| \| \|　或　\| ∩ ℮ \|　或　\| \| ℮ \| ∩

这些符号的顺序无关紧要，只要它们加起来是正确的值就行了。当然，在每种情况下，使用最大可能值的图案可以使写的过程更有效。即便如此，较大的数字往往需要相当长的字符串符号，例如，他们把数字1213546写为：

𓀠 ∾ ∾ ⌐ ⚱ ⚱ ⚱ ℮ ℮ ℮ ℮ ℮ ∩ ∩ ∩ ∩ \| \| \| \| \| \|

最早使用这个系统的文物之一是公元前3000年左右的埃及皇家权杖，现保存在英国牛津的一个博物馆里。这是一次成功的军事战役的记录，文物记载了成千上万的人甚至数以百万计的人参战。

我们获知的许多埃及象形数字知识来自刻在纪念碑碑文和其他耐用物品上的符号。象形符号在古埃及文明的整个历史时期被使用，直到公元5世纪。公元前2600年左右，埃及抄写员用笔墨在莎草纸上写数字。这是一个更有效的记数系统。这个新系统称为"僧侣用的",为每个单位值使用从1到9的不同的基本符号,10到9000等的倍数。它允许更紧凑、简洁的表达式,而这对书写者和读者的记忆均造成了额外的负担。

美索不达米亚(现在是伊拉克的一部分)地区被称为"文明的摇篮"。大约公元前3500年以后,在3000年时间里该地区至少有十个不同的记数系统被采用。

从公元前2000年到公元前1600年间,我们特别感兴趣的是巴比伦抄写员在计算中使用的一种系统。它是基于在两个楔形的符号,表示为▷和◁。这些基本符号很容易在泥版中用简单的画线工具形成。这些泥版经过烘焙后形成了永久性的记录,其中许多被保存下来。

一个手持泥板[1]

这是一个位置的或"位置值"系统,也就是说,它使用符号的位置来确定符号组合的值。抄写员将连续的符号群乘以60的幂,就像我们通过10的幂增加连续的数字一样。因此,他们的系统被称为六十进制,只是我们现行的记数系统是十进制。数字1到59是通过使用两个基本符号的组合表示,其中每个▷表示"1",每个◁表示"10"。例如,23被写成◁◁▷▷▷

从60到3599的数字则是用两组符号来表示,第二组放在第一组的左边,然后用空格隔开。通过在每个组中添加符号的值,然后将左组的值乘以60,并加上右组的值,即可求整个值。例如:

$$◁ ▷▷ \quad ◁◁◁▷$$

表示为:

$$(10+1+1) \times 60 + (10+10+10+1) = 12 \times 60 + 31 = 751$$

---

① 这是埃莉诺·罗布森(Eleanor Robson)绘制的Ur挖掘碑236(反向)图形;见[195]图A.5.10,获得使用许可。

通过使用两个基本楔形的更多组合，下一组都放在前一组的左边，每一个以空格隔开，从而书写数字3600（$=60^2$）或更大。每一个组合值乘以适当的60的幂，最右边的组合是60^0（$=1$），右边向左的第二组是60^1，右边向左的第三组是60^2，依此类推。例如，7883被看作是$2 \times 3600 + 11 \times 60 + 23$，写作

$$\vee\vee \quad \triangleleft\vee \quad \triangleleft\triangleleft\vee\vee\vee$$

巴比伦记数系统的一个主要难题是符号组间距的模糊性。例如，$\vee\triangleleft$就不清楚如何解释，它可能是：

$1 \times 60^2 + 10$或$1 \times 60^3 + 10 \times 60^2$或$1 \times 60 + 10$或……

到公元前400年左右，中美洲的玛雅文明有了一个类似巴比伦人的记数系统，但没有这种间隔难题。他们有两个基本的符号，一点"·"代表数字1，一条短线"—"代表数字5。数字1到19是这样写的：

玛雅使用基本符号的组表示更大的数字，通常是垂直排列的。通过添加每个组的位值来评估它们。最低组表示单个单位，第二组的值乘以20，第三组的值乘以18×20，第四组的值乘以18×20^2，第五组的值乘以18×20^3，依此类推。玛雅人的位置系统，除了第三位之外，以二十为基础，显然只被用来记录他们长历法中的日期。因此，$18 \times 20 = 360$作为第三位价的特殊用途，可能源于它对一年天数的近似。

巴比伦系统的间隔困难，玛雅人因一种类似贝壳的符号 的发明而得到解决，以表明何时跳过了分组位置。例如，52,572是这样写的：

	$(5+1+1) \times (18 \times 20^2)$	$=$	50,400
	$(5+1) \times (18 \times 20)$	$=$	2,160
	0×20	$=$	0
	$5+5+1+1$	$=$	+ 12
			52,572

玛雅人的符号比巴比伦人的模糊间隔要好。然而，由于欧洲人直到几个世纪后才发现他们的文化，他们的记数系统对西方的记数发展没有任何影响。西欧文明的根源可以追溯到古希腊和古罗马。在许多方面，希腊和罗马系统都比相对有效的巴比伦系统更原始。希腊的主要记数系统需要字

符号	数值
I	1
V	5
X	10
L	50
C	100
D	500
M	1000

罗马数字

母表中的25个字母和两个额外的符号——9个字母表示1的倍数，9个字母表示10的倍数，9个字母表示100的倍数——大于1000的数字就要用特殊标记来表示。

大约从公元前 1 世纪到公元 5 世纪，罗马帝国统治欧洲，使罗马记数系统成为欧洲许多世纪普遍接受的数字书写方式，甚至一直延续到文艺复兴时期。就像埃及的记数系统一样，罗马的记数系统具有加法性，没有位值性（只有一个小的例外）。左侧图表显示了它的基本符号和相应的值。这些基本符号的值相加确定整个数字的值。例如：

$$CLXXII = 100+50+10+10+1+1 = 172$$

较大的数字是通过在符号上加上一条短线来表示乘以1000。因此：

$$\overline{V} = 5000$$

$$\overline{VII}CLXV = 7000 + 100 + 50 + 10 + 5 = 7165$$

罗马记数系统的一个独特之处是后来引入了一种减法策略以提高效率。一些符号组合的值是通过减法找到的：如果一个数字中的一个基本符号的值小于它右边的一个符号，那么从较大的值中减去较小的值来得到这个组合的值。例如：

$$IV = 5-1 = 4$$

只要求表示10的幂的符号，即I（10^0）、X（10^1）、C（10^2），才能充当减数，并且它们只能与罗马数字符号表中相邻的两个更大的值配对，从而避免歧义：

I可以与V和X配对，但不可与L、C、D或M配对。

X可以与L和C配对，但不可与D或M配对。

C只可与D和M配对。

例如：

$$MCMXCIV = 1000+900+90+4 = 1994$$

通过这种方法，任何数字都不会有超过三个相同的基本符号。

我们目前书写数字的方法被称为阿拉伯记数系统。这个记数系统在公元前600年前的某个时候由印度人发明，并且经过几个世纪的完善，在7世纪和8世纪伊斯兰势力扩张到印度时被阿拉伯人学会并应用。然后，欧洲人也从阿拉伯人那里学会了这个系统。这个系统的特点是使用位值制，以10的幂为基础。它的基本符号——0，1，2，3，4，5，6，7，8，9——被称为"阿拉伯数字"，表示从零到九的数字。

没有人知道为什么最初选择10作为这个系统的基础。一个典型的猜想是比起逻辑性，它更具有生物性。研究表明，这种记数系统，像其他许多系统一样，源自手指记数，所以它是很自然的，基数应该对应我们人类手指的数量。指（digitus）这个特有的单词，我们用作基本数字，就反映了这个事实；它是拉丁语单词，指的是手指。

尽管它简单而有效率，但在欧洲几个世纪，印度–阿拉伯的数字书写方法并没有取代罗马数字系统的使用。老习惯是难以改变的，还有一些实际的原因。例如，人们担心在阿拉伯记数系统中，"2"可以轻易地变成"20"。由于这一点，通过的法律甚至有关法律文件中，数字必须用文字的形式写出。现在我们写支票时仍然这样做。

罗马记数系统不是很好的计算系统。（尝试将MCMXLVII乘以CDXXXIV，而不转换为阿拉伯数字；然后在我们目前的系统中再试。）当它被使用时，计算是在记数板或算盘上进行的，而不是在纸上。采用阿拉伯系统带来的一个变化是，可以直接写出数字进行计算。廉价纸张的供应有助于新数字系统的普及。计算器的出现在某种程度上使我们回到了两个系统：一个用于记录数字，另一个用于电子计算，就是实际计算。当然，用罗马数字计算是不可能的。它太过于复杂。逻辑学家马丁·戴维斯告诉我们：①

---

① 在《数学史》电子讨论组的帖子中。

1953年，我在新泽西贝尔实验室（现在是朗讯科技）有个暑期工作，我的导师是克劳德·香农（Claude Shannon）[1]。他的书桌上有一台用罗马数字工作的机械计算器。香农设计了它，并把它建在贝尔实验室的小厂里，供自己支配。作为商标，人们可以看到这台计算器被命名为"掷回一号"。

尽管我们仍然使用罗马数字作为装饰目的，但我们永远不会放弃紧凑、方便、实用的阿拉伯记数系统。阿拉伯记数系统的作用之大源于其有效的位值结构，它基于10的幂。这就是为什么我们称它为十进制位值系统。

深度阅读

有关书写数字的更多信息，请参见数学概念小史3和4。在标准历史中，在［193］和［29］中还有更详细的讨论。有关书籍长度的处理，请参见［164］或［42］。

丹尼丝·施曼特-贝瑟拉（Denise Schmandt–Besserat）在这方面撰写了重要的学术著作，她写了［206］，一本有关计算与记数系统的儿童图画书。它容易阅读，图文并茂。

问　题

（1）复制下面的表并完成它，以便在每一行中所有的符号（记数系统）表示相同的数字。

埃及	巴比伦	玛雅	罗马	阿拉伯
	▼ ◀▼▼			
∩∩∥∮∥∩∩				
		☰		
				620
			MCCCXX	

---

① 克劳德·香农，1916—2001年，美国数学家，计算机学先驱，通讯数学理论的创始人。

当你完成了表格的填写，按照你自己的理解，按"最容易使用"到"最难使用"的顺序排列这5个系统，并简要解释排名的原因。

（2）大多数早期文化中的人使用算盘或记数板进行日常运算，因为他们的记数系统并不适合计算。要了解这一点，在不转换成阿拉伯数字的情况下，请对下列每对数字逐一进行相加，简单地解释你的做法，然后转换成阿拉伯数字来检查它们。

① ℓℓℓℓℓ ∩∩∩∩∩||| 和 ℓℓℓℓ ∩∩∩∩||||

② ⟨▽▽▽ ⟨⟨⟨⟨▽▽▽▽▽ 和 ⟨⟨⟨⟨▽▽ ⟨⟨⟨⟨▽▽▽▽▽

③ 和

④ MCXLVII和MMCDLXXXIV

（3）按时间先后顺序排列下列事件。

① 罗马共和国成立了。

② 埃及人开始使用象形文字数字。

③ 罗马开始了奥多亚塞[①]时代，罗马帝国（指公元前27年到公元476年的罗马奴隶制国家）灭亡了。

④ 巴比伦人开始使用楔形数字。

⑤ 克里斯托弗·哥伦布第一次登陆美洲。

⑥ 第一批大学在欧洲建立。

⑦ 亚历山大大帝征服了近东的大部分地区。

⑧ 查理曼大帝统治着欧洲的法兰克帝国。

⑨ 欧洲第一台印刷机诞生。

⑩ 阿拉伯人采用了印度–阿拉伯数字系统。

---

① 奥多亚塞（Odoacer，435—493），意大利历史上第一个蛮族国王，系日尔曼民族；参加罗马军队后，于476年被军队拥立为王。这一年，在传统上视为西罗马帝国灭亡之年。

专 题

（1）这篇文章的重点是简述数字的书写方法。各种非书写的记录和表达数字的方法也被应用，实例如计数板和算盘、印加的结绳记事和手势表达。研究其中的一些方法并解释它们是如何书写和运算的。还请评论一下你认为这些方法有何用处，以及在什么情况下有用。引用你使用的任何来源的资料，用你自己的话表达所有的想法。

（2）（非阿拉伯数字）记数系统的缺点之一是表示数字所需的空间增长非常快。表示100得要100个标记。在十进制中，100只需要3位数，而在希腊和罗马记数系统中，它只需要一个符号。请思考数学概念小史中讨论的每一个系统，并讨论数字的大小和代表它所需的空间之间的关系。

（3）本文简要介绍了希腊人的"字母数字系统"，研究这个系统，并写一篇论文解释它是如何记数和运算的。引用你使用的任何资料，并用你自己的话表达所有的想法，包括对下列问题的回答。

① 这个系统的基本符号结构是什么？怎么使用这个系统？提供有启发性的例子。

② 它在何种方面是一个位值（位置值）系统？它不是以什么方式呢？

③ 在当前的英语中，"万"意味着什么？这对希腊人意味着什么？它在他们的系统中扮演什么角色？

④ 将希腊记数系统和罗马记数系统进行比较。

2. 读写算法：基本符号

你会怎么运用算术符号表示"将5和6的和减去7，结果是4"？或许你会这样表示：（5+6）–7=4？如果你这样做，你的表示法会比原本的说法有几个优点：几乎所有学过初等算术的人都能理解，不管他们所在的国家或他们所说的语言，都能更清楚地书写，读得更清楚，不会出错。

算术符号已成为通用的符号。它们比任何字母系统的字母或任何语言的缩写，都更容易被人们普遍理解和接受。但情况并非向来如此，古希腊人和他们的阿拉伯继承人并没有使用任何符号来做算术运算或表示运算关系，他们用文字写出他们的问题和解答方法。事实上，算术和代数的表示，许多世纪以来，甚至一直贯穿中世纪，大多数人都是用文字来书写和表示的。

算术符号在文艺复兴初期就以书面形式出现，但无论是人与人之间，还是国家与国家之间，符号几乎都是不一致的。随着15世纪活字印刷术的发明，印刷书籍开始显示出更多的一致性。然而，还是经过了漫长时间后，我们今天使用的符号才成为书面算术的共同组成部分。

这里有一些从文艺复兴到现在如（5+6）–7=4这样的表达方式。在大多数情况下，给出的年代是某一本书出版的年份；我们可以把它看作是一种近似的时间，这种记号在当时使用相当普遍，至少在某一特定地区的数学家中是这样使用的。15世纪70年代，雷乔蒙塔努斯（1436—1476，德国数学家、天文学家，Regiomontanus）在德国就写了

$$5 \; et \; 6 \; \widetilde{\wp} \; 7 \text{—} 4$$

（*et*这个词在拉丁语中的意思是"和"。）

1494年，另一种写法出现在卢卡·帕乔利^①的《算术、几何、比及比例概要》，即《数学大全》（*Summa de Aritmetica*）中，并广泛应用于意大利和欧洲其他地区，这个写法如下：

$$5 \; \tilde{p} \; 6 \; \tilde{m} \; 7 \text{—} 4$$

第一个数的分组可能被省略括号，假设它显然是首先要做的。式子中表示相加相减的符号在欧洲大部分地区都很流行。

1489年，大约同一时间在德国，我们现在熟悉的加号和减号第一次出现在约翰·魏德曼的商业算术著作中。魏德曼没有表示等于的符号，所以他的版本可能有点像下面的样子：

5+6−7 das ist 4.

（德语短语"das ist"的意思是"就是"。）

但是，魏德曼也用"+"表示非算术意义"和"的缩写，用"−"来作为通用分离标记的缩写。这些符号具有的最初数学意义还不清楚。

1557年，"+"和"−"在英语书中第一次使用，出现在雷科德代数课本《砺智石》。在这本书中雷科德将"="作为等号的符号。他说的话证明了这一点，"没有两件事比这更相等了"（比同长度的平行线更好）。其他标志也被他拉长了，他可能写成这样：

$$5 \; \text{——} \; 6 \; \text{———} \; 7 \; \text{==} \; 4$$

雷科德的符号并没有立即受欢迎。许多欧洲数学家还喜欢使用$\tilde{p}$和$\tilde{m}$表示加和减，特别是在意大利、法国、西班牙。半个多世纪，他的等号再没有出现在印刷品上。同时，符号"="也被一些有影响力的数学家用来表示

---

① 卢卡·帕乔利（Luca Pacioli，又译：帕西奥里），近代会计之父。他所著的《数学大全》，有一部分篇章是介绍复式簿记的。正是这一部分篇章，成为了最早出版的论述15世纪复式簿记发展的总结性文献，集中反映了到15世纪末期为止威尼斯的先进簿记方法，从而有力地推动了西式簿记的传播和发展。

其他意思。例如，在1646年版的弗朗索瓦·韦达的文集中，它被用来表示两个不清楚大小的代数量相减上。[①]

1629年，法国的吉拉德（Albert Girard）将式子的左边写成（5+6）–7或为（5+6）÷7，这两种写法对他来说意味着同样的意思！事实上，在17世纪和18世纪期间，"÷"被广泛用来表示减法，甚至到了19世纪，在德国仍然如此。

1631年，在英国，威廉·奥特雷德（William Oughtred）出版了一本很有影响力的书，被称为《数学之钥》（*Clavis Mathematicae*），强调用数学符号的重要性。他用"+""–"和"="表示加、减和等于，最终使这些符号成为标准符号。然而，如果奥特雷德想强调表达前两项分组的话，他就会使用冒号。因此，他可能会写

$$: 5 + 6 : -7 = 4$$

同年，雷科德的长等于号出现在托马斯·哈里奥特一本有影响力的书中，以及分别表示"大于"（>）和"小于"（<）的符号也出现了。

1637年，笛卡尔的《几何学》（*La Geometrie*）简化和规范了我们今天使用的许多代数符号，但这本书也要对推迟"="符号的普遍接受负责。在这本书中和他后来的一些著作中，笛卡尔使用了一个奇怪的符号来表示相等。[②]在这本书中，笛卡尔也用一个破碎的破折号（一个双连字符）表示减法，所以他的式子被写成这样：

$$5 + 6 -- 7 \propto 4$$

笛卡尔的代数符号迅速传播到欧洲数学界，常常用奇怪的新符号来表示相等。进入18世纪初，在一些地方仍然使用这些用法，尤其是在法国和荷兰。

18世纪初，括号逐渐取代了其他分组符号，这在很大程度上要归功于莱布尼茨、伯努利家族和欧拉的有影响力的著作。因此，当美国殖民地准

① 换言之，它是用于差值的绝对值。

② 卡约里（见［34］第301页）认为这是金牛座向左旋转四分之一的天文标志。

备脱离英国统治时，最简单的方式就是我们今天使用的简单等式：

$$(5+6)-7=4$$

有这么多不同的加法、减法和相等的表示方式，你感到惊讶吗？你觉得人们容忍这种模棱两可的情况是否奇怪？这和我们现在经常做的事情没什么两样。例如，我们仍然有至少四种不同的乘法符号：

·3（4+5）意味着3乘以（4+5）。把乘法写为并列（只需把相乘数量并列摆在一起）可以追溯到9世纪和10世纪的印度手稿和15世纪一些欧洲手稿。

·"×"作为乘法符号首次出现在17世纪上半叶的欧洲课本中，尤其是在奥特雷德的《数学之钥》中。这个符号的更大版本也出现在勒让德（Adrien Marie，1752—1833，法国数学家）在1794年出版的著名课本《几何学基础》中。

·1698年，莱布尼茨被×和x之间可能混淆所困扰，提出将凸起的点作为乘法的替代符号。这种表示乘法的符号18世纪开始在欧洲被广泛使用，一直是表示乘法的常用符号，即使是在今天，2·6也表示2乘以6。

·今天，计算器和计算机使用星号表示乘法，2乘以6被输入为2＊6。这种非常现代的表示法17世纪曾在德国短暂地使用过，[1]后来它消失了，直到信息技术时代到来才又开始使用。

除法的符号也一样有很多表示方法。我们写5除以8为5÷8，或5／8，或$\frac{5}{8}$，甚至为5∶8。"÷"用来表示除法，而不是减法，这主要归功于17世纪代数书——瑞士人约翰·拉恩（Johann Rahn）《代数》（*Teutsche*）。这本书在当时的欧洲大陆不是很流行，但它的1668年英文译本在英国却很受欢

---

① 见［34］第266页。

迎。一些著名的英国数学家开始用它的符号来表示除法。这样，在英国、美国和其他以英语为语言的国家中，这个符号就成了首选的除法符号，但在欧洲大多数国家没有这样选用。欧洲大陆的数学家一般遵循莱布尼茨1684年提出的采用冒号表示除法。这个区域差异持续到20世纪。1923年，美国数学协会建议将两个符号从数学著作中删除，以利于分数的表示，但这种建议并没有使它们从算术中消除。我们仍然编写表达式，如6÷2=3和3：4=6：8。（关于分数符号的历史见数学概念小史4）

在这个简短的数学概念小史中，我们跳过了许多符号，这些符号在书写或印刷的算术书中不时地被使用，但现在几乎（而且很让人高兴地）被遗忘了。清晰、明确的符号长期以来被认为是数学思想发展过程中的重要组成部分。用1647年的威廉·乌赫里德的话来说，数学的符号化表示，"既不用多种词语折腾记忆，也不通过比较和分类来想象，但很明显地向大家展示了每一个操作和论证的整个过程。"①

深度阅读

对于一个可读的数学符号的历史，也反映了它的作用和重要性，参见［163］。这个数学概念小史的信息主要来自［34］，这仍然是一个很好的参考。也可参见由杰夫·米勒（Jeff Miller）所维护的网站中有关各种数学符号的最早用法。

问　题

（1）下面的每一个表达都是以人名命名的。把它们译成现代符号，并注明人员所在的国家。

① 雷乔蒙塔努斯（15世纪70年代）9 ⓖ 3 —— 4 *et* 2

---

① 摘自威廉·乌赫里德的《数学的钥匙》（*The Key of the Mathematicks*）（伦敦，1647年），引自［34］第199页，按现代拼写调整。

② 卢卡·帕乔利（1494）$9 \tilde{p} 6 \tilde{p} 3 \text{—} 20 \tilde{m} 2$

③ 韦德曼（1489）$31 - 20$ das ist $10 + 1$

④ 雷科德（1557）$2 \text{—\!\!\!\!+} 3 \text{—\!\!\!\!+} 4 \text{═} 10 \text{———} 1$

⑤ 吉拉德（1629）$(8 \div 2) + 7$ *esgale à* 13

⑥ 奥特雷德（1631）$7 - 2 : + 3 = 5 + : 4 - 1 :$

⑦ 笛卡尔（1637）$5 + 4 \infty 2 + 10 \text{-\!-} 3$

（2）用现代符号表示法列出"5加小于12的3个数，结果是10"的算式，然后用问题（1）中的7个符号分别列出一个算式。

（3）避免使用太多分组符号的一种方法，是商定优先规则，该规则表示某些操作首先发生，除非有分组符号出现。因此，例如，$5 + 3 \times 4$意味着$5 + (3 \times 4)$，而不是$(5 + 3) \times 4$，因为乘法总是优先于加法。

① 通常算术运算的标准优先规则是什么？

② 对于如何执行优先级规则，计算器通常是相当严格的。通过检查使用手册或做一些实验，确定你的计算器分配给下列操作列表的优先顺序：改变符号、加法、减法、乘法、除法、取幂。

（4）如果你有权力为整个世界选择一个乘法符号，你会选择哪一个？如果你必须选择一个单独的除法符号，你会选择哪一个？给出你认为自己的选择是最好的理由。

（5）作为等于的符号，从非特定的破折号演变为短语"这是"，到雷科德的平行双线段，许多人开始把"等于"和"相同"视为同义词。然而，如果你曾经因为没有把$\frac{6}{8}$约为$\frac{3}{4}$而丢了分数，你就会很清楚在数学中，$\frac{6}{8}$和$\frac{3}{4}$（虽然相等）还是有区别的。

① 给出至少两个或三个在数学情境下相等而不相同的例子，其中两个事物是相等的，不是相同的。在每个例子中，说出在这种情况下相同的含义，同时说出它们主要的不同。

② 现代数学使用几个常见的符号，这些符号很明显是来源于"="符号，包括≡、≈、和~=。为每个符号指定至少一个含义，并解释此含义与普通相等的不同之处。举例说明你的解释。你能想到其他像这样的符号吗？

（6）对于问题（1）中提到的每一位数学家，请从下面的列表中选择来自同一国家的人在同一时间发生的艺术或文学事件。

① 列奥纳多·达·芬奇画了《最后的晚餐》。

② 诗人约翰·多恩去世，诗人约翰·德莱顿诞生。

③ 艺术家/画家/几何学家丢勒诞生。

④ 艺术家尼古拉斯·普桑对萨宾妇女的强奸遭遇进行了绘画。

⑤ 艺术家马丁·施农奥尔制作了精细的版画，如《圣安东尼的诱惑》。

⑥ 音乐家/作曲家托马斯·莫利诞生。

⑦ 剧作家皮埃尔·高乃依（Pierre Corneille，1606—1684），创作了轰动整个巴黎的悲剧《熙德》（1636 年）。他和其他31部戏剧的剧作家，创作了自己的第一部喜剧《梅丽特》（1629年）。

专 题

（1）在美洲出版的第一本算术书是胡安·迪亚兹教士的《简要理解》（*Sumario Compendioso de las Cuentas*）。了解更多关于这本书的信息——它是什么时候出版的，在哪里出版的？它用了什么样的算术符号？

（2）这篇数学概念小史中的所有例子都涉及欧洲数学。研究印度和中国数学家使用的算术符号，写一篇短文解释它们。

（3）这篇文章的重点是我们如何编写简单的算术"句子"，但我们也用符号来表达实际的计算过程。所以我们可以写一些类似于下面显示的计算。这种减法是什么时候引入的？你知道减法运算的其他方法吗？

$$\begin{array}{r} 3\overset{3}{\cancel{4}}\overset{1}{2} \\ -173 \\ \hline 169 \end{array}$$

3. "无"成为一个数字:"零"的故事

大多数人认为"零"就是"什么都没有。"事实上,它并非什么都没有,它至少是两项(有人说是三项)重要的数学进步的根源。故事开始于"文明的摇篮"——美索不达米亚,早在公元前1600年的某一时候。那时,巴比伦人创造了很好的用来书写数字的位值系统。它是基于60的分组,就像60秒1分钟,60分钟(3600秒)1小时。他们有两个基本楔形符号—— ▽ 表示"1"和 ◁ 表示"10"——将它们重复组合,以表示从1到59的任何记数。例如,他们将72写成如下:

▽   ◁ ▽ ▽

用一个很小的空间,把60的位置和表示1的位置分开。[①]

但是这个系统有一个问题,数字3612是这样写的:

▽   ◁ ▽ ▽

(一个3600=60^2,和12个1)留出稍大的空间显示60(第二个位)的位置是空着的。由于这些标记是通过将楔形工具压在软质黏土片中快速完成的,所以间距大小并不总是一致的。了解确切的数值往往取决于对所描述内容的理解。大约在公元前4世纪某个时候,巴比伦人开始使用我们现在表

---

① 参见数学概念小史1关于巴比伦记数系统更多的细节。

示句末的符号（一个点）表明一个地方被跳过，因此72和3612分别写成为

$$\nabla \quad \triangleleft \nabla \nabla \qquad 和 \qquad \nabla \cdot \triangleleft \nabla \nabla$$

因此，零作为"占位"开始了它的生命，一个跳过某些东西的符号。

创造我们今天使用的十进位制位值体系应归功于印度人。大约公元600年之前，他们用一个小圆圈作为占位符。阿拉伯人在9世纪学会了这一系统，随着他们影响力的扩大，在随后的两三个世纪逐渐传播到欧洲。单个数字的符号有一点变化，但原理保持不变（阿拉伯人用圆圈符号来表示"5"，用一个圆点表示占位符）。用来表示空无的印度字sunya，变成了阿拉伯字sifr，然后再变成拉丁字zephirum（加上一个几乎没有拉丁化的cifra），这些单词依次演变成零和密码的英语单词。今天的零，通常是一个圆或椭圆，仍然表示10的某个幂没有被包含在数字中。

但这只是故事的开始。到了公元9世纪，印度人进行了一次概念性的飞跃，我们把它列为有史以来最重要的数学事件之一。他们已经开始认识到表示空的sunya是一个有关本身地位的量。也就是说，他们已经开始把"零"作为一个数字来对待。例如，数学家玛哈维拉写道：一个数乘以零结果为零，一个数减去零数值不变。他还声称，一个数除以零后数值保持不变。几个世纪后，婆什迦罗第二则宣称一个数除以零为无穷大。

这里的要点不是哪位印度数学家在用零计算时得到了正确的答案，而是他们首先提出了这样的问题。要用零计算，我们必须首先认识到它可以是某个东西，一个与1、2、3等相同的抽象概念。也就是说，你必须脱离从数一只山羊、两头牛或三只绵羊这些实物来考虑1、2、3，不应有把零视为不需要考虑记数对象的东西的想法。然后，你必须跨出特别的一步，去考虑1、2、3……是存在的，即使他们没有记数任何东西。只有这样，把0当作数字才有意义。古希腊人从未跨出"抽象性"这一步，从根本上说，他们对数字的感知与事物的数量属性是不一致的。

印度承认"0"是一个数字，是打开代数学大门的钥匙。0，作为符号和概念，主要通过9世纪阿拉伯学者阿尔–花剌子模的著作传播到西方世界的。他写了两本书，一本是关于算术的书，另一本是关于解方程的书，这

两本书在12世纪被翻译成拉丁文，传遍了整个欧洲。

在阿尔-花剌子模的书中，0还没有被认为是一个数字，它只是一个占位符。事实上，他描述了记数系统使用"9个符号"的含义是指1到9。在其中一个拉丁文译本中，0的作用被解释如下：

> 将10放在第一个位置和放在第二个位置，都是一样形式。需要用一个形式来表示10，这样的形式能够让人一看就认出是10。于是，他们在它前面放了一个空格，在里面放了一个小圆圈，就像字母O，这样他们就可以知道这个位置是空的，除了小圆圈外没有任何数字……①

拉丁语的翻译往往由"迪克西特·阿尔戈里兹米（Dixit Algorizmi）"开始，意思是"阿尔-花剌子模说"。许多欧洲人从这些翻译的书中学到了十进位制的位值系统和零的基本作用。这本书作为算术课本的流行，逐渐使它的标题与它的方法相一致，给了我们"算法"这个词。

随着新系统的普及，人们开始用新的数字进行计算，因此有必要解释在其中一个数字为零的情况下如何进行加法和乘法运算。这有助于使它看起来更像一个数。然而，印度人认为应该把零本身作为一个数字来对待的想法，在欧洲花了很长时间才得以确立。即使是16世纪和17世纪最著名的数学家，也不愿意接受零作为方程的根（解）。

然而，其中两位数学家采用零来运算改变了方程理论。在17世纪早期，托马斯·哈里奥特同时也是地理学家，也是弗吉尼亚殖民地的第一位测量员，他提出了一种简单而有效的方法来解决代数方程式。

将方程的所有项移到等号的一边，这样方程就会变成以下形式：

$$[某多项式] = 0$$

---

① 来自［48］。实际的文本中用罗马数字"X"表示"10"。

本方程式，有一位作者将它称为哈里奥特原理，[①]由笛卡尔在他的解析几何书中使用了这个做法，使之流传开来，这在某种程度上应归功于哈里奥特。这是我们今天初级代数中的一个非常基本的部分，这被认为是理所当然的，但它在当时是真正革命性的一步。下面是一个简单的例子，说明它是如何运算的。

找一个x的数，使得$x^2+2=3x$为真（方程的根），将其重写为：

$$x^2-3x+2=0$$

左侧可以被分解为$(x-1)(x-2)$。现在，对于两个数的乘积等于0，至少其中有一个数必须等于0。（这是0的另一个特殊性质，使得它在数中是唯一的。）因此，可以通过求解两个简单得多的方程式找到根：

$$x-1=0 \quad\quad 和 \quad\quad x-2=0$$

也就是说，原方程的两个根是1和2。

当然，我们选择这个例子是因为它很容易分解，但是很多关于多项式因式分解的知识都是众所周知的。即使在哈里奥特时代，也是如此，所以这个原理是方程式理论上的一个重大进步。

当与笛卡尔的坐标几何学相联系时，[②]哈里奥特原理变得更加强大。我们将用现代术语来解释原因。求解实数变量x的任何方程，都可以将其改写为$f(x)=0$，其中$f(x)$是x的函数。原方程的根（解）出现在该图与x轴相交的位置。因此，即使方程式不能被精确地解，一个坐标图会给你一个很好的近似的解。

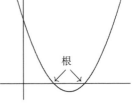

到了18世纪，0的地位已经从占位符号提升到数字，再提升为代数工具。这个数字在数学上的突出地位还要更进一步。19世纪数学家把数目系统的结构推广到近代代数的环论和域论，0成为一个

---

① 见［51］第301页。

② 有关坐标几何的更多内容参见数学概念小史16。

特殊元素的原型。0加上一个数字使这个数字保持不变，0乘以一个数字导致结果为0，这就构成了这些抽象系统的"加法恒等式"元素的定义属性，通常简称为环或域的0。和哈里奥特原理背后的驱动力——如果一个数字的乘积是0，那么其中之一必须是0——具有一种特别重要的称为整域的系统特征。0已成为一个不错的角色，你不觉得吗？

深度阅读

许多书讨论0的历史。[51]和［177］中材料特别有趣。同样值得注意的还有［127］，对这个故事的看法更具有文学性。

问 题

（1）巴比伦早期的记数系统中没有"0"的符号，这就引起了歧义，如下例所示。

① 请用至少4种不同的方式解释《《 ▼。在每一种情况下，使用巴比伦晚期的圆点符号重写数字，如果可以的话，请使用我们常用的阿拉伯数字来写出这个数字。

② 你能用多少种方法来解释 ▼ ▼ ▼？至少有4种不同的方法解释和评估，在适当的时候使用巴比伦晚期的圆点符号，并使用我们常用的数字。

（2）在第78页描述的巴比伦手持泥板左上角的数字被翻译为：

5个"10"与3个"10"结合起来是2个"10"加5。

这个答案再与3结合是1和1个"10"加5。

（答案在泥板垂直线的右边）对于那个结果所用的运算和位值，这个计算是正确的吗？解释一下。然后解释一下"0"符号是如何帮助澄清这个计算的。

（3）你能不把"0"当作一个数字来运算通常的加减算法吗？解释一下。

（4）为了把零看作一个数字，必须将初等算术的运算规则（我们现在使用的符号是＋、－、×、÷）扩展到让"0"参与进来。这样的一些扩展是由多位印度数学家提出来的。在下面的部分中，n表示任何自然数。

① 解释为什么$n+0$和$0+n$等于n是有意义的。

② 公元9世纪，玛哈维拉宣称$n-0$等于n，解释为什么这是有意义的。他为什么不考虑一下$0-n$呢？

③ 玛哈维拉还宣称$n \times 0$等于0。如果他说$n \times 0$等于n，会有问题吗？

④ 玛哈维拉还宣称$n \div 0$等于n。我们可以用这个作为算术规则吗？如果不能，哪里出了问题？如果可以的话，$n \div 0$等于多少？

⑤ 在12世纪初，婆什迦罗第二声称$n \div 0$等于一个无穷大的量。为什么这可能是一个合理的猜测呢？我们能用它作为算术的规则吗？如果不能，哪里出了问题？

⑥ 我们可以断言，$0+0$，$0-0$，0×0和$0 \div 0$等于0吗？请解释。

（5）将下列事件按时间顺序排列，每个事件都有一个大致的年份或时间段，请标示。

① 印度数学家发展了以十进位制为基础的位值系统。

② 巴比伦人开始使用占位符。

③ 巴比伦国王汉谟拉比（Hammurabi）制定了著名的法典。

④ 玛哈维拉把"0"当作一个数字。

⑤ 诺曼人在黑斯廷斯战役中击败了撒克逊人。

⑥ 恺撒在罗马被暗杀。

⑦ 阿尔-花剌子模的著作，包括他对"0"的论述，被翻译成拉丁文，并开始在整个欧洲传播。

⑧ 大金字塔在埃及吉萨建成。

⑨ 托马斯·哈里奥特提出了他的方程式解题技巧。

⑩ 查理曼被加冕为神圣罗马帝国的皇帝。

⑪ 哥伦布发现了美洲大陆。

⑫ 美国革命开始了。

⑬ 美国独立战争爆发。

⑭ 伽罗瓦、阿贝尔等人开始推广数字系统，形成抽象代数的结构。

专　题

（1）许多人交替使用"零"和"无"两个词。在某些情况下，这是可以接受的；而在另一些情况下，则不然。写一篇短文，说明哪些是可以接受的，哪些是不可以的。也就是说，在什么情况下，零只是代表不存在的东西；在什么情况下，它实际上代表某些（可能是抽象的）东西？

（2）即使在"0"被接受为一个数字之后，它仍然保留了它的某些神秘和隐喻力。"密码"这个词过去是指"0"，但现在它意味着一些神秘而难以理解的事物，像一个谜。想想这种意味的"破译（密码）"。我们用"0"作比喻，就像我们把某人描述为"0"一样。找一些文学作品使用"0"作隐喻的例子。

（3）1999年底，人们曾广泛讨论了1999年12月31日是否是千年的最后一天。数学家和一些精确要求的人认为千年的最后一天是实际上是2000年12月31日。当时，对这一事实的普遍解释是："没有公元0年。"请对这个问题做一些研究来决定这个新千年从何时真正开始。你的答案与"公元0年"有什么关系吗？为什么有关或者为什么无关？

4. 把数掰开了：书写分数

分数成为数学的一部分，距今已有4000多年的历史了，但是我们书写分数和思考分数的方式直到最近才有较好的进展。在早期，当人们需要解释物体的一部分时，物体会被分解成更小的部分，然后被记数（甚至连单词"分数"，与"骨折"和"碎片"的词根相同，也意味着要将物体拆开）。这就演变成了原始的度量衡系统，使基本的计量单位随着精度的提高而变小。用现代的术语来说，我们可以用盎司代替磅，英寸代替英尺，分代替元，等等。当然，这些特殊的单位早期也没有被使用过，用的只是它们的前身（如加仑）而已。今天仍在使用的一些测量系统反映了对较小单位记数的愿望，而不愿用分数来表示。例如，在以下常见的液体计量单位中，每个单位的体积是其前身的一半：加仑、半加仑、夸脱、品脱、杯、及耳（1加仑=2半加仑=4夸脱=8品脱=16杯=32及耳。事实上，每一个单位都可以用一个更小的单位流体盎司来表示，一及耳等于4流体盎司）。

因此，在最早的形式中，分数的概念主要局限于部分，我们今天称之为单位分数，分子是1的分数。更一般的分数部分是通过组合单位分数来表示的，我们称之为五分之三的部分被认为是"二分之一加十分之一"。[1]这

① 见［45］第30—32页对古埃及"部分"这一概念的一个很好的解释。［86］或［42］供广泛讨论。

个限制使书写分数变得容易。由于分子总是1，所以只需要指定分母并以某种方式标记它，以表明它代表了这个部分，而不是全部的事物。埃及人通过在象形文字数字上加上"部分"或"口"的符号来做到这一点。①例如，使用简单的圆点或椭圆作为这个符号，

十：∩   十分之一：∩̇   十二：∩ || 十二分之一：⌒∩||

写出"单位分数"很容易，但把它们放在一起运算就不那么容易了。假设我们拿"五分之一"，然后把它加倍。我们可以说五分之二。但在"单位分数"系统中，"五分之二"并不是合法的表示法；答案必须表示为单位分数的总和；也就是说，"五分之一"的两倍是"三分之一和十五分之一"。（对吗？）由于埃及人的乘法过程依赖于加倍，所以他们制作了大量的表格，列出了各个部分的倍数。

美索不达米亚的抄写员们，和往常一样，探索出了自己的方法。他们扩展了数学概念小史1中描述的六十进制（基于六十的）系统来表示分数，就像我们对十进制系统所采用的方式那样。所以，当他们把72（用他们的符号表示）写为"1，12"时，即意味着$1 \times 60+12$。他们把$72\frac{1}{2}$写成"1，12；30"——意思是$1 \times 60+12+30 \times \frac{1}{60}$，这是一个相当可行的系统。然而，在古代巴比伦，存在一个主要问题：巴比伦人没有使用符号（如上面的分号";"）来表示分数部分从何处开始。例如，"30"在楔形文字泥板中的可能是"30"，也可能是"$\frac{30}{60}=\frac{1}{2}$"，要决定哪个是真正的意思表示，我们必须依靠上下文来判断。

埃及和巴比伦的系统传给了希腊人，并由希腊人传到地中海文化地区。希腊天文学家从巴比伦学到了六十进制分数，并在测量中使用了它们——角、分和秒。这在技术工作中仍然普遍使用。即使对整数采用十进

① 参见有关埃及数字描述的数学概念小史1。埃及人也有表示二分之一、三分之二、四分之三的特殊符号。

制，人们仍然用六十进制来表示分数。

　　然而，在日常生活中，希腊人使用的系统与埃及的"单位分数"系统非常相似。事实上，将分数化为单位分数的和或乘积的做法支配着希腊和罗马时代的分数算术，并一直延续到中世纪。（唯一的例外是大约3世纪的丢番图，尽管学者们针对丢番图对分数的看法有争议。有关他研究的更多信息，请参见数学简史。在希腊数学方面，丢番图常常是个例外。）斐波那契的《计算之书》是13世纪一本影响深远的欧洲数学著作，它广泛使用单位分数，并描述了将其他分数转化为单位分数之和的各种方法。

　　还有一个仍在使用的古老系统，也是基于单位分数的概念，但使用乘法。在那个系统中，这个过程需要取一部分的一部分（一部分……）。例如，在这个系统中，我们可以把2/15看作"三分之一的五分之二"。甚至还有"五分之二的三分之一又三分之一"这样的结构。

　　它的意思是

$$\left(\frac{1}{3} \times \frac{2}{5}\right) + \frac{1}{3} = \frac{7}{15}$$

　　就在较近期的17世纪，俄国的测量手稿中还把九十六分之一这种特别尺寸称为"一半的一半的一半的一半的一半的三分之一"，[①]期望读者以连续的细分来思考：

$$\frac{1}{2}的\frac{1}{2}的\frac{1}{2}的\frac{1}{2}的\frac{1}{2}的\frac{1}{3} = \frac{1}{96}$$

　　与这种单位分数法相反，我们当前对分数的方法是基于通过对重复单个的、足够小的部分进行记数来测量的思想。我们会量取三杯牛奶，而不是量取一品脱和一杯牛奶，因为前者更容易量取。也就是说，我们不是只通过确定其中最大的一个分数，然后通过连续的较小分数穷尽剩下的部分，来表示一个分数的量，我们只需要寻找一个小的分数，它可以计算足够的次数来得到我们想要的数量。

_____

① 见［120］第33页，［220］第2卷第213页。

这也是中国数学家们对分数的思考。关于《九章算术》，大约可以追溯到公元前100年，其中包含的分数的符号与我们所知的非常相似。一个不同之处在于中国人避免使用"假分数"，如 $\frac{7}{3}$；他们会写成 $2\frac{1}{3}$ 来代替，所有关于分数运算的通常规则都出现在《九章算术》中：如何换算最简分数，分数如何相加，以及分数如何相乘。例如，加法的规则（翻译成我们的术语）看起来像这样：

每一个分子分别乘以其他分数的分母，将它们相加作为被除数，所有分母相乘作为除数，将之相除。如果有余数，就让它作为分子，除数当成分母。[①]

这与我们现在仍在做的相同。

对于乘法和除法，在《九章算术》中解释的方法也使用了换算成共同"分母"的方法。

这使得除法的过程自然而明显。例如，将 $\frac{2}{3}$ 除以 $\frac{4}{5}$，他们首先把每个分数的分子和分母同乘以另一个分数的分母，这样 $\frac{2}{3} \div \frac{4}{5}$ 变成 $\frac{2\times5}{3\times5} \div \frac{4\times3}{5\times3}$，也就是，$\frac{10}{15} \div \frac{12}{15}$。

既然这两个分数都是用相同的"度量单位"（分母）写成的，这个问题归结为一个整数除法：将第一个分数的分子除以第二个分数的分子。在这个例子中：

$$\frac{2}{3} \div \frac{4}{5} = \frac{2\times5}{3\times5} \div \frac{4\times3}{5\times3} = \frac{10}{15} \div \frac{12}{15} = 10 \div 12 = \frac{5}{6}$$

早在公元7世纪，印度的手稿中就出现了类似的方法（也许是从中国人那里学到的）。

他们写了两个数字，表示计算次数的数字放在表示基本分数大小的数字的上面。一个数字和另一个数字之间没有用任何线或标记分开。

---

① 见［211］第70页。

例如（使用我们的现代数字），基本单元的五分之一被占用三次，即$\frac{3}{5}$。几个世纪后，印度人把分数写成一个数字放在另一个数字之上的习俗在欧洲很普遍。中世纪使用拉丁文的数学家首先使用分子（"记数者"——有多少）和分母（"命名者"——什么样的尺寸），作为区分分数的上部数字和下部数字的一种方便的方法。在12世纪的某个时候，阿拉伯人在上部和下部数字之间插入了横线。从那时起，它出现在大多数拉丁文手稿中，除了早期的印刷品（15世纪末和16世纪初），当时可能因为排版技术问题而被省略。在16世纪和17世纪逐渐恢复使用横线。奇怪的是，尽管3/4的排版比$\frac{3}{4}$排版容易，这种"斜杠"符号直到1850年才出现。

分数的书写方式影响了算术的发展。例如，约在公元850年，印度数学家玛哈维拉使用了"倒置相乘"分数除法的规则。然而，可能是因为这个规则在分数——包括通常被写成一个数在另一个数之上且大于1的分数之外没有什么用场，直到16世纪，这个规则才成为西方（欧洲）算术的一部分。

$$\frac{2}{3} \div \frac{5}{7} = \frac{2}{3} \times \frac{7}{5} = \frac{14}{15}$$

百分比一词表示分母为100的分数名称，始于15世纪和16世纪的商业算术，当时通常用百分之多少表示利率。这种习惯在商业上一直存在，并在以元和分（百分之一元）为基础货币体系的国家中被强化。这确保了百分数作为十进制算术的一个特殊分支的继续使用。百分比符号经过几个世纪的发展，从1425年前后的"每100"的手写体缩写开始，到1650年逐渐转化为"每$\frac{0}{0}$"，然后简写成$\frac{0}{0}$，最后，演变成我们今天使用的"%"符号。[①]

虽然十进制分数在中国数学和阿拉伯数学中出现得比较早，但这些思想似乎并没有传播到西方。在欧洲，小数作为分数计算第一次使用发生在16世纪。它们是因西蒙·斯蒂文于1585年所撰写的《论十进制》这本书而

① 见［34］第312页。

流行起来。斯蒂文，居住在佛兰德的一名数学家和工程师，在他的书中显示，用小数来书写分数，就可以用整数算法的简单规则对分数进行运算。斯蒂文回避了无穷小数的问题。毕竟，他是个务实的人，写了一本实用的书。对他来说，0.333与$\frac{1}{3}$，你想要多接近就有多接近。

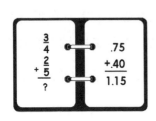

在同一时代，科学家如开普勒和约翰·奈皮尔使用的十进制分数，为十进制算术的普遍接受铺平了道路。然而，在这之后的许多年里，用句点（号）作为小数点并没有被统一采用。在相当长一段时间里，许多不同的符号——包括撇号、小楔子记号、左括号、逗号、凸点和其他各种符号——被用来分隔整数与分数部分。1729年，在美国印刷的第一本算术书使用了逗号，但后来的书倾向于使用句点（号）。在欧洲和世界其他地区的使用情况仍然是多种多样的。在许多国家，逗号是用来代替选择的分隔符号的。大多数讲英语的国家使用句点（号），但大多数其他欧洲国家更喜欢逗号。国际机构和出版物通常同时接受逗号和句点（号）。现代计算机系统允许用户选择作为区域化和语言设置的一种，不论十进制分隔符写成逗号或句点（号）。

斯蒂文的创新，以及它在科学和实际计算中的应用，对人们如何理解数字产生了重要的影响。直到斯蒂文的时代，像$\sqrt{2}$或者（甚至是）π尚未完全被认为是数字。它们是与一定的几何量相对应的比率，但当把它们当作数字时，人们会感到不自在。小数的发明让人们将$\sqrt{2}$看作1.414，把π看作3.1416，突然间，用托尼·嘉丁纳[1]的话来说，"所有的数字看起来都一样无聊"。这不是巧合，斯蒂文首先想到了将实数视为数轴上一点，宣称所有实数应具有平等的地位。

在20世纪中叶，当计算器被引入时，好像小数赢得了永久天地。但是，分子和分母的旧系统在计算和理论上仍然具有许多优点，并被证明是

---

① 英国数学协会前主席，在［213］中引用。

非常有活力的。我们现在有计算器和计算机程序，可以用普通的分数来运算。百分比用于商业计算，常见的分数和混合数字出现在食谱上，小数出现在科学测量中。这些多重表示有着取决于具体情况的便利性，也提醒我们每天使用的方法背后有着丰富的历史。

深度阅读

有关此主题的更多信息，请参阅［98］节第1.17节，其中还包含对历史文献的进一步引用。同样值得参考的是［34］第309—335页和第208—250页，其中包含了大量关于有理数的历史发展及其各种符号形式的资料。对斯蒂文创新及问题，［84］和［85］有极好的描述，可以参见。

问 题

（1）请写出埃及分数"十二分之一"的前11个倍数，可以写成表示单位分数或不同（非重复）单位分数的和。使用尽可能少的单位分数，并使分母尽可能小。用埃及和现代的符号分别写出你的结果（忽略有特殊符号的 $\frac{1}{2}$、$\frac{2}{3}$ 和 $\frac{3}{4}$ ）。

（2）按照问题（1）的说明，写出 $\frac{1}{n}$ 的前9个倍数。

（3） $\frac{1}{2}$、$\frac{2}{3}$ 和 $\frac{3}{4}$ 的特殊象形文字符号分别是 ⌐、⍓和 ⍓。使用这些符号会改变问题（1）和问题（2）的答案吗？

（4）用六十进制表示法写出下列数量，然后把你的答案翻译成巴比伦符号的表示法（巴比伦符号系统参见数学概念小史1）。

例如： $71\frac{1}{4}=1\times 60+11+15\times \frac{1}{60}$

（a） $\frac{1}{3}$　　　（b） $\frac{1}{100}$　　　（c） $12\frac{1}{5}$　　　（d）81.23

你会在巴比伦系统中增加什么符号规则，以使这些数字更容易读懂？

（5）请解释《九章算术》中描述的用公分母（将分母通分）的中国方法来运算分数除法是如何与今天学校里教授的"倒置相乘"规则有关的。举例说明你的解释，并请列举每种方法的优点。

（6）计算机和电子计算器的普及，用小数来表示分数越来越普遍。

① 描述以十进制形式把分数写成小数的两个优点。

② 描述用十进制形式把分数写成小数的两个缺点。

（7）用十进制表达式把分数表示为小数时，小数的长度取决于分数的分母与位置系统的基数之间的关系。

① 哪些分数可以用不超过3位数的小数表示（小数点之后）？哪些可以用不超过5位数的小数来表示？解释一下。

② 哪些分数可以精确地表示为有限小数？解释一下。

③ 给出3个不能精确表示为有限小数的分数的例子。请证明你的答案是正确的。

④ 有没有分数可以在巴比伦六十进位系统中表示为有限小数，但不能用我们的十进制来表达？如果是这样的话，给出3个例子（有理由）。若否，原因为何？

⑤ 在我们的十进制中，是否有分数可以用有限的几位小数来表示，而不能用巴比伦的六十进位系统来表示呢？如果是这样的话，给出3个例子（有理由）。若否，原因为何？

（8）在一些巴比伦文本中，人们发现这样的句子："七不可逆。"你觉得它是什么意思？

（9）约翰·纳皮尔和约翰尼斯·开普勒都是谁？他们的工作和其他兴趣可能会使他们倾向用十进位小数表示分数吗？

专 题

（1）我们已经非常习惯将分数写成小数，丝毫不再需要思考这样表示的意思。这个问题的要点是让你意识到这个问题。回想一下，分数总是对应于循环小数。因此，循环小数

$$1.22222222222\cdots\cdots \text{和} 0.8181818181818181\cdots\cdots$$

都代表分数。因此，它们的乘积也必须是分数，都是十进制循环小

数。在不转换回分数的情况下，您能找到

1.22222222222……×0.818181818181……的小数形式吗?

（2）在比萨的列奥纳多所著的《计算之书》中，还找到了另一种表示分数和带分数的方法。列奥纳多用 $\frac{1\ 5}{11\ 6}244$ 表示244个单位，加上5个六分之一，加上一个六分之一的十一分之一。用现代符号表示:

$$\frac{1\ 5}{11\ 6}244 = 244 + \frac{5}{6} + \frac{1}{11} \times \frac{1}{6}$$

① 你觉得他为什么这么写?

② 用这种方式能唯一表示带分数吗?

③ 在列奥纳多的一个问题中，他解释了如何将 $\frac{3}{5}$ 个 $\frac{4}{7}$ 29乘以 $\frac{6}{11}$ 个 $\frac{2}{3}$ 38。他说答案是 $\frac{2\ 2\ 2}{5\ 7\ 11}374$。

通过把所有的东西都转换成现代符号来检查这个问题是否正确，然后尝试用列奥纳多的表示法来直接完成它。

（3）既然我们把分数看作是数字，就很自然地想要知道两个分数是如何相除的。但这是否有真正的适用性呢? 请设想出一个实际的情况或一个故事问题，从而引出计算式 $\frac{3}{2} \div \frac{1}{2} = 3$。

5. 比什么都少：负数

你知不知道，几百年前，负数不被人们普遍接受，甚至包括数学家？这是真的。哥伦布发现美洲前两个多世纪，负数才加入数字世界。直到19世纪中叶，也就是美国内战时期，它们才成为一等公民。

数字源自对物的记数和测量，如，5只山羊、37只绵羊、100枚硬币、15英寸、25平方米，等等。分数只是一种改良的记数形式，使用较小的单位：$\frac{5}{8}$英寸是一英寸的八部分中的五部分，$\frac{3}{10}$英里是一英里的十部分中的三部分，以此类推。在记数或测量时，最小的数量必为零，对吗？毕竟，任何数量怎么会比什么都没有还小呢？因此，负数的概念——小于零的数——是一个很难理解的概念，这并不奇怪。

"那么，"你可能会问，"这个奇怪的想法是从哪里来的？谁想到这些数字呢？"通常的答案是，当人们开始解决诸如以下问题时，负数第一次出现在数学场景中：

"我7岁，我妹妹2岁。我什么时候才能比妹妹大一倍呢？"

这转化为求解方程7+x=2（2+x），其中x是从现在开始发生这种情况的年数。正如你所看到的，在这种情况下，答案是（从现在开始）3年。但同样的问题在任何年龄都可以被问到。也就是说，我们可以很容易地要求18+x=2（11+x）的解。然而，在这种情况下，解是负的：x=-4。这个答案甚至是有意义的：如果我现在18岁，我妹妹11岁，4年前我的年龄是我妹妹的两倍。

　　然而，事实上，负数并非第一次出现在这种情况下。它们在作为答案出现之前很久就以系数的形式出现。很长一段时间里，负数的答案被认为是荒谬的。后来，它们被视为一个信号，表明这个问题被错误地提出了。在我们的例子中，负数的答案会被理解成提出了错误的问题；问题应该是"多久以前？"（答案是正数的年份），而不是"什么时候？"。

　　在3000多年前，埃及和美索不达米亚地区的抄写员们就能解这些方程式，但他们从未考虑过解是负数的可能性。另一方面，中国数学家有一种基于操纵方程系数的求解方法，在求解过程中，他们似乎能够把负数作为中间数来处理。

　　我们的数学和西方文化一样，主要植根于古希腊学者的著作。尽管他们的数学和哲学深奥而微妙，希腊人却忽视了负数。大多数希腊数学家认为"数字"是正整数，而把线段、面积和体积看作不同的量值（因此不是数字）。甚至连写了一整本关于求解方程式的书的丢番图，除了正有理数以外，从来不考虑任何东西。例如，在他的算术书

《数论》第五卷第二题中，他得到方程式$4x+20=4$。[①] "这是荒谬的，"他说，"因为4小于20。"对丢番图来说，$4x+20$意味着某物再加20，因此永远不可能等于4。另一方面，丢番图知道，当我们展开$(x-2)(x-6)$时，"负负得正"。换句话说，他懂得如何处理负系数。

　　一位著名的印度数学家婆罗摩笈多，早在7世纪就认识到并在一定程度上用负数来运算。他把正数看作资产，把负数看作债务，还规定了用负数加、减、乘、除的法则。后来，印度数学家继承了这种传统，解释如何与正数一样使用和操作负数。尽管如此，他们还是很长一段时间内对负数持怀疑态度。5个世纪以后，婆什迦罗第二考虑了这个问题：

　　　　一群猴子的五分之一，减去三只，再平方，这些猴子进入了一

---

　　① 当然，他不是这样写的，参见数学概念小史8。

个洞穴，看到一只猴子爬到树枝上。请问，一共有多少只猴子？[①]

方程式是$(\frac{x}{5}-3)^2+1=x$，而婆什迦罗正确地找到了根，分别是50和5。但是他说，在这个例子里，第二个（答案）不成立，因为它不适用。对人们来说，他们没有信心（或者不能"理解"数量）变为负数的情形。问题在于，如果$x=5$，则$\frac{x}{5}-3=-2$，而婆什迦罗对于$(-2)^2$只猴子的描述感到不安，尽管$(-2)^2$是正的。

早期欧洲人对负数的理解并没有受到印度有关负数成果的直接影响。印度数学是通过阿拉伯数学传统第一次传到欧洲的。9世纪阿尔–花剌子模撰写的两本书非常有影响力。然而，阿拉伯数学家并没有使用负数。也许这在一定程度上是因为我们今天所知道的代数符号，在那个时代并不存在（参见数学概念小史8）。我们今天用代数方程求解的问题，他们完全用文字描述来解答，通常用几何辅助解释所有的数值数据，如线段或面积。例如，花剌子模认识到二次方程可以有两个根，但只有当它们都是正数的时候才是。这可能是因为他求解这些方程的方法，取决于用长方形的面积和边长来解释它们，而在这种情况下，负数没有意义（参见数学概念小史10）。

阿拉伯人（包括丢番图）都懂得如何展开相乘的算式：

$$(x-a)(x-b)$$

他们知道在这种情况下，负负得正，负正得负。但他们期望任何问题的答案都是正的。因此，虽然这些"符号法则"是已知的，但他们不理解如何操作被称为"负数"的独立事物的规则。

因此，欧洲数学家从他们的前人那里学到了一种仅能处理正数的数学。除了分配律提供了负数乘法的暗示，他们就只能独自处理负的数量，而且他们的进程比印度和中国的同行缓慢多了。

---

① 来自婆什迦多第二，金普洛夫译。见［130］第476页。

文艺复兴后，在天文学、航海、自然科学、战争、商业和其他应用的推动下，欧洲数学取得了巨大的飞跃。尽管取得了进展，也许是因为关注其实用性，欧洲的数学家们仍然对负数持抵制态度。

在16世纪，甚至像意大利的卡尔达诺、法国的韦达和德国的史蒂费尔这样的著名数学家都拒绝接受负数，他们认为负数是"假定的"或"荒谬的"。当负数作为方程的解出现时，它们被称为"虚解"或"假根"。17世纪初，潮流开始转向。由于负数的有用性变得显而易见而不容忽视，一些欧洲数学家开始在他们的研究工作中使用负数。

然而，对负数的误解和怀疑仍然存在。作为求解方程的方法在16世纪和17世纪变得更加复杂和算法化，进一步的复杂化增加了混乱。如果负数被接受为数字，则求解方程的规则可以直接导出负数的平方根。例如，二次方程式 $x^2+2=2x$ 使用公式得到的解 $1+\sqrt{-1}$ 和 $1-\sqrt{-1}$（甚至更糟的是使用公式求解三次方程式，参见数学概念小史11）。不过，如果负数是有意义的，那么其运算规则要求负数的平方为正。由于正数的平方也是正的，这就意味着 $\sqrt{-1}$、即平方为 -1 的数既不是正数，也不是负数！

面对这种明显的荒谬，数学家们很容易认为负数是算术世界中的可疑角色。在17世纪早期，笛卡尔称负解（根）是"虚假的"，涉及负数的平方根是"想象的"解。用笛卡尔的话说，方程式 $x^4=1$ 只有一个真实根（+1），一个假的根（–1）和两个想象的根（$\sqrt{-1}$ 和 $-\sqrt{-1}$）（关于虚数和复数的故事，请参见数学概念小史17）。此外，笛卡尔对平面坐标的使用并不像我们今天熟悉的笛卡尔坐标系（以他的名字命名）那样使用负数。他的构图和计算主要涉及正数，特别是线段的长度，x 轴或 y 轴负的概念完全没有出现。（参见数学概念小史16可以了解更多信息）

事实上，即使是17世纪的数学家，尽管他们接受了负数的概念，也不知道要把负数放在正数关系中的哪个位置。安托万·阿尔诺（Antoine Arnauld，法国神学家、逻辑学家和哲学家，1612年2月6日生于巴黎，1694年8月8日卒于比利时布鲁塞尔）认为，如果 –1 小于1，那么，比例–1∶1=1∶–1表明较小的数比较大的数，与较大的数比较小的数是一样的，这是很荒谬的。约翰·沃利斯声称负数大于无穷大。他在1655年所著的《无穷算术》（*Arithmetica infinitorum*）中认为，比率（如3/0）是无限大，所以当分母变为负数（如–1）时，结果必须更大，在这种情况下意味着3/–1，即–3，一定大于无穷大。

这些数学家对如何用负数运算没有任何困难。他们用它们做加、减、乘、除运算都没问题。他们的困难在于如何理解这个概念本身。

牛顿在1707年出版的代数讲义《普遍算术》（*Universal Arithmetick*）中并没有提供什么帮助。他说："数量要么是肯定的，要么大于零，要么是负数，要么是小于零。"[1]因为它承载了伟大的艾萨克爵士的权威，这一定义确实受到了非常认真的对待。但是，任何数量怎么会比什么都没有少呢？

尽管如此，到了18世纪中叶，负数已经或多或少地被接受为数字，与熟悉的整数和正有理数、无理数和极不规则的复数组成数字联盟。即使如此，许多著名的学者仍然对它们有疑虑。大约在美国独立战争和法国大革命时期，著名的《科学、艺术和医学的百科全书辞典》（*Encyclopedie ou Dictionnaire Raisonne des Sciences, des Arts, et des Metiers*）（从其中的"大百科全书派"得名）勉强地说：

不管我们对这些量有什么想法，带负数的代数运算法则通常被每个人接受，并被认为是精确的。[2]

莱昂哈德·欧拉（Leonhard Euler，1707年4月15日—1783年9月18日，瑞士数学家、自然科学家）似乎对负数感

---

[1] 摘自1728年的英文译本，引用于［191］，第192页；拉丁文原文见［243］，第5卷第58页。

[2] 关于"负数"的文章，引用于［141］，第597页。

到满意。在1770出版的《代数指南》(*Elements of Algebra*)中，他说：

> 由于负数可能被视为债务，因为正数代表真实的财产，所以我们可以说负数是虚无的。因此，当一个人一无所有，还欠下50枚硬币时，毫无疑问，他有−50枚硬币，如果有人要给他一个50枚硬币的礼物来偿还他的债务，他又一无所有，虽然他比以前富有了。[①]

另一方面，当他不得不解释为什么两个负数的乘积是正数时，他放弃了对负数的债务解释，以一种正式的方式进行论证，说明−*a*乘以−*b*应该是*a*乘以−*b*的相反数。

然而，半个世纪后，仍然有一些人对负数持怀疑态度，甚至在数学界的最高层，尤其是在英国。1831年，在蒸汽机车时代的曙光中，伟大的英国逻辑学家奥古斯都·德·摩根写道：

> 想象的表达式 $\sqrt{-a}$ 与负的表达式−b有某种相似之处，它们中的任何一个都是作为问题的解决方案出现的，表明了一些不一致或荒谬的现象。就实际意义而言，两者都是想象的，因为0−*a*同 $\sqrt{-a}$ 是一样难以想象的。[②]

这是面对越来越抽象的代数方法和数字系统结构时，一个没落传统的最后喘息。随着高斯、伽罗瓦、阿贝尔等人在19世纪初的不懈努力，代数方程的研究演变成了代数系统的研究——具有类似算术运算的系统。在这个更抽象的环境中，数字的"真实"意义与它们之间的操作关系变得不那么重要了。在这样的背景下，负数——与正数加法对立的数字——成为数

① 见［71］第4—5页。

② 引用于［141］第593页德摩根《关于数学的研究和困难》一书。

字系统中极为重要的组成部分，对它们合法性的怀疑消失了。

具有讽刺意味的是，这种抽象化的做法为在各种现实环境中真正接受负数的用处铺平了道路。事实上，负数是作为小学算术的基本部分而被常规教授的。我们认为负数是理所当然的，以致有时很难理解学生理解和运算负数时的挣扎。也许我们应该有一点同情心，历史上一些最优秀的数学家也曾经历了同样的挣扎和挫折。

深度阅读

大多数完整的数学历史包括讨论负数的历史。关于16至18世纪英国有关负数的讨论，请参阅 ［191］。

问 题

（1）（正）数 a、b、c 和 d 在什么条件下，将保证在展开 $(a-b)(c-d)$ 的每一步骤中每一次减法运算都会产生正数？证明你的答案是正确的。

（2）欧拉通过描述负数在算术上"应该"如何与已知的为人们接受的正数运算来处理负数。

① 欧拉的主张：$-a$ 乘以 $-b$ 应与 a 乘 $-b$ 相反。在这种情况下，"相反"是什么意思？

② 如何由 a 得知两个负数的乘积是正数？

③ a 乘以 $-b$ 应如何与 $-a$ 乘以 b 关联？为什么？

（3）如果负数是合理的，那么算术规则必须扩展到包含负数。这里有一个与阿尔诺对比率的关心（见111页）有关的令人费解的特性：

· 乘法是累加概念的延伸。

· 对于任何数字 a 和 b，$a<b$ 意味着 $(-5)+a<(-5)+b$。

但是 $(-5)\cdot a>(-5)\cdot b$，你如何解决这种明显的不一致？

（4）约翰·沃利斯和其他17世纪的数学家们一直在努力解决如何将负数融入算术中而没有矛盾的问题。

① 解释一下导致沃利斯自相矛盾的推理：如果负数小于零，则负数必

须大于无穷大。

② 沃利斯的论点在一定程度上取决于这样一种说法：$\dfrac{3}{-1} = -3$

这一定是正确的吗？为什么正确或者为什么不正确？

③ 如果有学生提出沃利斯的论点，你会怎么回应？

（5）负数已经成为初等算术中很普通的一部分，在负数不被理解的时代，人们可能会认为是科学上最原始的时代。实际上并非如此。在人们对负数不再有争议和怀疑之前，科学技术方面就已经出现了诸多高层次的发展。按时间顺序排列下列事件。如果不能提供相关信息，请提供事件发生的大致日期和国家。

① 在16世纪50年代，迈克尔·施蒂费尔（Michael Stifel）认为负数是虚构的。

② 约翰·沃利斯（John Wallis）声称负数大于无穷大。

③ 在17世纪30年代，勒内·笛卡尔称负解是荒谬的。

④ 在18世纪60年代，著名的法国《大百科全书》（Encyclopedie）对负数的性质表达出矛盾心理。

⑤ 奥古斯都·德·摩根（Augustus de Morgan）将负的解归为不可想象的。

⑥ 约翰斯·开普勒阐述了他的行星运动定律。

⑦ 阿尔弗雷德·诺贝尔发明了炸药。

⑧ 威廉·哈维证明了血液循环。

⑨ 尼古拉·哥白尼发表了他的日心说理论。

⑩ 查尔斯·德·库伦确立了电磁力定律。

⑪ 本杰明·富兰克林出版《电流的实验和观察》（Experiments and Observations on Electricity）。

⑫ 威廉·吉尔伯特撰写了《磁石论》（De magnete）一书，提出了地球是一个具有南北磁极的巨大磁场理论。

⑬ 伽利略发表论文，确立了关于自由落体和抛物线运动的基本原则。

⑭ 亚历山德罗·伏特发明了"伏打电堆"，是现代电池的先驱。

专 题

（1）第113页引述的奥古斯都·德·摩根所写内容摘自他的《论数学的研究和困难》（*On the Study and Difficulties of Mathematics*）一书。找出更多关于德·摩根的信息和他的书，为引文提供一些背景资料。

（2）问题2的要点是，如果我们想要保留加法的一些基本性质（特别是分配性），我们必须考虑两个负数的乘积是正的。这很好，但如果这个定义有一个令人信服的实际原因，我们会觉得更好。你能想出一个包含两个负数的乘积的现实情境吗？这种情况是否意味着乘积应该是正的？

（3）本节数学概念小史没有提到负数使用什么符号的问题。在会计账目中，红色有时用来表示负数。在近代的数学中，只是将减号放在数字前面，所以–3表示负三。在美国的一些课堂上，讲解了–3表示"负三"和–3表示"减三"的区别。研究一下在过去还有什么其他符号被人们使用过。这种"负三"和"减三"的不同是历史上已有的区别，还是近代的发明？

6. 十倍和十分之一：公制计量

一旦人类开展交易活动，测量就变得很重要——粮食是多少、马匹有多大、绳子有多长，等等。测量系统必须基于某种约定的度量单位。这些约定的单位成为测量系统的标准，这种测量方法因地点和时间的不同而发生变化。

一些最早的测量标准是以人体的一部分为标准，如拃（手指张开，从大拇指指尖到小拇指指尖的距离）、掌宽（四根手指并拢时的宽度）、指宽（食指或中指的宽度），还有脚，即英尺单位。

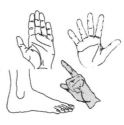

当然，像这样的"标准"的问题是，人体部位的大小因人而异。因此，很自然会选择国王或其他某个显赫人物的身体部位作为标准测量单位。在12世纪的英国，亨利一世宣布一码是他的手臂伸开时从他的鼻尖到大拇指尖的距离。这成为英国测量系统中长度的基础，这一系统在美国仍然普遍使用（几乎没有其他地方使用）。使用该系统的主要困难是计算各种大小的单位之间的换算关系。

在世界各地，直到18世纪晚期，许多不同的测量系统被用于不同的国家。随着国际贸易的增长，对单一的、普遍接受的标准的需求变得越来越迫切。1790年，塔列兰德主教向法国国民议会提出了一个以钟摆长度为

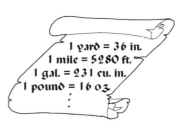

1 yard = 36 in.
1 mile = 5280 ft.
1 gal. = 231 cu. in.
1 pound = 16 oz
:

基础的测量系统，其基本长度来自每秒摆动一次的单摆长度。

法国科学院研究了这一计划，经过一番辩论，认为世界各地温度和重力的差异将使这一长度变得不可靠。他们提出了一个新的系统，它是根据从赤道到北极点的海平面子午线的长度而定的。他们把这个子午线的一千万分之一称为一米。① （他们甚至指定了一个特定的子午线——穿过法国的敦刻尔克和西班牙的巴塞罗那。）

米制系统的好用之处在于这样一个事实，所有大小长度单位都是米乘以10的幂。而且，它们的名字都有前缀，告诉你使用的是10的哪一次方（如果你懂一点拉丁语和希腊语的话）。在大多数情况下，小于米的单位有拉丁字母前缀，大于米的单位有希腊文前缀：

Gigameter（十亿米）	=	$1,000,000,000 = 10^9$（米）
megameter（百万米）	=	$1,000,000 = 10^6$（米）
Kilometer（千米）	=	1000 meters（米）
Hectometer（百米）	=	100 meters（米）
dekameter（十米）	=	10 meters（米）
meter（米）	=	1 meter（米）
Decimeter（分米）	=	0.1 meter（米）
Centimeter（厘米）	=	0.01 meters（米）
Millimeter（毫米）	=	0.001 meters（米）
Micrometer（微米）	=	$0.000001 = 10^{-6}$（米）
Nanometer（纳米）	=	$0.000000001 = 10^{-9}$（米）

......

面积和容积的单位是来自相同的基本单位，分别从平方米和立方米开

---

① 实际上，他们把它拼成"米"（metre）；它来自希腊语单词Metron，是一种度量。

始。因为我们的记数系统是基于10的幂，这种十进制结构使测量单位间的转换变得容易。

也许鲜为人知的事实是，在这个系统中，质量单位（或称为重量）也是基于米的。克最初是基本单位，定义为一立方厘米的水的质量（在冰的熔点）。最近，千克已成为基本单位，它是一立方分米纯水质量。这个容积单位称为升。按照前缀惯例，一克等于一千分之一千克。

为了使法国科学院对米的定义成为一种实用的工具，有必要精确地确定它们所规定的子午线的长度。两名法国测量师被派去执行那项任务。到那时为止，角度测量最常见的单位是度。然而，本着法国科学院垂青10的幂的精神，测量师定义了一个新的角度测量单位，即梯度（grade 或 grad），他们宣布该单位为直角的百分之一。按照这个标准，一个完整的圆即为400梯度。

测量师使用他们的新的角度测量单位来确定一米的精确长度。法国科学院接受他们有关长度的测定结果，却拒绝接受产生这个长度测定结果的角度单位。相反，它选择了弧度作为角度测量的标准公制单位，尽管对一般的角度而言，弧度乘以10的幂并没有给计算带来方便。根据该学院的判断，不使用10的幂的不便之处在于，在弧度a和弧长s之间保留独特联系，即：

$$a = \frac{s}{r}$$

其中r是所考虑的圆的半径。因此，梯度有时被称为"最古老的度量单位"，却根本不是官方正式的公制单位。尽管如此，它在19世纪被作为一个普遍使用的角度测量单位。

法国于1795年正式采用了法国国家科学院的制度。一米的长杆和一千克的重物的白金标准模型于1799制造出来，并存放在法国国家档案馆。然而，正如人们所预料的那样，公众并没有立即或轻易地接受这一新制度，甚至在法国也是如此。它在1812年被拿破仑废除了，但在1840年又被恢复为法国的强制制度。1875年，17个国家共同签署了"米制测量系统条约"，使国际执行成为现实。

1960年，由于认识到现代技术对精确性的要求越来越高，第十一届度量衡大会建立了一套与传统米制测量系统相近的新的国际单位制系统。这个新的系统叫作国际单位制（SI），它是以米和千克为基础，加上其他五个基本单位来测量时间、温度等，但它比以前更精确地重新定义了其中的一些单位。例如，米被重新定义为氪86在特定能级发射的辐射波长的1, 650, 763.73倍。1983年，米再次被重新定义，这一次是指在真空中光在 $\dfrac{1}{299792458}$ 秒时间里传输的距离。比起测量地球的子午线，这似乎不是什么大的进步，但它有一个优势就是，它可以在世界上任何地方条件良好的实验室中重现。

美国在1866年通过了一项法律，规定在商业中使用公制是合法的（但不是强制性的）。美国也是唯一一个在1875年签署"米制测量系统条约"的英语系国家。然而，从英制系统向公制系统的过渡是缓慢而勉强的。尽管1975年的《米制换算法》促使"自愿转换为公制"，但进展相对缓慢。在20世纪的最后四分之一时间里，政治的波动阻碍了"1975年法律"的全力实施。一个突出的例子——这种矛盾的代价是美国国家航天和太空总署1998年12月发射火星气候轨道器失败。9个月后，这项耗资655亿美元的任务在轨道器到达火星时失败了，原因之一是地面计算机用英制系统发送数据，而不是所需的公制系统。今天，美国仍然坚持拒绝采用公制作为其官方测量标准。

深度阅读

为了更深入地了解这个主题，可以在任何一本优秀的百科全书中查找公制系统。关于19世纪美国学校的公制系统，请参见［138］。更多的历史资料可以在［197］中找到，特别侧重于测量在物理科学中的作用。完整的SI系统中一个很好的总结是国家标准与技术研究院在其网站上列出的"常量、单位和不确定度"指南。除此之外，你将找到与10的幂相对应的前缀的完整列表。另一个不错的来源是美国公制协会的网站。

问 题

（1）有时测量问题需要快速的估算，而不是谨慎而精确的单位换算。

① 当你开车向北行驶加油时，汽油的价格大约是每加仑2.90美元。当你行驶到加拿大边境附近时，看到一广告牌上标示每升汽油价格是79.9美分。这比你先前加油的价格是贵还是便宜？差很多还是差一点点？

② 一种特殊的跑步距离被称为"公制英里"。以米来换算的话，是多少米？它比一英里长还是短？大概差多少？

③ 你最喜欢的饮料不再按夸脱出售，现在是以公升为单位的瓶装出售。假设价格比例相同，你现在会为一瓶饮料支付多少钱？如果一夸脱的价格是0.99美元，那一公升要多少钱？

④ 在外国，你要用2美元买6磅面粉，但店主不能以磅来称重，他给了你3千克代替6磅，你应该接受店主给你的分量吗？为什么接受或者为什么不接受？

⑤ 你在加拿大高速公路上行驶，车速限制为110千米/小时。如果你的车速表显示时速为每小时70英里，你是在这个限速之内还是超过这个限速？大概相差多少？

（2）本节指出，法国国家科学院拒绝用梯度，而把弧度作为角度测量的基本单位。

① 什么是弧度？直角以弧度测量是多少？

② 30度、45度和60度用弧度表示是多少？

③ 一弧度的角度换成以度表示是多少？

④ 一米的标准长度计算是基于一个物理物体（现在是光在特定时间内移动的距离来定义）。弧度有相似的物理标准吗？为什么有或者为什么没有？

（3）在建立一个新的单位制度时，法国国家科学院是否试图使时间单位合理化？历法又是怎样呢？

（4）用两到三句话回答下列问题。

① 在亨利国王统治时期的英格兰是什么样子的？

② 查尔斯·德·塔列兰德是一位杰出的政治家，他的其他主要成就有哪些？

③ 1780年至1850年期间，法国的总体政治领导层发生了怎样的变化？

④ 1866年美国的总体政治和经济环境如何？为什么你认为现在是通过一项法律使商业公制合法化的好时机呢？为什么认为这也许是通过一项法律——使公制测量单位在商业上合法化的一个很好时机？

（5）传统的测量系统通常具有奇怪的规则。这个问题的一个极端例子是在古巴比伦泥板上发现的一个沟槽的问题。泥板上沟槽的面积是7.5SAR（我们用现代符号而不是用巴比伦形式来书写这个数字），体积是45SAR，深度等于长度和宽度之差的七分之一。泥板给出的解决方案是长度为5GAR，宽度为1.5GAR。有两件事看起来很奇怪。首先，史料似乎使用"SAR"作为面积单位也当成体积单位。其次，这些数字合理吗？"深度等于长度和宽度之差的七分之一"，真的可能吗？如果不是，你能猜测一下什么才是合理的？

专 题

（1）按照下面的提纲"从头开始"构建你自己的测量系统：

· 选择一些常用的物体（如饮料罐）的高度来确定基本的测量单位。用这个单位测量你的身高。

· 定义线性度量的相关单位，便于测量较大或较小的物体。用它们来表示从纽约到洛杉矶的距离、足球场的长度、本书书页的宽度和厚度。

· 定义相关单位来测量面积和体积。用它们来表示一张标准的复写纸的面积和你自行选择的一个更大物体的面积，以及一加仑牛奶的体积和你自行选择的一个较小物体的体积。

· 制作你的系统与英制系统和公制系统间的转换表。

· 将你的系统与公制和英制系统进行比较。在哪些方面更好呢？在哪些方面不那么好？

（2）写一篇包含两个等量部分的论文。在论文的一部分，论述"美国应该正式采用公制系统"，另一部分论述"美国不应该正式采用公制系统"。在论述了你最好的理由之后，确定哪一个对你更有说服力，并简要解释为什么。

7. 测量圆：π 的故事

我们称之为 π 的数字（发音为"派"，如甜点或比萨）有着悠久而多样的历史。这个符号最初并不表示一个数字，只是希腊字母对应于英文字母的 *p*。但它现在所代表的这个数字是古希腊人所熟知的。很久很久以前，他们和他们之前的其他人都认识到圆有一种特殊而有用的特性：任何圆的周长除以它的直径总是得出一个相同的数。如果我们同意把这个数称为 π，那么这个简单的事实就转化为我们熟悉的公式 $C = \pi d$。

换句话说，圆的周长与直径的比值总是相同的。我们把它看作是一个常数，不管其他数字如何变化，它都保持不变。古代的学者也知道，这个不变的比值出现在圆的另一个基本属性中：圆的面积总是常数乘以半径的平方。也就是说，$A = \pi r^2$。特别是，如果圆的半径为 1 个长度单位（英寸、英尺、米、公里、光年，或别的什么）时，那么圆的面积就等于 π 个面积单位。

因为圆形对于我们人类制造和使用的许多东西来说是非常重要的，从轮子和齿轮到钟表、火箭和望远镜，上文中两个公式中的常数是一个非常值得了解的数字。但是到底是什么呢？

从历史的观点来看，这里令人着迷的、令人不安的词是"准确"。正确

求出 π 值的方法一直是个谜，千百年来，许多不同文明的人们一直在努力探索这个谜团。以下是几个例子：

约公元前1650年——古埃及的《兰德纸莎草文书》，给出计算近似于圆的面积，使用的常数值为：$4(\frac{8}{9})^2$。

约公元前240年——阿基米德证明它介于：$3\frac{10}{71}$ 和 $3\frac{10}{70}(=3\frac{1}{7})$ 两者之间。

稍后的海伦（Heron）让 $3\frac{1}{7}$ 这个值推广使用在许多实用的书籍中。

约公元150年——希腊天文学家托勒密使用 $\frac{377}{120}$ 作为近似值。

约公元480年——中国学者祖冲之使用 $\frac{355}{113}$ 作为近似值。

约公元500年——印度数学家阿耶波多使用 $\frac{62832}{20000}$ 作为近似值。

约公元1600年——它的十进制小数值被计算到35位数。

1706年——英国数学家威廉·琼斯（William Jones）第一次用希腊字母 π 作为这个数字的名字。瑞士伟大的数学家欧拉在17世纪30年代和17世纪40年代的出版物中采用了这个符号，直到17世纪末，它才成为这个常数的普遍名称。

1873年——英格兰的威廉·尚克斯（William Shanks）花了15年多的时间手工计算出 π 值到小数点后607位数。但是，第527位之后的数字是不正确的，但将近一个世纪的时间，几乎没有人注意到这个错误。

1949年——约翰·冯·诺依曼使用美国政府的ENIAC计算机计算 π 到小数点后2035位（在70小时内）。

1987年——东京大学的金田康正（Yasumasa Kanada）教授在NEC SX-2超级计算机上计算出 π 到小数点后134, 217, 000位。

1991年——格雷戈里（Gregory）和大卫·查德诺夫斯基（David Chudnovsky）在他们的纽约市公寓中使用自制的超级计算机，在250小时内计算了 π 小数点后到2, 260, 321, 336位。（这么多数字，在普通报纸上印成

单行字，可以从纽约延伸到加州好莱坞！）①

2002年——金田教授的团队计算出π小数点后到1241, 100, 000, 000位。这个数字几乎是查德诺夫斯基（Chudnovskys）发现的位数的550倍。以单行的普通印刷字，它将延伸超过1, 500, 000英里——超过三次往返月球。

然而，这些结果都不是π的确切值。

大约在1765年（当时美洲正处在独立战争时期），德国数学家约翰·兰伯特（Johann Lambert）证明了π是一个无理数。也就是说，它不能精确地表示为一般分数（两个整数之比）。除此之外，这也意味着无论它被扩展了多少位数，并没有小数表达式可以精确地等于π，但如果我们愿意耐心做足够的工作，就可以找到小数逼近我们想要的任何位数。

事实上，只要小数点后几位就足以满足几乎所有的实际需要。甚至在小数被发明之前，使用的许多近似也是如此。为了说明这一点，我们将使用上面列出的π的历史近似值来计算直径为1千米的圆形湖泊的周长，并将结果与使用现代计算器得到的结果进行比较：

来源	圆周长	误差
现代计算器	3.141592654千米	
阿美斯（公元前1650年）	3.160493827千米	18.9米（≈20码）
阿基米德（公元前240年）	3.141851107千米	28.8543厘米（<1英尺）
托勒密（公元150年）	3.141666667千米	7.4103厘米（≈3英寸）
祖冲之（公元480年）	3.14159292千米	0.266毫米（≈0.01英寸）
阿耶波多（公元500年）	3.1416千米	7.346毫米（≈0.289英寸）

① 查德诺夫斯基及其惊人机器的故事出现在1992年出版的《纽约客》（*The New Yorker*）上的R·普雷斯顿（R. Preston）的"圆周率山脉"中。见［188］。

即使是3600多年前最粗略的近似值，误差也不到2%。其余的人所计算的近似值离弧的"真实"周长，只差一个非常微不足道的数字。那为什么大家还要不厌其烦地把π计算到成千上万甚至数十亿的小数位呢？所有的这些时间和精力都花得值吗？或许值。关于无理数的许多深层次问题我们还不能回答。我们可以证明它们的小数位是无限的，并且从某一点开始，不会重复任何有限的数列且不间断。但是这个数列中有没有一些巧妙的模式？是否所有十位数字都以相同的频率出现，还是某些数字出现的频率比其他数字更多？是否会有某些数列的出现可以被某种方式预测到？

我们甚至还没有足够的知识来确切地知道哪些问题是值得的。有时，一个看似微不足道的观点会带来广泛的、更新的洞察力。于是，关于硬件和软件去生成这些庞大的数串的问题产生了：我们怎样才能使它们的容量更大、速度更快、正确性更可靠？获得π的更多位数这样的问题，为科技进步提供了一个试验场。

然而，对这种执着最诚实的解释可能是人类对未知事物的好奇。几乎没有一个简单的解决方案的任何问题都将至少引诱一些人去追求它，有时甚至是痴迷地追寻。人类进步和愚昧的历史上，点缀着这些人的成就和不幸。事先不知道哪些问题会导致哪些额外的风险因素，这些风险反而使得这些问题更吸引人。在数学中，就像在任何运动中一样，克服尚未尝试过的和挑战未知的本身就是奖赏。

π = 3.14159265358979323846264338327950288419716939937510582097494459230781640628620899862803482534211706798214808651328230664709384460955058223172535940812848111745028410270193852110555964462294895493038196442881097566593344612847564823378678316527120190914564856692346034861045432664821339360726024914127372458700660631558817488152092096282925409171536436789259036001133053054882046652138414695194151160943305727036575959195309218611738193261179310511854807446237996274956735

51885752724891227938183011949129833673362440656643086
02139494639522473719070217986094370277053921717629317
67523846748184676694051320005681271452635608277857713
42757789609173637178721468440901224953430146549585371
05079227968925892354201995611212902196086403441815981
36297747713099605187072113499999983729780499510597317
32816096318595024459455346908302642522308253344685035
26193118817101000313783875288658753320838142061717766
91473035982534904287554687311595628638823537875937519
57781857780532171226806613001927876611195909216420198
9……

π 的小数点后1000位

深度阅读

贝克曼的［16］是一本关于 π 历史的可读的书，同样值得一看的是［19］，它收集了许多文章，包括一些原始来源（例如，它包含了尚克斯原始出版物的样张）。关于金田教授计算的最新信息可以在金田实验室主页上找到。

问 题

（1）《莱因德纸草书》实际上并没有给出 π 的值，而是给出了计算圆形田地面积的规则。

如，直径为9khet的圆形田地，它的面积是多少？[①]

取直径的1/9，即1，留下的是8。

8乘8，等于64。因此，土地面积是64setat（古代计量单位）。

---

① 据［19］第1页。

计算出在此过程中使用的π值，并检查它是否与本文中给出的数据一致。

（2）赤道处的地球直径约为8000英里。对于下列问题中，假设正好是8000英里。

① 用下列每个人／书中提出的π值计算赤道处地球的周长。把你的答案保留到十分之一英里。

a.《莱因德纸草书》

b.托勒密

c.祖冲之

d.阿耶波多

② 当阿基米德估计π时，他给出了上限和下限，而不是仅仅给出一个近似值。用他的结果计算地球周长的上下限。你计算的两个答案之间的差距是多少？

③ 大多数手持计算器计算π值为3.141592654。以英里为单位，用此π值求出地球在赤道的周长，然后把这个π近似值的最后一个数字改为0，再找出圆周长。再看看，你的两个答案有什么区别，以英寸为单位呢？

（3）如果你用π值$\frac{22}{7}$（像海伦那样），然后使用上面（2）③中现代计算器得出的π值，你将得到直径为d的圆的周长的两个不同的值。哪一个比较大一点？直径d取多大才能使两者的差为1厘米？

（4）$\pi \approx \frac{355}{113}$是大约公元480年，由祖冲之给出的，并且后人还多次重新发现，是π的近似值中最有名的，因为它给出了大量正确的小数位，同时使用了相对较小的分母。毕竟，较小的分母更容易计算。事实上，对于以分数形式给出的近似值，我们可以通过计算其中正确小数的位数与分母中数字的比值来衡量近似值的"质量"。使用这样的测量方式，评估《莱因德纸草书》、阿基米德、托勒密、祖冲之和阿基米德给出的近似值的质量。

（5）由于π是无理数，对于任何进位制系统，它都是一个无限的、不重复的小数。有时是十进制系统。如果你有耐心的话，找出π的前20位二进制数（基数为2），或者更多的数字，然后解释你是如何做到的。讨论任何你认为这些数字可能启发的模式或问题。

（6）查德诺夫斯基的兄弟研究伊始，先寻找会快速收敛到 π 的级数（或与 π 有密切关系）。印度数学家拉马努金的一个这样的级数是：

$$\frac{1}{\pi} = \frac{\sqrt{8}}{9801} \sum_{n=1}^{\infty} \frac{(4n)!}{(n!)^4} \frac{(1103 + 26390n)}{396^{4n}}$$

① 通过这个级数，考虑一项、二项、三项，找到近似的 π，将结果与本节数学概念小史结尾处显示的数字进行比较。

② 在第二步之后，$\frac{1}{\pi}$ 有多少位数字是可靠的？在第三步之后？你怎么知道？

（7）阿基米德居住在西西里岛的锡拉丘兹。公元前240年前后锡拉丘兹是什么样的城市？阿基米德在锡拉丘兹市过着怎样的生活？

专 题

（1）阿基米德是如何估算 π 的近似值的?

（2）本文证明 π 是一个无理数。它也是一个超越数。人们认为这是一个正规数，但是还没有人能够证明这一点。找出这些词（无理数、超越数、正规数）的含义，并写一篇短文来解释它们，文中包括一些前两个性质的证明信息（谁证明的，什么时候及如何证明的）。

（3）两种常用的角度测量方法分别是度数测量和弧度测量。π 在弧度测量中起着重要的作用，而在度数测度中则不起作用。写一篇短文，比较测量角度的两种方法，包括解释为什么 π 在一种中明显出现，而在另一种中没有出现。

8. 解未知数的艺术：用符号书写代数式

当你想到代数时，首先想到的是什么？你认为由 x、y 和其他字母组成的方程式或公式，与数字和算术符号连在一起吗？很多人都这么想。事实上，许多人把代数简单地看作是处理与数字有关的符号规则的集合。

这样的看法有些道理，但仅从符号的角度来描述代数，就好比描述一辆汽车只是看其颜色和车身造型一样。你看到的并不是你想要知道的全部。事实上，就像一辆汽车一样，代数运行的大部分东西都是在它的符号外观的"遮罩下"。然而，正如汽车车身造型会影响其性能和价值一样，代数学的符号表示也会影响其运算和效用。

一个代数问题，不管它是如何写成的，都是一个关于数字运算和关系的问题，其中未知数必须从已知的数中推导出来。下面是一个简单的例子：

某物的平方的两倍等于5再加此物的2倍。问此物是多少？

尽管没有使用符号，这显然是一个代数问题。此外，"某物"这个词在很长一段时间里都是一个值得尊敬的代数术语。在9世纪，阿尔–花剌子模（他的书名《复原和相消的规则》，是"代数"一词的来源），用Shai这个词来表示一个未知的量，当他的书被翻译成拉丁文时，这个词就变成了res，意思是"某物"。例如，12世纪塞维利亚的约翰对阿尔–花剌子模算法的阐述

中就包含了这个问题，以"Quaeritur ergo，quae res……"开头：^①

因此，人们会问，某物加上10个它的平方根，或者说，是由它产生的平方根的10倍，等于39。

在现代符号中，这将被写为 $x+10\sqrt{x}=39$。（在这个问题的拉丁文版本中出现了一个"X"——$X\sqrt{x}$，但实际上它是10的罗马数字。为了避免这种混淆，并强调更有意义的符号的变更，我们在所有这些代数示例中使用了熟悉的数字符号。）

一些拉丁文本使用了causa表示阿尔–花剌子模的shai，当这些书被翻译成意大利语时，causa变成了cosa。当其他数学家研究这些拉丁文和意大利文时，"未知数"这个词在德语中变成了Coss。英国人注意到这个变化，并将研究涉及未知数字的问题称为"the Cossic Art"（或者说"Cossike Arte"，这是那个时候的拼写）——按照字面意思就是"物的艺术"。

就像我们熟悉的代数符号中的大多数一样，我们现在用来表示未知数的 x 和其他字母相对来说是"艺术"的新成员。许多早期的符号只是常用词的缩写：p 或 $\tilde{p}$ 或 $\bar{p}$ 表示"相加（plus）"，m 或 $\tilde{m}$ 或 $\bar{m}$ 表示"相减（minus）"，等等。虽然节省了书写时间和印刷空间，但在加深对它们所表达的思想的理解上却没有多大作用。如果没有连贯和有启发性的符号规则，代数确实是一门艺术，它往往是一种特殊的活动，很大程度上取决于解题者的技能。就像零件标准化是福特汽车大规模生产的关键一步，符号规范化是代数学使用和发展中的关键一步。

好的数学符号的作用远不止是高效的速记。理想情况下，它应该是一种通用的语言，能够澄清思想、揭示模式，并提出概括。如果我们真的发明了一个非常好的符号，它有时似乎会代替我们思考：只需操作符号就可以得到结果。正如霍华德·埃夫斯（Howard Eves）曾经说过的那样："一个有条理的数学人经常会因感觉他的铅笔在智力上超越了自己而产生不

---

① 见［34］，第336页的译文。

适。"[①]我们今天的代数符号接近这样的理想状态，但它的发展是漫长而缓慢的，有时还会倒退。对于这种发展特点，我们将研究在欧洲代数的发展过程中，一个典型的代数方程可能在不同的时间和地点编写的各种方法（为了突出符号的发展，我们使用英文代替拉丁文或其他语言，而不是使用符号）。

下面是一个包含早期代数研究的一些常见成分的方程式：

$$x^3 - 5x^2 + 7x = \sqrt{x+6}$$

1202年，比萨的列奥纳多会把这个方程式（也许是为了清晰而重新排列）完全用文字写出来，比如：

立方和七个物，再少掉五个平方，等于此物多六的（平方）根。

这种书写数学的方法通常被称为修辞，与我们今天使用的符号形式形成对比。在13世纪和14世纪，欧洲的数学几乎整个都是修辞，只是偶尔使用缩略形式。例如，列奥纳多在后来的一些作品中开始使用R作"平方根"。

15世纪末期，一些数学家开始在他们的作品中使用符号表达式。帕乔利在1494年撰写的《算术、几何、比及比例概要》，是欧洲引入未知数的主要来源，他这样书写：

$$cu.\tilde{m}.5.ce.\tilde{p}.7.co.\text{———}\mathcal{R}\,v.co.\tilde{p}.6.$$

在这个表示法中，co是"Cosa"的缩写，也就是未知的量。缩写ce和cu分别代表"censo"和"cupoo"，意大利数学家分别用它们来表示未知的平方和立方。请注意，我们在这里指的是未知。这种表示法的一个根本缺陷是它不能表示表达式中的多个未知数（相比之下，印度数学家早在7世纪就开始使用颜色的名称来表示多个未知数）。帕乔利所用符号的一些其他有趣的

① 见［75］，条目251。

特性是，用点把每一项与下一项分开，用长长的横线代表相等，用符号R表示平方根。平方根符号之后的项的分组用v表示，即"普遍（universale）"的缩写。半个世纪后，在意大利，卡尔达诺的《大技术》（*Ars Magna*）中使用的符号几乎与此相同。

在16世纪初的德国，我们现在使用的一些符号开始出现。＋和－号在商业算术中使用，符号"根式"$\sqrt{}$，即进化了的平方根符号，有人说像一个带有"尾巴"的点，另外一些人说像手写的*r*。等号用拉丁文或德语的缩写，几个项要成为一组（例如，在根号记号之后的和）用圆点表示。因此，在1525年克里斯多夫·鲁道夫（Christoff Rudolff）所著的《未知数》（*Coss*，它的正式名称很长）或1544年迈克尔·斯蒂尔（Michael Stife）的《整数算术》（*Arithmetica Integra*）中，方程式以如下形式出现：

$$\mathcal{C} - 5\mathcal{Z} + 7\mathcal{Q} \ aequ. \ \sqrt{.\mathcal{Q}} + 6.$$

正如前面描述的意大利早期的符号一样，未知数的不同次方有不同的、不相关的符号表示。未知数的一次方被称为根（radix），并由$\mathcal{Q}$符号表示$\mathcal{Z}$。平方的符号是$\mathcal{Z}$，它是一个小写字母z，源自它的德语名字zensus的第一个字母。三次方cubus符号是$\mathcal{C}$。未知数的较高阶的次方，在可能的情况下，是以平方和立方符号的乘积来表示的；如四次方是$\mathcal{Z}\mathcal{Z}$，六次方是$\mathcal{Z}\mathcal{C}$，以此类推。更高阶的次方是通过引入新的符号来处理的。

其他国家已经开始出现更简单的方法表示未知数次方。其中一个最有创意的例子出现在1484年法国医生尼古拉斯·朱克（Nicholas Chuquet）的手稿中。像他那个时代的其他人一样，朱克把注意力集中在单一的未知数次方上。然而，他通过把数字标在系数的上标来表示未知数的连续次方。例如，为了表示$5x^4$，他会写成5^4。他对方根也以类似的方式来表示，如$\sqrt[3]{5}$写成$R^3.5$。朱克把零当作一个数字（特别是当成次方）和使用下划线表示一组，也遥遥领先同时代的其他人。如果在他的手稿中出现了我们的例子方程式，它会是这样的：

$$1^3.\bar{m}.5^2.\bar{p}.7^1. \ montent \ \mathcal{R}^2.\underline{1^1.\bar{p}.6^0}.$$

不幸的是，对于代数符号的发展来说，朱克的著作在撰写之时没有出版，所以他的创新思想在16世纪初只有少数数学家知道。1572年，拉斐尔·庞贝里的作品中重新出现了这个表示未知数次方的符号系统，他把次方放在系数上方的小小的杯状框里。庞贝里的书比朱克的更广为人知，但他的标记法并没有立即被同时代的人所接受。在16世纪80年代，比利时的军事工程师和发明家西蒙·斯特文（Simon Stevin）采用了它，但他改用圆将次方圈起来。斯特文的数学著作强调了十进制小数算术的便利性。他的一些著作在17世纪早期被翻译成英文，他的思想和符号也就被带到了英国。

在16世纪的最后10年，弗兰·奥伊斯·维特（Fran Cois Viete）在符号灵活性和普遍性方面取得了重大突破。维特是一名律师、数学家，同时也是法国亨利四世国王的顾问，负责破译以密码写成的信息。他的数学著作侧重于代数方程式的求解方法，为了简化和普及自己的作品，他引入了一种革命性的记号设计。他写道：

> 为了使这项工作得到某种技术性的帮助，可以用一个恒定的、永久的、非常清晰的符号，将给定的已知量从不确定的未知量中区别出来，例如用字母A或某些元音字母来表示未知量，用字母B、G、D或其他辅音来表示给定的量。[①]

对于常数和未知数都使用字母来表示，可以使维特写出一般形式的方程式，而不是依赖特定的例子，在例子中所选择的特定数字不恰当，就可能会影响解题过程。早期的一些数学家曾尝试使用字母，但维特是第一个将字母作为代数不可分割的一部分来使用的人。之所以这种强有力的符号设计被推迟应用，很可能是因为阿拉伯数字直到16世纪才被普遍使用。在此之前，希腊语和罗马数字被用来书写数字，而这些系统使用字母表示特定的量。

---

① 译自维特在1591年出版的《阿特姆分析》，由J. 温弗莱·史密斯翻译。见[140]第340页。

一旦方程式包含不止一个未知数时，很明显，旧的指数表达式是不够的。如果想要表示$5A^3+7E^2$的意思，就不能写成5^3+7^2。在17世纪，几个相互竞争的符号设计几乎同时出现。在17世纪20年代，英格兰的托马斯·哈里奥特会把它写成5 aaa +7ee。

1634年，法国的皮埃尔·埃里贡（Pierre Hérigone）将系数写在未知数之前，将指数写在未知数之后，如5a3+7e2。1636年，詹姆斯·休谟（一位居住在巴黎的苏格兰人）出版了一本有关维特代数的图书，将小写罗马字母写在未知数右上角表示指数，如$5a^{iii}+7e^{ii}$。1637年，类似的符号出现在勒内·笛卡尔的《几何学》中，但指数用较小的阿拉伯数字写成，如$5a^3+7e^2$。在这些符号中，哈里奥特和埃里贡的最容易打字印刷，但概念的清晰呈现比排字的方便性更重要，笛卡尔的方法最终成为今天使用的标准符号。

笛卡尔具有影响力的著作也是今天其他一些已经成为标准符号设计的来源。他用从字母表结尾开始的小写字母表示未知数，用字母表开头的小写字母表示（已知）常数。他还用√标记上的一个上画线来表示成一组的几个项，而以"∞"表示相等。因此，我们的样本方程式中笛卡尔版本非常多，但并不完全像我们今天所写的形式，而是：

$$x^3 -- 5xx + 7x \infty \sqrt{x+6}$$

1557年由雷科德[①]提出并在英国广泛使用的"＝"符号在欧洲大陆尚未流行起来。在17世纪，它只是表示相等的几种不同符号之一，包括"~"和笛卡尔设计的符号"∞"。此外，在当时，"＝"号被用来表示其他的想法，包括平行、差异或"加或减"。它最终被普遍接受为表示"相等"的符号，很大程度上可能是由于其被牛顿和莱布尼茨所采纳。他们的微积分系统主宰了17世纪末和18世纪初的数学，因此他们对于符号的选择广为人知。在18世纪，莱布尼茨的高等微积分符号逐渐取代了牛顿的符号。如果莱布尼茨选择用笛卡尔的符号代替雷科德的符号的话，我们今天可能会用

---

① 有关这方面的更多细节，请参见数学概念小史2。

"∞"来表示相等。

本节概念小史试图描绘代数符号发展的长期的、不稳定的、有时是反常的特点。事后看来，"好"的符号选择已被证明对数学进步有强大的促进作用。然而，这些选择往往是在当时很少意识到它们的重要性的情况下作出的。指数符号的演变就是这方面的一个典型例子。数个世纪以来，未知数的次方被有限的平方和立方的几何直觉所束缚，而符号的使用则强化了这种限制。笛卡尔最终通过将平方、立方等作为与几何维度无关的量来解放它们，给x^4、x^5、x^6等赋予了新的合法性。从此，符号本身就很自然扩展——负整数指数（倒数）、有理指数（幂根）、无理指数（幂根极限），甚至复数指数。而在20世纪，这种指数符号又与维度的几何概念重新联系起来，为数学研究的一个新领域——分形几何学（Fractal Geometry）奠定了基础。

深度阅读

约瑟夫·马祖尔（Joseph Mazur）的［163］是一份关于数学符号演变的可读性说明。标准的调查也讨论了这个问题。有关具体数学符号的历史信息，最好的参考依然是［34］，尽管现在，一个由杰夫·米勒（Jeff Miller）维护的网站——各种数学符号的最早的用途（arliest Uses of Various Mathematical Symbols），是一个有力的竞争者。有关代数的更多历史信息，请参见［133］。

问　题

（1）按以下每个来源中可能出现的形式，分别写出$2x^2-3x+7 = x^3 + \sqrt{x-1}$。

① 大约公元1200年，比萨的列奥纳多的写法（用英文写出）；

② 1494年，帕乔利的《算术、几何、比及比例概要》；

③ 1544年，史蒂费尔的《整数算术》；

④ 1484年，朱克的手稿；

⑤ 1637年，笛卡尔的《几何学》。

（2）以下每个多项式都取自问题（1）所列的一个来源，认出作者并将表达式转换为现代代数符号。

① $12\mathcal{3}\mathcal{3} + 16c\!\!e - 36\mathcal{3} - 32\mathcal{Q} + 24$

② $z \infty \frac{1}{2}a -\!- \sqrt{\frac{1}{4}aa -\!- bb}$

③ $1.\,co.\,\bar{p}R\!\!\!\!\!/\,v.\,1.\,ce.\,\tilde{m}\,36.$

④ $R\!\!\!\!/^2.1.\frac{1}{2}.\bar{p}R\!\!\!\!/^2.24.\bar{p}.R\!\!\!\!/^2.1.\frac{1}{2}.$

（3）按17世纪托马斯·哈里奥特的书写形式，如何写出 $3a^2+2b^2+c$？按皮埃尔·埃里贡的书写形式呢？按詹姆斯·休谟的呢？按勒内·笛卡尔的呢？

（4）修辞代数从来没有真正消失过。例如，在19世纪的学校课本中，人们发现计算三角形面积的下列规则：

将三边长度之和的一半分别减去每边长度，然后将所得的三个结果分别与三边长度之和的一半相乘，由此所得的乘积的平方根，就是三角形的面积。

用现代代数符号重写。哪个版本更清楚？你了解这条规则吗？

（5）希腊数学家说，数 a，b，c，……，y，z 是"连续比例"，每个数量与下一个数量的比率总是相同的，即

$$\frac{a}{b} = \frac{b}{c} = \cdots\cdots = \frac{y}{z}$$

把它译成现代代数符号。（提示：根据第一个数和共同比率算出这n个数量等于什么）

（6）将问题（1）中列出的每一种数学著作与下列时间和地点最接近的事件相匹配。

① 查尔斯八世成为法国国王。大约10年后，他入侵并征服了意大利半岛的大部分地区。

② 弗朗索瓦·拉伯雷（FranCois Rabelais）写了他著名的一系列讽刺社会的小说《巨人传》。

③ 第四次十字军东征占领并洗劫了君士坦丁堡。

④ 路德维希·冯·贝多芬创作了他的《田园》交响曲。

⑤ 约翰·卡尔文从流亡地回国，成为瑞士日内瓦的精神和道德领袖。

⑥ 米开朗基罗开始了他的艺术生涯。

专　题

（1）这节数学概念小史清楚地表明，人们早在今天的符号被开发之前就使用了代数。写一篇论文回答下列问题：

· 如果你要开始教授代数课程，想要鼓励学生发展自己的符号，你会在哪里和如何开始？

· 让学生创建自己的代数符号有什么好处？又有什么缺点呢？

· 你觉得一个对代数一无所知的人应该如何开始学习它呢？

（2）在代数符号发展的过程中，如何表示未知量的幂引起了人们非常大的困惑。这在15世纪、16世纪和17世纪的欧洲尤为明显——活字印刷术的出现使人们越来越重视印刷方便、标准的数学表述方式。在这节数学概念小史里，我们提到了一些表示幂的方法，但还有更多的东西未提及。研究其他常量和未知数的幂的早期符号，并写一篇短论文来说明你发现了什么。尝试围绕一些主题或概念性问题整理论文，以便它不只是一个不同的符号列表（为什么一个方法比另一个方法好？为什么某些方法不能传承下来？等等）。［34］中有相当好的资源，其中包含一个篇幅长且详细的关于卡乔里的章节。但不要让你自己局限于这个资料，以确保你的论文不是简单地引用或转述那本书的内容。

9. 线性思维：解一次方程

当我们把数学应用到现实世界时，就会自然地出现解一次方程式的问题。因此，毫不奇怪，几乎每个学习数学的人，从埃及的抄写员到中国的文职人员，都在寻找解决这些问题的方法。

《莱因德纸草书》是古埃及培训年轻抄写员时可能使用的问题合集，其中包含了这样几个问题。有些简单明了，有些则相当复杂。这里有一个简单的：

一个量与它的一半及它的三分之一加在一起变成10。

在我们今天的表示法中，就是等式：

$$x + \frac{1}{2}x + \frac{1}{3}x = 10$$

（不过，请记住，对当时而言，这种符号表示还是很遥远的做法，正如数学概念小史8所解释的那样。）抄写员被指示去解决它，正如我们所愿：将10除以 $1 + \frac{1}{2} + \frac{1}{3}$。

然而，通常这类问题在《莱因德纸草书》是由一个非常不同的方法解决。

一个量与它的四分之一相加，变成15。

抄写员没有将15除以$1\frac{1}{4}$，而是按以下步骤进行。他假设（或设置）数量是4（为什么是4？因为计算4的四分之一很容易）。如果你取4并将其四分之一加在一起，你得到4+1=5。所以我们想要15，但是我们得到5，我们需要将得到的数（也就是5）乘以3，得到我们想要得到的数（也就是15）。接着将我们猜测的数乘以3，我们猜测的数是4，答案是3×4=12。

这种方法被称为试位法：我们假设一个答案，虽然我们并不指望这个答案是正确的，但这会让计算变得容易。然后我们用这个不正确的结果来找到一个数字，这个数字就是为了得到正确的答案，我们猜测的结果需要乘上的数字。

符号使这很容易理解。我们正在解的方程式看起来是$Ax=B$，如果我们用一个因子乘以x，它就变成了kx，我们得到：

$$A（kx）=k（Ax）=kB$$

因此，将输入的值按一定的比例缩放，将输出的结果也按相同的比例缩放。这就是使得试位法起作用的原因。我们用我们猜测的数来找到正确的比例。

自古以来，常采用试位法求解线性方程组，包括一些比较复杂的线性方程组。从实际问题到具有休闲意味的想象中的问题，它都能应用。

然而，这种方法只能适用$Ax=B$这种形式的方程式。如果方程式是$Ax+C=B$，那么将x乘以一个因子不再等于B乘以相同的因子，这个简单版本的方法被破坏了。我们可能会尝试从两边减去C，但是这并不总像听起来那么容易，因为左边的表达式可能一开始是非常复杂的，找到要减去的正确常数，就要求我们将其简化为$Ax+C$这种形式。

于是，我们发现了一种方法，将基础的想法推广到这种类型的方程式，而不需要任何代数运算。这种方法被称为双设法（double false position）。它似乎是由比萨的列奥纳多带到欧洲，他在所著的《算盘全书》（*Liber Abbaci*）中称它是双设法则（elchataym rule）。列奥纳多在北非学到了这种法则，在那里这种法则被普遍使用。在阿拉伯语中，它的名字是hisab al-khata'yn，意思是"用两种谎言来计算"。它似乎是由讲阿拉伯语的数学家创造的；这个方法最早的描述来自9世纪居住在黎巴嫩的寇斯塔·伊本·鲁伽（Qusta ibn Luqa）。

双设法是求解线性方程组的有效方法，在代数符号发明后很长一段时间内一直被使用。事实上，因为它不需要任何代数运算，所以就在19世纪的算术教科书里还在教授这种方法。这里有一个例子，[①]来自19世纪初出版的《校长的好帮手》（*Daboll's Schoolmaster's Assistant*）这本书。

> 钱包中有100美元，分给A、B、C和D四个人，如果B要比A多出4美元，C比B多8美元，D是C的两倍，那么每个人可以分得多少钱？

用现代的方法，假设A可分得的钱为x，则B分得$x+4$，C分得$(x+4)+8=x+12$，D分得$2(x+12)$。因为总数是100美元，我们得到了方程式：

$$x+(x+4)+(x+12)+2(x+12)=100$$

然后我们用通常的方法来解答。

相反，在《校长的好帮手》中建议的方法是：先任意猜测一下，说A分得6美元。然后，B分得10美元，C分得18美元，D分得36美元（注意，我们不需要计算D的数量与A的关系，我们只需一步一步来计算）。合计金额为70美元，还剩下30美元。

所以我们再试一次。这一次我们猜得高一点，比如说A分得8美元，然后B分得12美元，C分得20美元，D分得40美元，总共80美元。那还是错的，还剩下20美元。

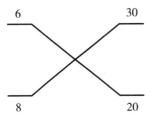

现在神奇的事发生了。在上面的陈述中列出两个猜测和两个错误。交叉乘：6×20为120，8×30为240。取差额，$240-120=120$，除以误差的差10。A的正确所得是$120/10=12$美元。

---

① 从［29］第34—35页摘录。

《校长的好帮手》解释说，这是当这两个错误是相同类型时的过程（在我们的例子中，这两个错误都被低估了）。如果它们是不同类型的，我们将使用这些数的和除以误差的和（这只是避免负数的一种方法）。

现代读者通常会觉得这种方法令人费解：为什么它会起作用？分析它的最好方法可能是使用一些图形化的思考。方程式如下：

$$x+(x+4)+(x+12)+2(x+12)=100$$

无论简化方程左边的结果是什么，这个方程式都会是$mx+b=100$这种形式。所以我们可以这样想：有一条直线$y=mX+b$，我们想确定x的值，其中$y=100$。我们需要两点来决定这条直线，这两个猜测值为我们提供了两个点：（6，70）和（8，80）都在这条直线上。我们想找到x，使（x，100）在同一直线上（见右图）。直线的斜率是常数，我们可以用第一点和第三点计算它的"斜率"。我们也可以用第二点和第三点来计算，答案必须是相同的。因此，我们得到：

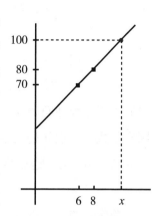

$$\frac{100-70}{x-6}=\frac{100-80}{x-8} \text{ 或 } \frac{30}{x-6}=\frac{20}{x-8}$$

请注意，分子正是我们之前的两个误差。现在交叉相乘得到：

$$30(x-8)=20(x-6)$$

它很快简化为：

$$(30-20)x=(30\times8)-(20\times6)$$

也就是：

$$x=\frac{(30\times8)-(20\times6)}{30-20}=\frac{120}{10}=12$$

这与双设法的计算结果完全相同。

当然，我们把方程式理解为直线的方法是很新的（它只能追溯到17世纪，参见数学概念小史16），双设法是非常古老的。但是线的实际斜率不需要计算。我们所需要知道的是两个三角形是相似的，这样我们就有了一个比例，这个比例涉及两边的长度。这正是寇斯塔·伊本·鲁伽（Qusta ibn Luqa）解释这个规则的方式。最重要的是他发现，输出的变化与输入的变化成正比，而这正是"线性"的本质所在。

"线性"和"非线性"问题之间的区别今天仍然很有用。我们不仅把它应用于方程，而且把它应用到许多其他的问题上。在线性问题中，有一个简单的关系——一个恒定的比率——在输入值的变化和输出值的变化量之间，正如我们在上面看到的例子一样。在非线性问题中，不存在这样简单的关系，有时输入值的非常小的变化可能会使输出值产生巨大的变化。我们对于非线性问题还没有一个完整的认识。事实上，我们经常用线性问题来寻找非线性问题的近似解。我们解决这些线性问题的方法都是基于同样的基础洞察力，这也是本文方法的基础。

深度阅读

因为求解线性方程组相对比较容易，很少有正规的历史书有专门讨论这个问题的章节。在参考文献［29］这本书的第31至35页中有一个简短的讨论。有关双设法的更多信息，请参见参考文献［208］和［207］。

问　题

（1）使用试位法来解决在数学概念小史开头所提到的《莱因德纸草书》中的问题：

一个量与它的一半和它的三分之一加在一起变成10。这个量是多少？

（2）用文字（不使用现代代数符号）写一个可以用试位法解决的问题，然后用这种方法解它。最后用代数形式解这个问题来检查你的答案。

（3）使用双设法解决以下问题，这是基于在比萨的列奥纳多《算盘全书》第12章中的一个问题。

一个人去卢卡做生意，他的钱翻了一番，他在那里花了12个货币。然后他离开此地到了佛罗伦萨，在那里他的钱又翻了一番，也花了12个货币。最后他回到比萨，他的钱又翻了一番，花了12个货币。在三次旅行结束后，除掉费用之后，他有9个货币。人们想知道他一开始有多少钱。（［82］，第372—373页）

（4）列奥纳多给出了上述问题的几种形式。第一种形式中的旅行者最后一点钱也没剩下。这是他的解决办法，你能解释一下吗？

因为题中所说的这个人，总是会把自己的钱翻一番，所以，第二次所得的钱总是第一次的两倍。也就是第一次所得是第二次的一半，即 $\frac{1}{2}$。因为他经历三次旅行，所以写了三次 $\frac{1}{2}$。将 $\frac{1}{2}$ 的分母2相乘3次，结果为8，8的 $\frac{1}{2}$ 是4，4的 $\frac{1}{2}$ 是2，2的 $\frac{1}{2}$ 是1。然后将4加2加1，和为7；7乘以（所花的）12（货币），积为84；84除以8，商是 $10\frac{1}{2}$，这就是这个人一开始拥有的钱数。

（5）在对上述试位法的解释中，有两种情况：要么两个误差是同类型，要么不是。然而课本说：“这正是避免负数的一种方法。” 请解释。

（6）用文字（不使用现代代数符号）写一个问题，这个问题可以用双设法来求解，但不能用简单的试位法求解。然后先用双设法求解，再用代数的方法解这个问题以检验你的答案。

（7）有一天强尼上数学课迟到了。当他走进来时，他的老师看着他说：“强尼，你知道现在是几点吗？”强尼回答说，“当然。如果你把从午夜到现在的时间四分之一加到现在到午夜时间的二分之一，你就能得到现在的时间了。”本章所讨论的方法中哪一种可以用来解决这个问题？现在几点了？

专 题

（1）为用代数方法解决方程式，我们需要使用几个抽象的概念：未知的符号、零、负数、方程两边的补偿运算的概念。写一篇短文，解释试位法是如何避开利用这些概念的。这是否使学习和记忆如何解决线性方程组问题变得更容易或更困难?

（2）雷科德的《励智石》是一位大师和他的学生之间的对话。在大师解释了设立和求解方程式的基本思想之后，学生说：

似乎这个规则即是试位法规则，所以可以这么说，它取一个错误的数字，以此来求解。[①]

然而，大师回答说，这种方法"不取错误的数，而在这个位置上取一个正确的数，正如它待会被算出的那样"，并补充说，它"在第一个词就教导你取一个正确的数，在你确切地知道所取的数是多少之前"。大师所作的区分有什么意义? 关于代数方法解决问题，它是怎么说的? 写个小论文回答这些问题的短文。

（3）在19世纪上半叶，从1799开始，《校长的好帮手》是美国使用最广泛的算术书。它由许多不同的公司出版了40多年。研究这本书，并写一篇关于它的作者（内森·达布尔）的文章，以及那些年在美国发生的事情，这也许可以解释为什么这本书如此受欢迎。

---

① 来自雷科德《励智石》，达卡波出版社1969年出版，为1557年伦敦版的复制版。它出现在"方程式规则"一节的第2页，通常称为"代数的规则"。我们已经更新了标点符号和拼写。（见早期英文版丛书网络版第118页）

10. 平方与物：一元二次方程式

　　"代数"这个词来源于大约公元825年用阿拉伯语写的一本书的书名。作者阿尔–花剌子模很可能出生于今天的乌兹别克斯坦，但他居住在巴格达，那里当时是世界上最活跃的文化中心。阿尔–花剌子模是个全才。他从实用传统和印度学术出发，撰写了地理、天文学和数学方面的书籍，但他的代数著作是他最有名的书之一。

　　阿尔–花剌子模的书从讨论二次方程开始。事实上，他思考了以下这个特定的问题：

　　　　一个平方和十个这个平方的根等于三十九个迪拉姆。这就是说，当它加上十个它自己的根后总和是三十九，它是多少？

　　如果未知数称为x，则"平方"或可以表示为x^2。那么，"平方的根"是x，所以"平方的十个根"是$10x$。使用这个表示法，问题转化为求解方程式：

$$x^2+10x=39。$$

　　但当时代数符号还没有被发明出来，所以，阿尔–花剌子模只能用文字描述出来。如同世界各地代数教师的悠久传统一样，他用一种类似处方的方法解决了这个问题，并用文字说明了这一问题。

　　解决方案是：将根的数量减半，在这个实例中得5。用5乘自己，乘积是25。把这个加39，和是64。取64的根，是8，从中减去根的数量的一半，也就是5，剩下3。这就是你所求的根，本身平方是9。[①]

下面是我们今天的符号计算：

$$x=\sqrt{5^2+39}-5=\sqrt{25+39}-5=\sqrt{64}-5=8-5=3$$

不难看出，这基本上就是我们现在所知道的二次方程公式。要求解$x^2+bx=c$，阿尔-花剌子模使用以下规则：

$$x=\sqrt{\left(\frac{b}{2}\right)^2+c}-\frac{b}{2}$$

这个公式和现代公式最大的区别是，我们同时考虑了正和负的平方根。但是取负平方根会给出一个负值x。当时的数学家还不能接受负数，他们只关心正根。我们还将"$-b$"放在开头。但这又意味着一个负数，所以他更喜欢把它放在结尾，作为减法（参见数学概念小史5）。最后，他表示方程时，c在等号右边，而我们将它写成：

$$x=-\frac{b}{2}\pm\sqrt{\left(\frac{b}{2}\right)^2+c}=\frac{-b\pm\sqrt{b^2+4c}}{2}$$

如果我们把"$-b$"放在前面，方根加上$\pm$，记住要考虑c的符号，做一些代数运算，他的公式就变成我们一样的了。

（在这个公式中缺少系数a，因为阿尔-花剌子模只考虑了一个平方，即$a=1$。）

但是他没有止步于此。他觉得他应该解释为什么他的方法奏效。他没有像我们今天这样，用代数的方式来做这件事，而是用几何论证来做这件事。方法是这样的：

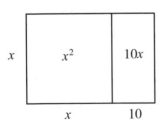

首先，我们有"一个平方和十个平方的根"。用图来说明，请画一个我们还不知道边长是多少的正方形。如果我们称边长为x，则正方形的面积是x^2。为了得到$10x$，我们画一个长方形，一边长为x，一边长为10，如左图。

① 由弗雷德里克·罗森翻译，见［2］第8页。

为了解这个方程，也就是确定x，我们先把根（即x）的数目切成两半。从几何上来说，这意味着我们把长方形分成两半，各部分面积为$5x$，如右图。

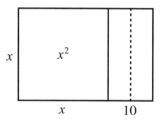

现在，我们将其中一个半矩形移动到正方形底部，如下图（左）所示。总面积仍然是39。但是请注意，在右下角缺失的小正方形处补齐形成一个大正方形。由于两个长方形的边长为5，所以小正方形的面积必须为25，如下图（右）所示。

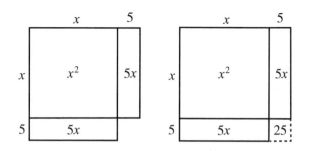

当我们通过加一个小方块来完成这个正方形时，大正方形的面积为$39+25=64$。但这意味着它的边是64的平方根，等于8。由于大正方形的边长是$x+5$，我们可以得出$x+5=8$的结论。所以我们减去5，得到$x=3$。

在阿尔–花剌子模的规则中，每一步都对应到几何论证中的一个步骤。几何论证向我们展示了到底是怎么回事，以及它的运算原理。如前所述，这个版本的二次方程式假定首项系数为1。现今，我们把一般的二次方程式写成$ax^2+bx+c=0$，允许不同的首项系数。阿尔–花剌子模会通过除以a并应用他的规则来处理这个问题。

在阿尔–花剌子模的时代之后，许多其他数学家也在研究二次方程式。他们的方法和几何证明变得越来越复杂。但基本理念从未改变。事实上，即使是这个例子也是一样的。从9世纪到16世纪，关于代数的书几乎总是通过考虑"平方和十个平方的根等于39"来开始讨论二次方程。

早在17世纪，数学家们就提出了用字母来表示数字的想法（参见数学概念小史8）。笛卡尔建议的惯例我们仍然使用：字母表末尾字母表示未知数，字母表开头字母表示已知数。而且，到那时，对负数的抵制开始逐渐消失（参见数学概念小史5）。

托马斯·哈里奥特和笛卡尔注意到，把所有的方程式写成某物=0要容易得多，只要我们允许一些系数为负，我们就可以做到这一点。这个主要的优点是，$ax^2+bx=c$、$ax^2+c=bx$和$ax^2=bx+c$就可以被看作是一般方程$ax^2+bx+c=0$的特例。

这将阿尔–花剌子模的三种不同案例减少到只有一种。此外，虽然人们仍然对负数答案持怀疑态度，但至少可以考虑到它们了。这意味着解有两个平方根，所以一般的解可以写成

$$x = \frac{-b \pm \sqrt{b^2 - 4ac}}{2a}$$

这就是我们今天还在做的。

深度阅读

在参考文献［131］和［100］中都有关于代数历史的大量信息。阿尔–花剌子模的文本可以在许多原始书中找到，其中包括［79］。对于完整的文本，请参见［2］，它可以很容易地在线找到。关于代数的历史，请参见［210］中关于文艺复兴时期的故事和［133］中的整个画面。

问　题

（1）阿尔–花剌子模将二次方程分为六种类型。其中三个只涉及两个项（如一个平方等于某物），另三个包含两个以上项（如一个平方和某物等于一个数）。请解释他为什么要这样分类，并列出所有六种类型的方程式（以现代形式）。

（2）本节数学概念小史中描述的几何论证只适用于"一个平方加某物等于某数"，也就是说，只选用于$x^2+bx=c$（b和c为正）形式的方程。寻找一个类似的几何论证来解"一个平方等于某物加某数"，也就是解形式为$x^2=bx+c$的方程式。

对于"一个平方加某数等于某物"，你也能这样做吗？

（小心，这显然要复杂得多）

（3）二次方程在古代数学中普遍存在。下面是丢番图的一个例子：

找出两个数字，使得它们的和与它们的平方和都是给定的数。

丢番图取和为20，平方之和为208。他也指出，要解此方程，必须"两倍的平方之和比和的平方多一个平方"。请用现代符号表示及解答本题，并解释为什么丢番图要加上那个条件。

（4）艾布·卡米勒（Abu Kamil，约公元850—930年）是离阿尔-花剌子模的时代不太久的人，（可能）居住在埃及，在他的代数书中，他宣称他可以解不属于六种标准类型之一的方程式［参见问题（1）］。下面是关于这样的问题的一个例子：①

一种说法是，10被分成两部分，每一部分被另一部分所除，每个商数与自己相乘，用较大的部分减去较小的部分，则剩下2。

请用现代符号表示艾布·卡米勒的题并求解。它真的不属于六种标准类型之一吗？

（5）阿尔-花剌子模生活在9世纪初的中东。他那个时代的欧洲发生了些什么？

专　题

（1）高中课本经常让学生解这样的二次方程：

·使等式的一侧为零。

·通过找到适合的系数（整数），（精心选择后）将二次式分解为两个一次式。

·将每个一次式设为零，求得两个根。

二次方程公式之后出现，配方法（通常没有图解）成为导出公式的一种方法。

---

① 选自［151］中第156页。

请解释配方法在历史上是如何落后的。特别是，请找出对因式分解所必需的重要的关键数学概念。这些概念在阿尔–花剌子模求解二次方程后很久才出现，请说出它们何时出现（参见数学概念小史3和8）。然后讨论一下你是否认为忠实于历史的方法在高中是可取的。用有说服力的论据支持你的观点。

（2）许多古巴比伦泥板包含有可以简化为二次方程的问题。这里有两个例子（摘自［79］第31页）附有解答。请用现代符号解释这些问题并解答（首先用代数方法解题，然后再尝试遵循巴比伦的方法解题，这可能会有所帮助）。要阅读这些题目时，请记住巴比伦人使用的是六十进制记数法。我们用逗号分隔不同的"位数"，用分号将整数部分与小数部分分开。例如，"1，0；30"的意思是$60\frac{1}{2}$（请参阅数学概念小史1和4，以了解更多关于六十进制记数法的内容）。

① 我将正方形的面积和边长加起来得0；45。写下系数1，把1对半分开，得0；30，再乘0；30得0；15。把0；15加到0；45上得1。这是1的平方。从1中减去你乘的0；30。0；30是正方形的边长。

② 将两个正方形的面积加在一起得21，40。将两个正方形的边长相乘得10，0。取21，40的一半。将10，50和10，50相乘，得1，57，21，40。将10，0和10，0相乘。从1，57，21，40中减去1，40，0，0，得17，21，40。其边长是4，10。将4，10加到第一个10，50上，得：15，0。其为边长是30的正方形的面积。30就是第一个正方形的边长。从第二个10，50上减去4，10，得6，40。其为边长是20的正方形的面积。20就是第二个正方形的边长。

11. 文艺复兴时期意大利的传奇：解三次方程式

数学问题很少一开始就以抽象的形式出现。求解三次方程式（三次方程）的问题源于希腊数学家首先考虑的几何问题。最初的问题出现可能要追溯到公元前400年，但完整的解决方案在2000年之后才出现。

故事以一个著名的几何问题开始：给定一个角度，有没有办法构造一个此角三分之一大的角度？为了使这个问题有意义，我们首先需要理解（或决定）"构造"是什么意思。如果这意味着只使用直尺和圆规来作图，答案就是不能做到。如果允许使用其他工具，就有可能做到。古希腊有几种构造方法，它们中许多涉及圆锥曲线，如抛物线和双曲线。

一旦三角函数发展起来，很明显，这个问题归结为求解三次方程式，如下所示。要求解给定角θ的三分之一，我们可以先把θ看作是我们所要求角度的三倍。我们把所求角称之为α，即α=θ/3。现在我们应用3α的余弦公式：

$$\cos(3\alpha) = 4\cos^3(\alpha) - 3\cos(\alpha)$$

由于角度θ是已知的，我们也就知道cosθ——称之为a。要构建θ/3，我们需要构建其余弦。如果我们让x=cos（θ/3），则结合上述公式α=θ/3，我们得到$a=4x^3-3x$，或$4x^3-3x-a=0$。要求x就必须解这个方程式。

当阿拉伯数学家开始研究代数运算时，不可避免有人会尝试将新的技巧应用于三次方程式。最著名的数学家有阿尔-海亚米，西方人多称他为欧玛尔·海亚姆。阿尔–海亚米于1048年出生于伊朗，1131年去世，是当时著名的数学家、科学家和哲学家。他似乎也是一位诗人，这也是他今天最出名的地方。[①]

由于阿拉伯数学家不使用负数，也不允许零作为系数，所以阿尔–海亚米必须考虑许多不同的情况。对他来说，$x^3+ax=b$ 和 $x^3=ax+b$ 是不同类型的方程式。阿拉伯代数完全用文字表达，因此他将它们分别描述为"立方和根等于数"和"立方等于根和数"。这样考虑，就有了14种不同的三次方程式。对于每一类方程式，阿尔–海亚米都找到了几何解：以几何作图方式找出满足方程式的线段。这些几何作图大多涉及相交的圆锥曲线，许多都有额外条件来保证正解的存在。

阿尔–海亚米的研究成果令人印象深刻，但他自己也承认，当需要一个确切的解方程的数时，这个问题要留给后人去解决。

代数在13世纪传播到了意大利。比萨的列奥纳多在他所著的《算盘全书》中，用阿拉伯数字讨论了代数和算术问题。在接下来的几个世纪里，算术传统和代数教学在意大利活跃发展起来。随着意大利商人商业活动的不断发展，他们越来越需要计算。意大利的"计算师傅"试图通过撰写关于算术和代数的书来满足这一需要。其中有几个讨论三次方程式的例子。在某些情况下，选择这些例子是为了便于求解方程，或者是根据解答建立题目。在其他情况下，另一些作者提出了错误的解法。没有人能完全解一般性的问题。

这个问题一直没有什么实质性的进展，直到16世纪上半叶，西皮奥·德尔·费罗和被称为塔塔利亚（Tartaglia，口吃的人）的尼科洛·丰塔纳的研究才取得了实质性的突破。两人都发现了如何解某些三次方程式，但两者都就他们的解答对外保密。当时，意大利学者大多得到有钱人的支持，而学者们不得不通过公开比赛击败其他学者来证明他们的才华。知道

---

① 他最著名的诗作是《鲁拜集》，意思是"四行诗"。1859年，英国作家爱德华·菲茨杰拉德（Edward FitzGerald，1809—1883年）把它翻译成英文。

如何解三次方程式，可以让他们用别人无法解决的问题挑战他人。因此，这个竞赛制度鼓励人们保守秘密。

1535年，塔塔利亚吹嘘他可以解三次方程，但他不告诉任何人他是如何做到的。西皮奥·德尔·费罗此时已经去世了，他把自己的秘密解法传给了他的学生安东尼奥·玛丽亚·菲奥雷。当菲奥雷听闻塔塔利亚的说法时，他向塔塔利亚提出了挑战。事实证明，费罗知道如何解决题型为$x^3+cx=d$的方程式，而塔塔利亚已经发现了如何求解$x^3+bx^2=d$。比赛时，塔塔利亚向菲奥雷给出了一系列关于数学不同领域的问题，但菲奥雷给出的每一个问题都归结为他可以解的三次方程式。出于这一点，塔塔利亚也设法找到了这种方程式的解法，并轻而易举地赢得了比赛。菲奥雷的知识并没有超出解三次方程的范围。

塔塔利亚获胜的消息最终传到了16世纪意大利最有趣的人物之一卡尔达诺耳中。卡尔达诺是一名医生、哲学家、占星家和数学家。在这些领域中，他在整个欧洲都是知名的，并受到人们的尊敬。例如，1552年，他被邀请到苏格兰帮助治疗圣安德鲁斯主教，主教患有严重的哮喘病。他去了并成功地治愈了主教的病，这使他更加声名远播。

卡尔达诺对三次方程的探究发生在他的生涯早期。在听说塔塔利亚的解题方法后，卡尔达诺在1539年联系了他，试图说服他分享这个秘密。卡尔达诺的多次恳求和保密承诺最终说服了塔塔利亚，他来到米兰向卡尔达诺传授他的解法。[①]一旦掌握了两种三次方程的解法，卡尔达诺开始攻克一般方程式的解法，经过6年的紧张不懈工作，终于找到所有三次方程的完整解法。他的助手罗多维科·法拉利（Lodovico Ferrari）将相同的观点应用于一般四次方程，并设法找到了解法。

---

① 根据塔塔利亚的说法，卡尔达诺说："我向你发誓，对着上帝的神圣福音书，以及作为一个真正有荣誉感的人，如果你教我它们，我向你保证，我不仅不会公布你的发现，而且我是一个真正的基督徒，要用密码记下它们；这样，我死后，没有人能理解它们。"见［79］，第255页。

这时，卡尔达诺知道他对数学做出了真正的贡献。但是，他怎么才能不违背诺言把它出版呢？他找到了办法。他发现，德尔·费罗在塔塔利亚之前就已经找到了关键案例的解法。因为他没有答应对费罗承诺保守他的秘密，他觉得他可以发表，即使这种解法与他从塔塔利亚学到的一样。最终他出版了被称为《大技术》一书，大技术（The Great Art）意思就是代数。它包含了关于如何求解任意三次方程的完整描述，并给出了为什么这些解法是正确的的几何解释。这本书还包括费拉里对四次方程的解法。这本书是用拉丁文写的，广泛影响了欧洲各地的学者。当然，它也传到了塔塔利亚手中。

塔塔利亚怒火中烧，但他能做什么呢？秘密已经泄露了。他将卡尔达诺的背叛公之于世，但卡尔达诺无意纠缠此事。相反，费拉里联系了塔塔利亚并发起了挑战。塔塔利亚认为费拉里是个无名小卒，所以他一开始无意应战，除非卡尔达诺也能上场。但是在1548年，塔塔利亚被安排了一个教授职位，条件是他要在比赛中击败费拉里。他同意了，觉得能轻易获胜。然而，费拉里知道如何求解一般的三次和四次方程，塔塔利亚没有学会《大技术》中的这部分内容。塔塔利亚输掉了比赛，他带着对卡尔达诺的愤恨终其一生。

然而，这还不是故事的结局。应用塔塔利亚的方法解题型$x^3=px+q$的方程，有时会得到似乎没有任何意义的表达式。例如，$x^3=15x+4$，塔塔利亚方法解下题：

$$x = \sqrt[3]{2+\sqrt{-121}} + \sqrt[3]{2-\sqrt{-121}}$$

通常情况下，从负数根的出现可以得出方程无解的结论。但在这种情况下，方程确实有一个解，即$x=4$。

卡尔达诺在写《大技术》之前注意到了这一问题，他问塔塔利亚这件事。塔塔利亚似乎没有回答；他只是认为，卡尔达诺根本没有理解如何解决这类问题。解决这一问题的责任落在了拉斐罗·邦贝利身上。邦贝利首先讨论了上面给出的方程式。然后，他以几何方式证明，无论p和q的（正）值如何，$x^3=px+q$总是有一个正解。

另一方面，他证明了由于p和q的多值，解这个方程导致负数平方根的出现。邦贝利在这件事上表现出他才华横溢（就当时而言）。他证明了用负数的平方根进行运算是可能的，而且仍然可以得到合理的答案。（你可以在数学概念小史17中找到更多关于这个问题的细节）

随着求解三次和四次方程被解决之后，自然地，下一个目标是五次方程。事后证明，这要困难得多。事实上，找到解一般五次方程的公式是不可能的。证明这一点需要彻底改变观点，最终导致抽象代数的发展。

深度阅读

［131］第9章中有关于三次方程解的一个很好的说明。阿尔–海亚米的代数已被翻译成英文，参见［137］。卡尔达诺的《大技术》和他的自传也有英文版，参见［37］和［38］。这两本书让我们一窥文艺复兴时期最杰出人物的思维方式。

问　题

（1）当数学家们一开始研究三次方程时，他们还没有用负数或零作为系数。这意味着他们必须考虑许多不同的方式来组合数字、物、平方和立方。请找出有几种类型这样的例子？他们的方程式都是什么？

（2）最早解三次方程公式只适用于没有平方项的三次方程。在现代符号中，这些看起来像这样：

$$x^3+px+q=0$$

［这些方程式有时会被称为"缺项三次方程式（depressed cubics）"，尽管我们不知道他们对什么而感到沮丧（depressed）。］给定一个完整的三次方程式$y^3+ay^2+by+c=0$，并令$y=x-\dfrac{a}{3}$，式中平方项将消失。

是否这就意味着，如果我们有一个解缺项三次方程的公式，那么我们实际上就可以解每一个三次方程？

（3）在现代表示法中，卡尔达诺解$x^3+px+q=0$的公式是

$$x = \sqrt[3]{-\frac{q}{2} + \sqrt{\frac{q^2}{4} + \frac{p^3}{27}}} + \sqrt[3]{-\frac{q}{2} - \sqrt{\frac{q^2}{4} + \frac{p^3}{27}}}$$

这个公式有时很有用，有时则不一定有用。试解下面三个方程式：

① $x^3 + 9x - 26 = 0$

② $x^3 + 3x - 4 = 0$

③ $x^3 - 7x + 6 = 0$

（4）这节数学概念小史说到，邦贝利证明无论p和q的（正）值为何，$x^3 = px + q$总是有一个正解。

① 请画图解释为什么这个说法是合理的（你可能会发现计算器或计算机绘图程序有助于说明你的解释）。

② 扩展你（a）部分的解答，以找到p和q（正）值的条件，这些条件保证$x^3 = px + q$只有一个实数解（当然，用一点点邦贝利当时没有用的微积分，会很有帮助的）。

③ 你刚刚找到的条件与卡尔达诺公式有什么关系？

（5）皮耶罗·德拉·弗朗西斯卡（Piero della Francesca）主要以他的绘画闻名于世，但他也写过数学著作。在其中的一本《论计算》（*Trattato d'Abaco*）中，我们发现了以下内容：

> 当某物、平方、立方和平方的平方相加等于某数时，人们
> 应该将某物的数量除以立方的数量，将结果平方，加到某数上。
> 然后某物就等于和的平方根的平方根，减去某物除以立方结果
> 的根。

这似乎给出了四次方程的解。请把它转换成现代代数符号，然后在下列方程式上进行测试：

$x^4 + 12x^3 + 54x^2 + 108x = 175$

又

$x^4 + 2x^3 + 3x^2 + 2x = 8$

皮耶罗的方法管用吗？

（6）卡尔达诺生活在1501年至1576年。以下是意大利文艺复兴时期著名人物的名单。把他们分成三组：哪些是卡尔达诺时代之前的人，哪些

大约是与他同时代的人，以及哪些是他之后时代的人。是什么让这些人出名？

列奥纳多·达·芬奇　　　　莱奥纳多·德·美第奇

伽利略·伽利雷　　　　　　米开朗基罗·博那罗蒂

乔万尼·薄伽丘　　　　　　卡拉瓦乔

拉斐尔·桑西（拉斐尔）　　埃万杰利斯塔·托里拆利

但丁·阿利基耶里　　　　　多纳泰罗

托尔夸托·塔索　　　　　　安德烈亚斯·维萨留斯

专　题

（1）如何找到三次方程解的公式？做一些研究并写一篇短文，解释它是如何完成的。要给出这个论证的几何版本有多难？

（2）解三次方程很困难的原因是我们坚持要得到一个精确的答案。如果我们满足于近似值呢？对求方程近似解的方法进行研究，至少写出一个这样的方法，并讨论它与卡尔达诺公式相比的优缺点。

12. 令人愉快的事：勾股定理

问问你身边受过教育的人（AEP，Average Educated Person），勾股定理说了什么，你可能得到的答案是：

$$a^2+b^2=c^2$$

如果你再问对这些字母 a、b 和 c 的含义是否有所了解，你常常会得到一片茫然的目光。如果幸运的话，你的 AEP 会记住 a 和 b 应该是直角三角形两条短边的长度，而 c 是最长边的长度，他们可能会记住它的"有趣"的名字——斜边。[我们中的一位作者和他的儿子常常称斜边为"河马"（hippopotamus），这句话暗示了一个不能在这里提及的坏双关语]。斜边甚至在1879年吉尔伯特和沙利文的轻歌剧小说《班战斯的海盗》（*The Pirates of Penzance*）中客串表演。[1]

当我们翻开历史来寻找勾股定理的起源时，我们发现它们很难追溯。希腊传统把这个定理与生活在公元前5世纪的毕达哥拉斯联系起来。问题

---

[1] 在第一幕后期，少将演唱：

I'm very well acquainted, too, with matters mathematical（我对数学也很熟悉）；

I understand equations, both the simple and quadratical（我理解方程，简单的和带平方的）；

About Binomial Theorem I am teeming with a lot o'news, — With many cheerful facts about the square of the hypotenuse!（关于二项式定理，我有很多新闻，有许多关于斜边平方的令人愉快的事实！）

是，我们从毕达哥拉斯时代以后的几个世纪的作家那里得知此事。那时毕达哥拉斯是个传奇人物。几乎没有证据表明他本人对数学感兴趣。然而，众所周知，他是一个社会组织的创始人，一个学习和沉思的团体，叫作毕达哥拉斯兄弟会或毕达哥拉斯学派。后来毕达哥拉斯学派成员确实涉足数学研究，但我们对于他们取得多少成就以及以何种方式研究知之甚少。

然而，如果我们四处寻找古人知道这个定理的证据，我们就会在古代世界中以某种形式找到它——在美索不达米亚、埃及、印度、中国和希腊。一些最古老的参考文献来自印度，其中之一的《绳法经》（*Sulbasutras*），可追溯到公元前一千年的某个时期。在这里我们读到，一个长方形的对角线"产生的量是由两边单独产生的"这样的描述。在所有古代文化中都有类似的说法。

我们在所有古代文化中也发现了许多组以整数组成的三元数，它们可以作为直角三角形的边。当然，最著名的是（3，4，5）。如果$a=3$，$b=4$，$c=5$，那么

$$a^2+b^2=9+16=25=c^2$$

这意味着长度为3、4和5个单位的三角形将自动成为直角三角形。这样的三元数是不容易找到的，尤其是当它们涉及的数字较大时，但是在大多数古老的文明中都有记载。大多数历史学家认为，这些都是为了使数学教师有"正确"的例子而创造出来的。

下面是一个最简单的例子：

直角三角形的一边长119米，斜边长169米。三角形的另一边有多长？

因$169^2-119^2=14400=120^2$，我们可以找到答案，而不必处理复杂的非整数平方根。这组三元数（119，120，169）来自古巴比伦的泥板。

因此，有证据表明勾股定理在毕达哥拉斯时代之前几乎被所有的数学文化所了解，而且这些文化也知道如何找到"适合"这个定理的整数三元

数。有人提出了对这个事实的两种相互对立的解释。一个解释假设一个共同的发现，而这个发现必然发生在史前时代。另一种解释认为，这个定理是如此"自然"，以至于被许多不同的文明独立发现。第二种解释得到了保卢斯·格德斯（Paulus Gerdes）等数学文化史学家的支持，他曾指出（例如参见文献［87］），通过仔细考虑非洲工匠使用的图案和装饰，可以发现以相当自然的方式发现这个定理。

当然，发现（或假设）这个定理是真实的，与寻找它的证明是大不相同的。在这方面，历史情况也不清楚。也许最早的证明用的是"正方形的正方形"图片，如图1显示，这是基于早期的中国文献来源。这个想法是在一个正方形的边上环绕四个相同的直角三角形。为了便于解释发生了什么，我们标记了两个短边a和b和斜边c。由于所有四个三角形都是相同的，所以内四边形是边c的正方形。

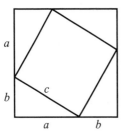

图 1　正方形中的正方形

这个图是如何证明这个定理的？好的，大正方形的边是a+b，所以它的面积等于

$$(a+b)^2=a^2+b^2+2ab$$

另一方面，它很明显地分解成一个面积为c^2的正方形和四个全等三角形，每个三角形的面积为$\frac{1}{2}ab$。这样的分解表明，大正方形的面积等于c^2+2ab。设置这些相等的，并消除$2ab$，我们可以得到：$a^2+b^2=c^2$。

我们也可以避免使用代数，使论证完全几何化。重新排列四个三角形，如图2。我们得到相同的边a+b的正方形，但现在四个三角形已经被移动了，合并成两个长方形。剩下的区域显然是两个正方形，一个边是a，另一个边是b。所以，在图1的正方形上，我们有c^2加上四个三角形，而图2的正方形的面积是a^2+b^2加上四个三角形。因此，$a^2+b^2=c^2$。通过这种方式，图1和图2一起构成勾股定理的"无言的证明"。

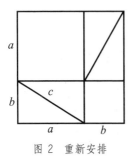

图 2　重新安排

这里还有另一个"无言的证明"，归因于9世纪巴格达伊斯兰数学家塔比·伊本·库拉，巴格达就在现

在的伊拉克：

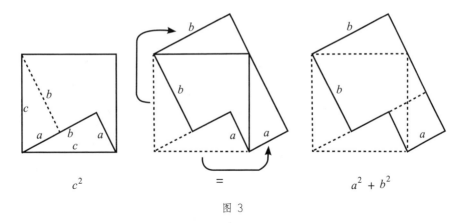

图 3

正如你所预料的，还有很多其他的方法来证明勾股定理。事实上，有一整本书专门讨论它的不同证明，许多是业余数学家发现的。甚至有一位美国总统詹姆斯·艾伯拉姆·加菲尔德（James Abram Garfield，1831年—1881年）被认为找到一种证明方法（他曾说自己在学习数学时头脑"异常清晰而充满活力"）。

所有证明中最有名的是欧几里得《几何原本》书中提出的证明（参见数学概念小史14）。欧几里得《几何原本》第一卷从定义和基本假设开始，然后是关于三角形、角、平行线和平行四边形的命题（定理）。第四十七个命题是：

> 在直角三角形中，与直角相对的一侧的正方形等于包含直角的一侧的正方形之和。

这是一个关于面积的陈述，而不是关于长度的陈述。这是可以预料的，在早期的希腊数学中，量通常不用数字来描述（更多信息，请参阅第25页）。

图4显示了原命题所附的图。该三角形被绘制成使得斜边（"与直角相对的一侧"）是水平的，并且在每一侧绘制正方形。目的是证明下面的大正方形等于上面两个正方形的和。

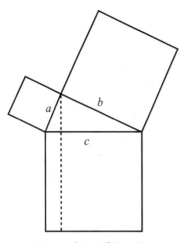

图 4　欧几里得的证明

欧几里得的证明很有趣。他从直角三角形的上顶点垂下一条垂直线，将底部的正方形分成两部分。然后，使用关于三角形和平行四边形的基本性质，他证明每个底部正方形的两部分面积分别等于相应的小正方形面积。换句话说，他实际上展示了如何将大正方形分成两部分，其面积与两个较小正方形的面积相等。

在下一个命题中，欧几里得继续证明这个逆命题："如果在一个三角形中，其中一条边的平方等于三角形其余两边的平方和，则三角形中由这其余两边所构成的角是直角。"这也很重要，例如，它解释了为什么可以使用（3，4，5）三角形来确保一个角是直角。

图 5　三个相似图形

后来在他的《几何原本》中，欧几里得进一步推理了这个定理：他表明定理中"正方形"没有什么特别之处。如果绘制一个几何图形，其底边等于直角三角形其中一边，然后绘制类似的图形，其底边等于直角三角形的其他两边（请参见图5），则斜边上的图形（面积）仍等于另外两边上图形（面积）之和。这是因为相似图形的面积的比率等于两边的平方之比。因此，如果我们画出边长为 a、b、c 的相似图形，它们的面积将为 ka^2、kb^2 和 kc^2，其中 k 是一个常数。[①]因此，

$$kc^2=k（a^2+b^2）=ka^2+kb^2$$

此外，如果我们可以证明这个等式适用于任意 k，我们就可以消去 k，并

————————

① 与第二个图形相似的第一个图形可以展开或缩小，以通过某些（线性）缩放因子与第二个图形相匹配。设 k 是长度为1那部分的面积。要得到长度为 a 的图解，即线性比例因数是 a，就要找到它的面积，我们需要 a^2 乘以 k，和其他两部分相似。

且获得又一证法证明勾股定理。在几何学上，这意味着如果我们可以证明这个定理适用于任何特定图形，那么一般的定理就会得证。这就引出了这个定理最简洁的证明，这似乎只是近代才被发现的。

从直角三角形开始，从直角引垂线到对边，将交点称为H。很容易看出三角形ABC、ACH和CBH是相似的（每个较小的三角形都和大三角形有一个共同的角，且这三个三角形都有一个直角）。但这意味着我们已经构造了三个相似的图形：在

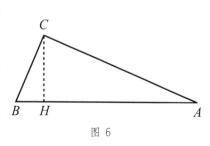

图 6

AB边上的三角形ABC，在AC边上的三角形ACH，在BC边上的三角形CBH。很明显，这两个小三角形加起来就是大三角形。这足以证明这个定理。①

勾股定理至今仍然非常重要。它是初等几何同时在理论和实践中最有用的定理之一。例如，它可以用来建造花坛或者车库地基，确保四个角成直角：在拐角处的一边划出3分米，沿另一边划4分米，然后调整方向，直到这两个标记点之间的斜线正好为

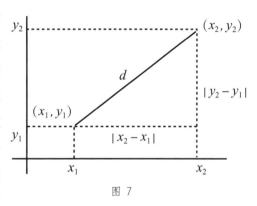

图 7

5分米。一个著名的坐标几何公式也直接遵循这个定理：坐标（x_1，y_1）和（x_2，y_2）的两点之间的距离是

$$d = \sqrt{(x_2 - x_1)^2 + (y_2 - y_1)^2}$$

事实上，从现代的观点来看，这个距离公式就是古典坐标几何"欧几里得几何学的"原因。如果以其他方式测量距离，则产生的几何形状将不

① 那么，为什么欧几里得不使用这个证据或者类似的东西呢？可能是因为相似直到第六册才发生，而勾股定理在第一册中。

属于欧几里得几何学。例如，如果这些坐标是球体表面上的纬度和经度，则该公式给不出它们的距离。这是因为球体的表面不是平面，它的几何不遵循欧几里得几何学的原理。（参见数学概念小史19）

勾股定理之所以著名，是因为它很有用，也因为它告诉我们正在研究的几何是欧几里得几何学。但最重要的是因为它很美。它所揭示的直角三角形两边的关系是意想不到的、简单的，并且……好吧，正确。

深度阅读

许多书讨论了勾股定理的历史。参考文献［114］的第4章，标题为"关于斜边平方的许多令人愉快的事实"，是一个很好的简介。关于非西方文明的信息，见参考文献［125］和［87］，仔细讨论欧几里得的证明，见参考文献［66］。关于"美国总统詹姆斯·艾伯拉姆·加菲尔德的证据"的讨论，见参考文献［117］。

问 题

（1）哪一个基本三角恒等式实际上是勾股定理的陈述？证明你的答案是正确的。

（2）欧几里得对勾股定理逆定理的证明取决于已知定理本身是正确的。论证（用现代语言）的开头是这样的：

设ABC是一个三角形，其BC边的平方等于AB和AC边的平方和。这表示：$\angle BAC$是一个直角。（在与B相对的一侧）构造一个垂线CA'，垂直于A点，在图上找到一个点D，使得$AD=AB$。（见右侧的图）

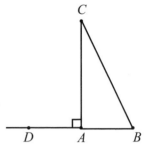

完成证明。

（3）本数学概念小史讲述欧几里得证明了勾股定理的一般化结果，它适用于直角三角形两边的任何三个相似的图形。这是欧几里得《几何原本》第六卷中的命题31。找《几何原本》并阅读这个命题及其证明。证明是否依赖勾股定理？（如果不是，它给出了勾股定理的另一种证明，因为正方形是类似图形的特例。）

（4）从很早起，数学家就有兴趣寻找边长为整数的直角三角形。根据勾股定理，这可以归结为找出三个整数a、b和c使得$a^2+b^2=c^2$的问题。一个解决方案是众所周知的：$a=3$，$b=4$，$c=5$。整数的三元数（a，b，c）使得$a^2+b^2=c^2$，通常被称为毕达哥拉斯三元数。下面的问题是如何更多地找到这样的三元数。

① 验算（6，8，10）也是一组解，它与（3，4，5）有何关联？

② 验算（5，12，13）是一组解。像这样的解，其中的数字之间没有公因数，称为互质。

③ 毕达哥拉斯学派发现，如果你从1开始将连续的奇数相加，和总是平方数。因此：

$$1+3+5+7=16=4^2，和$$

$$1+3+5+7+9+11+13+15+17+19=100=10^2$$

你能解释为什么这是真的吗？你能证明这个吗？（毕达哥拉斯学派可能是通过在方阵中铺设鹅卵石来做到这一点，比较两个这样的正方形。）

④ 如果最后加上的数字本身是一个平方数，这就产生了一组毕达哥拉斯三元数。例如，

$$1+3+5+7+9=（1+3+5+7）+9=25$$

给出（3，4，5）三元数。使用这个想法来生成更多的毕达哥拉斯三元数。你能用这样的方法找到所有这样的三元数吗？

⑤ 假设（a，b，c）是一组互质三元数。证明c必须是奇数。

（5）使用勾股定理推导出三维坐标空间中两点（x_1，y_1，z_1）和（x_2，y_2，z_2）之间距离的公式：

$$d = \sqrt{(x_2-x_1)^2 + (y_2-y_1)^2 + (z_2-z_1)^2}$$

（把这两点看作是一个三维盒子对角线上的两端点，并两次应用勾股定理。）这是否意味着从这里得到启示，想出四维坐标空间的距离公式？

（6）在经典电影《绿野仙踪》（1939，米高梅）中，稻草人试图通过背诵勾股定理来证明自己有头脑。他说对了吗？

（7）在毕达哥拉斯学派（约公元前500年）和欧几里得（约公元前300年）之间大约有两个世纪。这期间是古希腊丰富多彩的时代。将以下事件分为"毕达哥拉斯之前""毕达哥拉斯与欧几里得之间"或"欧几里得之后"。

① 苏格拉底和柏拉图成为希腊著名的哲学家。

② 雅典人在马拉松战役中击败了波斯人。

③ 德拉科为雅典制定了第一个正式的法典。

④ 希波克拉底开始以实证科学的方式研究医学。

⑤ 雅典剧作家欧里庇得斯写了《美狄亚》。

⑥ 普鲁塔克（Plutarch）写了希腊罗马《名人传》（*Parallel lives*）

⑦ 荷马写了史诗《伊利亚特》和《奥德赛》。

⑧ 希罗多德写了波斯战争的历史。

专 题

（1）阅读欧几里得关于勾股定理的证明（见《几何原本》第1卷，第47号命题）。然后"温和"地改写他的论证，使难度适合高中学生。

（2）研究毕达哥拉斯和毕达哥拉斯学派的许多故事。这些故事对毕达哥拉斯总体形象有着怎样的描述？写一篇短文，总结这些故事，并讨论毕达哥拉斯这位（神秘的）人物。

13. 了不起的证明：费马最后定理

皮埃尔·德·费马于1601年出生在法国一个中等富裕的家庭。他在法学院学习过，最终成为法国图卢兹市议会的议员。他的事业不断上升，最后成为该市刑事法院的一名成员。作为一名法官，费马以头脑聪明但时常心不在焉而闻名。他于1665年在附近的一个城镇卡斯特尔去世。

对费马生平的简短介绍并没有给我们任何暗示：为什么至今我们还记得他，并谈论他。当然，我们谈论他的原因是他的人生还有另一面。在其生涯的某个时间，或许是他在波尔多大学读书时，他发现了数学。而这个发现成了他毕生的爱好和追求。

像他那个时代的许多学者一样，费马的数学研究也是从研究希腊数学家的著作开始的。他所做的第一件事是"修复"伟大的几何学家阿波罗尼乌斯写的一本著作。这本书的内容只有部分记录下来了（主要是没有证据的结果清单），费马尝试读懂它，然后填补阙如，并给出充分的证据。在希腊几何学的启发下，他提出了几个重要的新思想。例如，为了解决某些几何问题，他发明了一种用方程描述曲线的方法，这是一种坐标几何形式（参见数学概念小史16）。他还开发了寻找最大值、最小值和切线的方法，预测了牛顿和莱布尼茨在17世纪末发明微积分时会使用的一些想法。

费马从未出版过任何这方面的研究成果。相反，他首先是给朋友写信来讨论它，后来也给其他数学家写信交流。他的几何学研究引起了人们相当多的兴趣，所以他在信中讨论了相当详细的内容。因此，我们今天能很好地理解费马数学的这一部分。

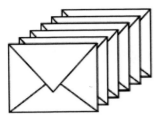

但其他数学问题也使费马着迷。这些都和整数有关。也许他的兴趣最初是由几个世纪以来对"完美数"的寻找引起的——这些数字等于它们适当的除数之和。无论如何，费马很快在数论中得到了新的有趣的结果。例如，他确定哪些整数可以写成两个平方数之和。

在沿着数论这条线研究中，他接触到了另一位古希腊数学家丢番图的著作。在著作传世下来的所有希腊数学家中，丢番图有些独特。他的书有这样的问题：

> 求出三个平方数，使最大的与中间的的差值、中间的与最小的的差值有一个给定的比率。

丢番图求解的始终是分数（整数的比率），而不是任意的实数，而这种限制使得他的问题变得相当困难。他的书包含所有问题的解法，但没有真正解释如何找到这样解的方法。

丢番图对费马产生了巨大的影响。"关于数的问题，"正如费马所描述的，开始出现在他的信件中。费马做出了一个巨大的改变：他不求分数，而是想要寻找整数解。但问题是相似的：

· 证明任何立方数都不能是两个立方数之和。

· 证明有无穷多个平方数，如果我们乘以61，然后加1，结果仍是平方数。

· 证明每一个整数都可以分成四个平方数之和。

· 证明了$x^2+4=y^3$的唯一整数解是$x=11$，$y=5$。

这些问题是相当困难的，大多数与费马通信的人都无法解决。事实上，他们中的大多数人对这类事情似乎并不十分感兴趣。一个问题是其中一些结果的"消极"性质。数学家应该解决问题，而不是表明他们无法解决问题。尽管如此，费马还是不断写信讨论关于这些结果，试图引起人们的兴趣，但收效甚微。因此，很少有关于这项工作的细节被记录下来。

费马去世后，他的儿子塞缪尔在1670年决定出版父亲的一些笔记。特

别是，他发现父亲在一本丢番图的著作中，在每页的
边上空白处都做了许多笔记。他不只是出版笔记，而
是准备出版一本全新的丢番图版本，它包含了费马的
笔记。这就是最大谜团的真正开端。

　　丢番图的问题之一是要求给定的平方数（如
25）写成两个平方数之和（如16+9）。在这个问题的旁边，费马写道：

　　　　相反，不可能将一个立方数分割成两个立方数，或者把一个
　　四次方分解成4个次方，或者在一般情况下，任何超过2的次方分
　　解成两个相同次方，都是不可能的。我发现了一个极好的证明，
　　但因这个边界空白太窄而无法容纳它。

　　换句话说，费马声称方程$x^3+y^3=z^3$在整数中没有解，对于形如$x^n+y^n=z^n$所
有方程，只要指数n大于2，都无整数解。他补充说他可以证明这一点。后
来许多人都希望他的书有更大的边空。

　　在18世纪，人们开始意识到费马的"数问题"有多么深刻和重要。所
有这一切背后的真正原动力是欧拉，他读遍了费马的数论研究资料，把它
整理好，并找到了费马提出的大多数主张的证明。他甚至找到了一个（只
有一个！）费马犯了一个错误的案例。

　　然而，这一页边上空白的叙述却是很难证明的。从费马实际上证明
的一个定理：边长为整数的直角三角形的面积不可能是平方数，可推断
$x^4+y^4=z^4$没有整数解。欧拉设法找到了$x^3+y^3=z^3$无整数解的证明。但在那里他
被卡住了。正如他所言，这两个论证是如此不同，以至于他们没有给出任何
线索去找到$n=5$情况下的证明，更不用说一般性的证明了。因为这个陈述是费
马唯一一个未被证实的论断，它最终被称为费马大定理（费马最后定理）。

　　当然，要成为一个定理，它需要一个证明。费马说他找到了证法，但
似乎没有人能够发现"了不起的证明"。

　　19世纪初，人们再一次对试图证明费马最后定理感兴趣。没有人能够
证明整个事情，但有几个数学家能够接近问题的边缘。很快就清楚了，找

到n的每一个素数值的证明就足够了。其中一个最有趣的结果是由索菲·热尔曼发现的。[①]为了研究费马最后定理的证明，他把它分成两部分。首先，我们将证明，当x、y和z不能被指数n整除时，整数解不存在。然后面对"第二种情况"，即这三个数字中的一个可以被n整除。热尔曼接着给出了关于这个问题的第一个具有一般性结果。她证明，如果n是素数，$2n+1$也是素数，当x、y或z都不能被n整除时，$x^n+y^n=z^n$就没有整数解。换句话说，她证明了，对于任何满足$2n+1$也应该是素数的附加约束的素数指数n，"第一种情况"是正确的。

在当时，对于一名女性，很难出版她的数学著作。因此，热尔曼定理首次出现在1808年出版的阿德里安–玛丽·勒让德（Adrien–Marie Legendre）的一本书中（有文献确实记载定理由热尔曼发现）。勒让德当时已是五十多岁了，他的名气和声望都很高，他出版热尔曼的作品有助于确立她的声誉。

热尔曼定理是相当有力的。她的想法最终证明了费马大定理（费马最后定理）的指数100以内"第一类情形"。特别是，如果$n=5$，那么$2n+1=11$，这是素数，所以热尔曼定理足以证明$n=5$时费马最后定理的第一类情形。1825年，狄里克莱（Lejeune Dirichlet）在年仅20多岁时向巴黎科学院提交了第二类情形$n=5$的部分证明。不久之后，勒让德完成了这个证明，表明他仍然是一个伟大的数学家，尽管他已经年逾70岁。几年后，拉梅（Gabriel Lamé）找到了证明$n=7$定理的方法。事情似乎进展顺利。

大约1830年，拉梅有了一个绝妙的主意。他认为，方程式的主要困难在于，一边有和x^n+y^n，另一边是积z^n。如果有可能将x^n+y^n因式分解，则该方程将更容易处理。当然，除了$x+y$外，不可能将x^n+y^n分解……除非使用复

---

① 索菲·热尔曼在巴黎还是个小女孩时就对数学感兴趣，但遭到了父母强烈反对，父母让她远离自己的学业。父母的态度反映了当时社会对女性知识分子的偏见。她坚持了下来，最终她的非凡才能被她那个时代最伟大的数学家所认可。想了解更多关于热尔曼数学工作方面的信息，见本书第59页。

数。所以拉梅使用了一个复数 ζ，使得 $\zeta^n=1$ 将表达式分解为一个由整数和复数 ζ 组成的项的乘积。假设这些新数与原来整数具有相同的属性（具体而言，假设这些表达式可以唯一地作为"素数"表达式的乘积），他勾勒出了完整定理的证明。

拉梅把他的证明提交给巴黎科学院。约瑟夫·列维尔对此持怀疑态度。为什么新的数一定会像旧的那样有同样的性质呢？列维尔知道德国数学家恩斯特·库默尔（Ernst Kummer）曾有过类似的想法，他写信给库默尔请教这个问题。库默尔回信说，他已经知道一些新的数不具备所需的独特因式分解属性，所以拉梅的证明行不通。但是库默尔对这个问题很感兴趣，结果他证明了一个意味深长的结果。他发现了许多素数具有某些很好的性质，并将这些素数称为"规则素数"。然后，他给出了任何一个规则素数的指数 n 的费马最后定理的证明。这并不包括所有的素数，但它涵盖了很多。库默尔的想法导致了进一步的发展，使数学家也可以将他的方法扩展到其他素数。

尽管如此，在库默尔之后很长一段时间里，在一般证明方面进展甚微。1909年，一位富有的德国数学家保罗·沃尔夫斯凯尔（Paul Wolfskehl）建立了一个10万马克的奖励基金，用于奖励能找到证明的人。在重赏之下，许多人提出了更多失败的证明。随着第一次世界大战后德国经济的崩溃，这个奖项也消失了。[①]在那之后的几十年里，为了可能获得的名声，人们提出了更多错误的证明，但真正的、正确的证明似乎仍然遥不可及。

当安德鲁·怀尔斯在1993年宣布他找到了证明时，人们十分惊讶。事情是这样戏剧性地发生的，在1987年前后，肯内斯·里贝特证明了一个定理，该定理建立了费马大定理与另一个在20世纪50年代提出并且仍然未被

---

① 20世纪20年代，10万马克几乎买不到一枚普通的德国邮票。

证明的众所周知的猜想之间的联系。这使怀尔斯开始尝试研究，经过多年的独自研究，他设法证明了这个猜想足以证明费马最后定理。

考虑到费马的书页边空笔记是在17世纪30年代的某个时候标注的，并且几个世纪之后，它已成为数学界最著名的开放性问题，我们可以理解全球对于怀尔斯证明的关注和反应。电子邮件满天飞。这一消息在《纽约时报》的头版和NBC晚间新闻上都有报道。每个人都渴望看到证明。

接下来是好几个月的沉默。怀尔斯把手稿寄给了一家杂志社，审稿编辑一直在审阅，以确保它是正确的。关于证据有困难的谣言开始流传开来。最后，在1993年12月，怀尔斯公开了一封电子邮件，称证明确实存在缺陷，他正在努力解决这个问题。

接下来几个月肯定是狂热的工作。怀尔斯说，他在这个问题上研究的头六年是令人愉快的，但是试图解决"缺陷"的这段时间是痛苦的。尽管如此，他最终还是成功了。1994年9月，他宣布证明已经完成，并分发了两份手稿。一个是怀尔斯写的，里面有证据，除了一个步骤，它提到了另一个文件。另一份手稿是怀尔斯和他先前的学生理查德·泰勒一起写的。它包含了完成证据的关键步骤。经过350多年的发展，费马最后定理终于成为一个定理。

深度阅读

有几本关于费马最后定理的书，部分原因是它很有名，部分原因是因为怀尔斯对证明从宣布、收回到最终胜利的戏剧性。但他最友好的信息来源是电视节目《证明》（The Proof），该节目曾在美国公共电视台（PBS）《新星》（Nova）系列科学节目中播出。同样有趣的是《费马的最后探戈》（Fermat's Last Tango），是关于怀尔斯的挣扎的音乐剧。《证明》的制作人之一是参考文献［214］的作者，它可能在所有关于这个主题的书籍的可访问性和正确性之间达到最佳平衡。费马最好的传记是参考文献［158］（是一本不容易读懂的书）。在［149］中有更多关于热尔曼的信息，也可参见历史小说［170］。

问　题

（1）第一个引起费马兴趣的"关于数的问题"似乎是对完美数的追求，也就是与其适当除数之和相等的数字。

① 检查6、28和496是完美数。

② 在《算术入门》（*Introduction to Arithmetic*）一书中，尼科马霍斯（Nicomachus of Gerasa）认为一位数的完美数有一个（即6），两位数的完美数有一个，三位数的完美数有一个，以此类推。这是一个费马研究的断言。它是真的吗？

③ 在欧几里得的《几何原本》中，有一个证明说，如果2^n-1是素数，则$2^{n-1}(2^n-1)$是完美数。检查上面给出的三个例子是这样的。然后用欧几里得公式找到两个完美数。

④ 欧拉证明每一个偶完美数都必须具有③部分给出的形式。用这个事实来证明以十进制表示的偶完美数字必须以6或8结尾。

（2）费马在他的信中多次提到以下问题：假设我们给出了一个不是平方数的整数n，我们能不能找到一个平方数，当我们把它乘以n，加上1时，结果也是平方数？

① 假设$n=2$，检查4是费马的问题的一个解。你能找到其他解吗？

② 你能找到$n=3$的解吗？$n=5$呢？

③ 对于$n=7$时，一个解是9，因为$7 \times 9+1=64=8^2$。但还有更多解。你能再找出一个吗？你能找到一种方法来产生任意多的解吗？

④ 你能找到$n=61$的解吗？（这很难！）

（3）正如$a^2+b^2=c^2$的整数解描述的长方形，其长、宽和对角线都是整数，因此，$a^2+b^2+c^2=d^2$的整数解描述了一个长方体，其长、宽、高和对角线都是整数。通过结合平面的解可以找到三维的解，例如，结合$3^2+4^2=5^2$和$5^2+12^2=13^2$可以得到$3^2+4^2+12^2=13^2$。

① 也有这样的解，即三维测量中没有两个在其平面上产生整数对角线，但是三维长方体的主对角线的长度是一个整数。至少找到其中一个。

② 在这种情况下，什么样的陈述类似费马最后定理？你认为这是正确的吗？为什么？你能证明你的答案吗？

（4）下面的第一栏中每个人的数学生涯大致与第二栏中的一个人的音乐生涯年代大致相当，请将他们配对。

皮耶·德·费玛　　　　　卡尔·菲利普·埃马努埃尔·巴赫

莱昂哈德·欧拉　　　　　路德维希·凡·贝多芬

索菲·热尔曼　　　　　　伦纳德·伯恩斯坦

恩斯特·库默尔　　　　　弗兰兹·李斯特

安德鲁·怀尔斯　　　　　克劳迪奥·蒙特维尔第（Claudio Monteverdi）

专　题

（1）费马著名的页边空笔记是写在丢番图的书中的，在以下问题与其解的旁边（当然，已翻译成较为现代的说法）。

把一个给定的平方数分为两个平方数。

以把16分为两个平方数来说明。

设第一个数平方为 x^2；

则另一个数平方为 $16-x^2$；

因此，必须使 $16-x^2$ 等于一个平方。

将第一个数的任意整数倍减去16的平方根，再将其差平方，例如，让边是 $2x-4$，其平方是 $4x^2+16-16x$。然后 $4x^2+16-16x$ 等于 $16-x^2$。在两边加负项且消去同数，则 $5x^2=16x$，所以 $x=\dfrac{16}{5}$。

因此，一个数是 $\dfrac{256}{25}$，另一个是 $\dfrac{144}{25}$，它们之和是 $\dfrac{400}{25}$，或者16，每个都是平方。①

---

① 这个翻译是［234］中的一个稍微修改的形式，相关文字始于550页。

用现代符号改写丢番图的解。回想一下，这个解是通用的，所以应该可以用任意一个平方代替16。它正确吗？ 注意丢番图的解涉及分数，有没有办法得到整数解呢？

（2）了解更多关于索菲·热尔曼的信息，并写一篇关于她的生活和数学的简短的文章。

（3）了解更多关于安德鲁·怀尔斯的情况，并写一篇关于他如今生活的简短的文章。

14. 真正的美：欧几里得平面几何

"唯有欧几里得，看见了真正的美丽"，诗人艾德娜·圣文森特·米莱在她的十四行诗中写道。为什么一位艺术家声称一位数学家是唯一真正认识美的人？我们写这节数学概念小史的目的之一是给你一些关于如何回答这个问题的想法。

大约2300年前，在埃及尼罗河口附近的希腊城市亚历山大，一位名叫欧几里得的老师创造了世界上最著名的公理系统。他的系统被希腊和罗马学者研究了1000年，然后在公元800年左右被翻译成阿拉伯语，也被阿拉伯学者研究。它成为整个中世纪欧洲逻辑思维的标准。自从它在15世纪首次作为排版书出版以来，已经印刷了超过2000种不同的版本。该系统是欧几里得关于平面几何的描述，其故事真正开始应在欧几里得诞生之前，至少300年。

根据希腊历史学家们的观点，几何学作为一种逻辑学科，始于公元前6世纪的希腊富商泰勒斯。他们将他描述为第一位希腊哲学家，并将其作为演绎研究的几何之父。泰勒斯没有依赖宗教和神话来解释自然世界，而是开始寻求对现实世界的统一理性解释。他在几何思想中寻找潜在的统一性，使他开始研究其他人得出的一些几何陈述的逻辑方法。这些陈述本身是众所周知的，但将它们与逻辑联系起来的过程是创新。毕达哥拉斯学派和其他希腊思想家继续着几何学原理的逻辑发展。

到了欧几里得时代，希腊人发展了许多数学知识，几乎所有的数学问题都与几何学或数论有关。毕达哥拉斯和他的追随者的研究已经有两个世纪了，许多其他人也撰写过自己的数学发现。柏拉图的哲学思想和亚里士

多德的逻辑思维在那时已经牢固地确立了，所以学者们知道数学事实应该由理性来证明。这些数学结果很多都是从更基本的观点得到证明的。但是，这些证明是杂乱无章的，每一个都是从自己的假设出发，不太考虑一致性。

在前人的研究基础上，欧几里得组织并扩展了希腊数学家们的大部分知识。他的一个目的似乎是把希腊数学放在一个统一的、逻辑的基础上。欧几里得着手重建这些"从头开始"的领域。他写了一本名为《几何原本》的百科全书式的著作，该书分为13卷（每卷可能对应于一个长的纸莎草卷轴）：

——第一、第二、第三、第四、第六卷是关于平面几何；

——第十一、十二、十三卷是关于立体几何；

——第五、第十卷是关于量和比率；

——第七、第八、第九卷是关于整数及其比率。

这本书的13卷总共包含了465个"命题"（现在我们可以称之为定理），每个定理都由前面的陈述所证明。演示的风格非常正式和枯燥，没有讨论或动机。在每个命题的陈述之后是它所指的图形，然后是一个详细的证明。证明结尾重申了"这是要证明的"命题。该短语的拉丁文翻译"quod erat demonstrandum"是缩写Q.E.D.的来源，该缩写仍然经常出现在正式证明的末尾。

欧几里得特别注意几何学。正如亚里士多德已经指出的那样，一个逻辑系统必须从一些我们认为理所当然并建立在此基础上的基本假设开始。因此，在给出了一长串定义之后，欧几里得指定了一些基本的语句，这些语句似乎捕捉到点、线、角等的基本属性，然后他试图通过这些基本语句，通过仔细的论证来导出其余的几何图形。他的目标是将

空间图形之间的可见关系系统化，他与柏拉图、亚里士多德和其他希腊哲学家一样，认为它们是物理实体的理想表征。

对于涉及其他主题的章节，欧几里得遵循同样的程序，给出新的定义和新的假设，然后在这些假设的基础上构建理论。第五卷特别重要，它包含各种类型量之间的比率的详细理论。这些比例在希腊数学中起着至关重要的作用，因此本卷提供的基础［传统认为是由欧多克索斯（Eudoxus）完成的］是非常重要的。

欧几里得以天才的头脑，把他的整本书与柏拉图的哲学联系起来。在《几何原本》的最后一卷中，他证明了唯一可能存在的正多面体[①]就是五种柏拉图立体，这象征着柏拉图整个宇宙的基本元素（参见数学概念小史15）。

本书第一卷从10个基本假设开始：[②]

常见的概念

① 等于相同量的量，彼此相等。

② 如果等量加上等量，和相等。

③ 如果等量减等量，差相等。

④ 彼此重合的事物是相等的。

⑤ 整体大于部分。

假设

① 可以从任意点到任意点画直线。

② 一条有限的直线可以在直线上连续地延伸。

③ 可以用任何中心和距离（半径）画圆。

④ 凡直角都是相等的。

⑤ 如果一条直线与另外两条直线相交，某一侧的两个内角之和小于两直角，那么这两条直线无限延伸，就会在这一侧相交。

---

① 正多面体是由完全一致的多边形面构成的三维形状。

② 这些语句和欧几里得的其他语句都是改编自［69］。

在现代术语中，所有这些叙述都是欧几里得平面几何的公理。前5条是关于量的一般性叙述，欧几里得认为它们明显是真实的。第二组5条是特别关于几何的叙述。在欧几里得看来，这5条叙述在直觉上是真实的。换句话说，任何知道这些词含义的人都会相信它们。为了澄清这些词语的含义，他提供了23条几何基本术语的定义或描述，从点和线开始。

（第5条假设你觉得奇怪吗？这似乎是真的，但它的语言比其他条要复杂得多。纵观历史，许多数学家对此感到困扰。有关这方面的全部内容，请参见数学概念小史19。）

从这个简单的开始——23个定义、5个常见概念和5个假设——欧几里得重建了整个平面几何理论。他的著作是如此全面和清晰，以至于从他那个时代起，《几何原本》就成为了研究平面几何的被普遍接受的资料源头。即使是今天高中学习的几何学，也基本上是欧几里得《几何原本》改编的。

欧几里得著作的重要性之所以历久弥新，是源于一个简单的事实：

> The *Elements* is not just about shapes and numbers; it's about how to think!

《几何原本》不仅仅是关于形和数的讨论，更是教人们如何思考！

不只是数学，欧几里得教你如何运用逻辑思考任何事情——如何一步一步地建立一个复杂的理论，每一个新的事物都牢牢地与已经建立起来的事物紧密相连。两千多年来，欧几里得平面几何塑造了西方的思想。事实上，如果你没有懂得欣赏欧几里得，就无法真正理解许多在政治、文学和哲学方面最有影响力的著作。例如：

- 在17世纪，法国哲学家笛卡尔的哲学方法的一部分是建立在欧几里得的"推理的长链"上，从简单的原理推论到复杂的结论。
- 同样在17世纪，英国科学家牛顿和荷兰哲学家巴鲁克·斯宾诺莎使用欧几里得《几何原本》的形式来表达他们的想法。

· 在19世纪，亚伯拉罕·林肯随身携带了一本《几何原本》，晚上在烛光下研究，以便成为一名更好的律师。

· 1776年7月4日，13个美国殖民地同意建立一个公理体系——《独立宣言》，从而脱离了英国。在一段简短的开篇之后，这些公理被明确地表述为不言而喻的真理。这份文件继续证明了一个基本定理：13个美国殖民地有充分正当的理由脱离大不列颠，形成一个独立的国家——美利坚合众国。

几个世纪以来，欧几里得正是作为精确思维的典范而被研究的。学生们要么通过《几何原本》来学习，要么学习一些简化的"改进"的版本。大多数人并没有读到更多的内容。事实上，第一卷最前面的部分有个定理被称为"驴桥定理"，因为它是程度普通的学生开始感到困难的地方。并不是所有的学生都喜欢这种智力训练。在19世纪的耶鲁大学，学生们在二年级结束时制定了一个精心设计的仪式，来庆祝他们修完所有的数学课程。这被称为埋葬欧几里得。在仪式的某个时点，一根被烧得通红的铁棒刺穿欧几里得的书本，班上的每个同学依次刺穿，以象征他已掌握了欧几里得几何学知识。接下来，每个人会轮流拿起这本书在手中停留一会儿，表示他已读懂了欧几里得几何学知识。最后每个人都把书页放在脚下跨过去，这样他就可以说把欧几里得几何学知识抛到九霄云外了。①

接着是举行葬礼仪式、宣读祭文和火化《几何原本》。

---

① 见［148］第78—79页。

20世纪，对欧几里得几何的学习从大学转到了高中。"两栏证明"，左栏中的每一步都必须通过右栏中的理由来证明，似乎是在20世纪初发明的，以便于学生理解和写出证明。然而，其刻板的结构往往导致学生以死记硬背的方式"学习"证明的策略，在不理解论证的逻辑或定理的重要性的情况下记住步骤。结果，许多学生认为高中几何是一种痛苦的、不相关的仪式，与他们的"现实世界"没有任何联系。

从20世纪70年代开始，高中几何教科书开始通过在课程中插入各种其他的思想和方法来弥补这一点，包括越来越多的非正式几何学、测量的讨论等。不幸的是，这些善意的尝试使这门课"心猿意马"，结果却总是两面不讨好，且模糊了学习的重点。渐渐地，许多这些课程变成了几乎完全是非正式的，强调学生通过小组活动和讨论"发现"几何思想。欧几里得的逻辑结构放在最后一章或两部分中，如果这一切都出现了，那就很可能被发现自己时间紧迫的教师遗漏。欧几里得的逻辑结构，如果有的话，会被放到最后几个章节，使得它成为可能的选修内容而被略去不教。

这种在高中几何中对欧几里得逻辑结构不重视的情形确实令人遗憾。在当今世界，以公理的方式看待事物并处理其逻辑结构的能力仍然是非常重要的，而不仅仅在数学中如此。例如，它在理解、谈判和执行集体谈判协议方面非常有帮助，这些协议管理着美国大部分劳动力的工作条件；在处理计算机系统、软件包等方面，它们正迅速成为日常生活的核心部分；还有理智地应对当今社会热点政治问题的争论，如堕胎、同性恋权利、平权行动和平等机会等，上述能力也是不可或缺的。

数学家E.T.贝尔曾说过："欧几里得教导我，没有假设就没有证明。因此，在任何论证中，都要先检查其假设。"这种公理化分析背后的典型逻辑系统是欧几里得平面几何学，它是一种组织思想的方法，在今天与欧几里得2300年前第一次写下来时同样重要。

深度阅读

欧几里得《几何原本》最好的英译本是托马斯·L.希思爵士的《几何原本十三卷》（*The Thirteen Books of the Euclid's Elements*），见参考文献［69］。

希思的评论过时了，不值得被信任，所以参考文献［70］——一本没有附注的希思译本的单卷本是一个更好的选择。还有大卫·乔伊斯（David Joyce）的在线版本，其中包含了作为Java完成的图表。参考文献［66］的第2章和第3章包含了关于几何欧几里得定理的可访问的讨论，其中有许多历史背景，就像几本关于几何的书籍，如参考文献［114］、［72］和［187］一样。最后，参考文献［11］提供了对《几何原本》很好的调查，包括非几何部分。

问 题

（1）欧几里得的公理之一说，所有直角都是相等的。在今天听起来很奇怪，因为我们从测量角的度数来思考直角：如果直角是90°角，那当然所有的直角都是相等的。然而，欧几里得对直角的定义是不同的。找出这个定义是什么，并解释为什么他的公理是必要的。

（2）在欧几里得的平面几何中，只允许用没有标记的直线和圆规绘制图形，因为这些工具反映了他前三个假设的限制。他的许多命题都致力于证明某些图形可以用这种方式构建。

许多他的主张致力于证明这样或那样的形状是可以被构造的。第一卷的第一项案例就是一个很好的例子：

在任何线段上，画一等边三角形。

证明：设AB是给定的线段。

① 以A为圆心，以AB为半径画圆。

② 以B为圆心，以AB为半径画圆。

③ 从两圆的交点C到点A、B，画线段CA和CB。

④ 因为A是通过B和C的圆的中心，所以AC=AB。

⑤ 因为B是通过A和C的圆的中心，所以BC=AB。

⑥ 由④和⑤，BC也等于AC。

⑦ 由于AB、AC和BC都是相等的，所以三角形ABC是等边的，它是在AB线上画出的，这就是我们所要求做的。

按这个步骤画图，并通过引用特定的公理、假设或定义来证明每一步的合理性。①

（3）在学校里常用的圆规可以固定跨度，可以从一个地方截取长度转移到另一个地方。欧几里得没有做这个假设，他的公理只允许他画一个半径是在给定位置的给定线段的圆。然而，第一卷的第二个和第三个命题证明了长度可以转移，从而使现代圆规合法化。

① 欧几里得在第二个命题的证明中巧妙地使用了第一个命题，基本事实是，线段可以在任何给定位置上的一个端点来再现。以下是他的证明过程。通过引用一个特殊的概念、假设、定义命题，来完成这个构造，并证明每一步的步骤是正确的。

给出了一个点A和一个线段BC（见附图）。我们必须画一个线段，A作为端点，长度与BC相等。

a. 画线段AB。

b. 在AB上，画一个等边三角形DAB。

c. 画一个圆心B和半径BC的圆。

d. 将DB扩展到在E点处与此圆相交。

e. 画一个圆心D和半径DE的圆。

f. 将线段DA扩展到点F处与此圆相交。

g. 因为C和E都在圆心为B的圆上，所以BC和BE相等。

h. 因为E和F都在以D为圆心的圆上，所以DE和DF相等。

i. 又DA等于DB。

j. 因此，剩余的AF和BE相等。

k. 由于BE被证明等于BC（步骤g），AF和BC也必须相等。因此，AF是根据需要将A作为端点并且与BC的长度相同的线段。

② 命题（2）本身不足以证明可以固定跨度的圆规的合理性。我们还

---

① 欧几里得把圆定义为："由一条线包围着的平面图形，其内有一点（图形中心）与这条线上任何一个点所连成的线段都相等。"

需要知道，我们可以指定我们移动的线段的方向。命题（3）允许这样做。它给出：给定两条不相等的线段，由较长的线段上可以截取一条线段等于较短线段。请证明这个命题。

（4）欧几里得的哪一个定理被称为驴桥定理？为什么如此称呼？

（5）这节数学概念小史提到了几个不同的希腊数学家和哲学家：欧几里得、泰勒斯、毕达哥拉斯、柏拉图、亚里士多德、欧多克斯。找出每个人生活的时代与地点。

专 题

（1）《几何原本》写于公元前3世纪，也就是在印刷术发明之前很早时期，所以这本书只能以手稿的形式保存下来。用手抄写的文本总是会产生变异、插入文字和笔误。请对欧几里得《几何原本》进行一些研究。最古老的手稿是什么？学者们如何尝试寻找一个与原书最接近的文字？

（2）《爱丽丝梦游仙境》和《爱丽丝镜中奇遇》的作者路易斯·卡罗尔也写了一本名为《欧几里得与他的现代对手》的书。这本书的内容是什么？路易斯·卡罗尔为什么要写这本书？

15. 完美的形状：柏拉图立体

希腊人非常喜欢对称。你可以从他们的艺术、建筑和数学中看到这一点。在希腊数学的一个主要部分平面几何中，最对称的多边形就是正多边形——多边形的所有边和所有角都相等。正三角形即等边三角形，正四边形就是正方形。

在三维空间中，如果一个多面体的所有面都是全等正多边形，且所有顶点都是相似的，则这个多面体被称为正多面体。例如，正方体是一个正多面体，它的所有面都是相同大小的正方形，每个顶点都有三个相邻的正方形。作为欧几里得《几何原本》的最终命题证明了几何的一个显著的事实是，只有少数凸正多面体存在。（将此与正多边形进行对比，多边形可以有任意数量的边。）事实上，有五种不同的类型，如图8所示：

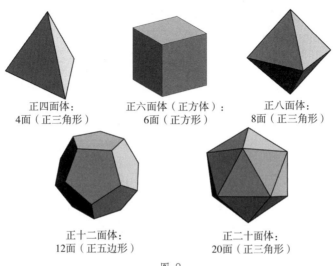

正四面体：
4面（正三角形）

正六面体（正方体）：
6面（正方形）

正八面体：
8面（正三角形）

正十二面体：
12面（正五边形）

正二十面体：
20面（正三角形）

图 8

事实上，只有这五个正多面体，乍看起来令人费解，但不难看出为什么会这样。你可以这样想：

· 要形成某种顶点或"尖顶"，在多面体的任何顶点至少有三个多边形的面必须相交。

· 由于多面体是规则的，因此在任一顶点的情形与在任一其他顶点的情形相同。因此，我们只需要考虑在一个典型的顶点上发生的情形。

· 为了要形成一个尖顶，顶点上所有面角之和必须小于360°。（如果它们加起来恰好为360°，则这些角将会形成一个平面。）

· 因为所有的面都是全等的，所以一个顶点上所有角的和必须被均分。

· 现在我们来看看可能作为正多面体的面的正多边形是哪几种。

三角形：等边三角形的每个角度为60°。几个角加起来还不到360°的情况下，最多能放几面呢？3个（180°）、4个（240°）或5个（300°）（如图9）。仅此而已。若将6个仍放在一起会得到一个平的"尖顶"，并且超过6个，角度总和就太大了。这三种情形可以分别做出正四面体、正八面体、正二十面体。

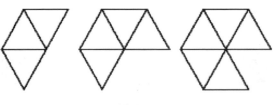

图 9

正方形：每个角为90°。其中3个角（总计270°）可以在顶点（立方体）相遇，但4个角就太多了（如第189页图10）。

正五边形：正五边形的每个角为108°。其中3个角（总计324°）可以在一个顶点（正十二面体）相遇，但是4个角就太多了（如第189页图11）。

正六边形：正六边形的每个角为120°。其中3个角总共为360°，这太多了。因此，没有正多面体的面为正六面形。

其他正多边形：多于6边的正多边形的每个角度必须大于120°。其中三个角总和会超过360°。因此，没有任何其他类型的面的正多面体。

图 10

这些形状的规律性意味着每一个都可以内接于一个球体上。也就是说，它可以放置在一个球体内，使得它的所有顶点都在球体上。这对毕达哥拉斯学派来说具有重要意义，毕达哥拉斯学派将四个多面体与物理世界的四个"元素"连接起来：

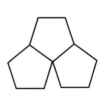

图 11

火——正四面体

土——正六面体（立方体）

气——正八面体

水——正二十面体

柏拉图在他的一个对话中讨论了元素和多面体之间的关系，在其《蒂迈欧篇》（*Timaeus*）中，讲述了创造宇宙的故事。其中，据说造物主用正四面体、正八面体、正二十面体和立方体作为火、空气、水和地球基本粒子的模型。问题是如何处理十二面体（它必须赋予一定意义）。柏拉图说，它是整个宇宙的模型，"第五元素"也是宇宙的基本要素。这就是"精华（quintessence）"一词的来源，在今天这个词意味着某种品质、人员类别或非物质事物中最好、最纯粹、最典型的例子。由于柏拉图对它们的兴趣，后人便将这五个正多面体称为"柏拉图立体"或"柏拉图体"。

如果我们放松规则的要求，我们能得到更多类型的多面体吗？假设我们要求所有的面都是正多边形，但不一定都是同一种，比如一个多面体的面可以是三角形或五边形，我们仍然要求所有的三角形都是一致的，所有的五边形都是一致的，并且所有的顶点都是相似的。

希腊数学家帕普斯告诉我们，阿基米德曾考虑过这种可能性，并发现这类的多面体只有13种（因此，它们有时被称为半正多面体或"阿基米德体"）。下面举个例子。给定一个正二十面体，它有12个顶点，每个顶点上有5个三角形的面接合。假设我们切掉了这些尖点，用一个新的面替换12个顶点中的每一个顶点，这个面将是一个五边形。如果我们仔细地切割，就可以使原来20个三角形的面剩下的部分都是正六边形。所以我们最终会得到一个有20个六边形面和12个五边形面。它通常被称为截角正二十面体，存在于"现实世界"中：它就是传统足球外在的式样。

在文艺复兴时期，数学家们又一次对正多面体和半正多面体着迷。他们从柏拉图和欧几里得那里学到了五种正多面体，但他们中的大多数人从未读过帕普斯，因此他们不得不重新发现阿基米德立体。他们发现的过程很缓慢，但非常刺激。这项工作被约翰斯·开普勒（以天文学成就而闻名）推上了顶峰，他发现了所有13种阿基米德立体并证明没有其他种类存在。

开普勒像柏拉图一样，试图将这些美丽的对称立体与现实世界联系起来。他曾试图建立一个基于柏拉图立体的太阳系理论。他想象着每颗行星的轨道都在一个大的球面上。然后他描述，如果将一个正方体内接于土星球体内，正方体的六个面将会与木星球面相切。同样，将正四面体内接于木星的球体内，会使其四个面与火星的球面相切。正十二面体、正二十面体、正八面体，以此类推。幸运的是，开普勒最终放弃了这个想法，接着发现行星的轨道实际上是椭圆的。

柏拉图的物质三角理论和开普勒的太阳系多面体理论都没有经受时间的考验，但柏拉图立体仍然可以在地球的元素中发现：

——铅矿石和岩盐的晶体结构为正六面体；

——萤石形成正八面体晶体；

——石榴石形成正十二面体晶体；

——黄铁矿的晶体以上述三种形式出现；

——硅酸盐的基本晶体形式（约占地球地壳岩石的95%）是以三角形为面的最小正多面体，也就是正四面体。

——被称为"巴克球"的分子中的六十个碳原子排列在截顶的正二十面体的顶点上。

深度阅读

请见参考文献［47］对多面体的全面讨论，其中包括广泛的历史信息。

问 题

（1）作为一个艺术项目，请你试验设计一个方形底座的水果碗。总体思路是将相等的正多边形附加到基底的侧面并"折叠起来"，直到相邻多边形的边相交。例如，将正方形放置在底座的每一侧，就会形成一个开放（无盖）的立方体盒，但这并不是一个非常有趣的设计。

① 你还能用其他类型的正多边形（设计制作一个更有趣的碗）吗？你的选择会以什么方式影响碗的形状？

② 如果使用不同的正多边形作为底座，有哪些可能的选择？

（2）下图是正二十面体的一种展开图案。

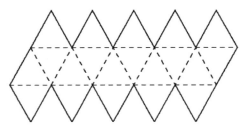

① 按比例画出此图，使得每个三角形的边长为4厘米（记住：所有的三角形都是等边的）。然后将展开图案的所有外边缘（实线）进行数字编号，以使要拼接在一起的边具有相同的编号。

② 把展开图案剪下来并折叠起来形成一个正二十面体。你写的编号对吗？

③ 参照上述方法，画出正四面体和正八面体的展开图案并编号。然后剪下它们，折叠起来检查你的设计。

（3）本节数学概念小史提到阿基米德立体，也称为"半正多面体"，有13种。找出"半正多面体"的精确定义，并列出13种可能性的列表。

（4）下面两小题问到各种正多面体的面、边和顶点的数目。如果使用以下方法，则可以有效地计算正多面体的边和顶点：（i）正多边形每个面上具有相同数量的边和顶点；（ii）每条边被两个面共有；（iii）每个顶点有相同数量的边汇合在一起。计算半正多面体的点、线、面的个数的策略是相似的。

① 对于5个柏拉图式立体中的每一个，分别计算顶点的数量V，面的数量F和边的数量E。检查每种情况下是否$V-E+F=2$。

② 使用问题3中的结果计算每个阿基米德立体的V、E和F。$V-E+F=2$仍然是对的吗？

（5）取两个完全一致的正四面体，并将它们靠着某个面粘在一起。由此产生的立体图形称为三角双锥体。它的所有面都是相等的正三角形。为什么这不是一个正多面体？

（6）什么是"戴马克松地图"（Dymaxion Map），它与柏拉图立体有什么关系？这需要做一些研究。

（7）假设我们想为一个立方体着色，以便每一面都是不同的颜色。我们能用多少种不同的方式来做到这一点？如果我们用其他的柏拉图立体，而不是立方体呢？

（8）柏拉图立体可以用来制作4、6、8、12、20面的骰子。这些可在一些游戏中使用。你认为作为骰子的功能如何？用不同面数的阿基米德立体做骰子行得通吗？

（9）有证据表明，有些文明至少知道5个正多面体中的一些，这些发现是独立于希腊人的。找到一些这样的例子。尽你所能按时间和地点具体地确定各自属于哪种文明。

专 题

（1）制作5个柏拉图立体的纸板模型［参见上文问题（2）］。

（2）13个阿基米德立体曾被发现，并多次被重新发现。研究他们的历史，并写一篇短文说明发现的过程。

（3）在上面的问题中，你检查了对于正多面体和半正多面体，$V-E+F=2$成立。所有多面体都是这样吗？你能证明吗？

16. 用数字表示形状：解析几何

数学中最有力的思想之一是理解如何用方程来表示图形，这是一个我们现在称之为解析几何的领域。没有这座几何学和代数之间的桥梁，就没有科学的微积分、医学的CT扫描、工业用的自动化机床、艺术和娱乐的计算机动画。我们认为理所当然的许多事情也会根本不存在。这种奇妙的洞察力是从何而来的？是谁的主意，什么时候发生的？

当你想到解析几何时，首先想到的是什么？对大多数人来说，这是一对坐标线，x轴和y轴以直角相交，通常称为笛卡尔坐标系。"笛卡尔"指的是17世纪法国哲学家、数学家笛卡尔，他通常被认为是解析几何的发明者。他确实提出了解析几何的大部分关键思想，但我们今天所熟知的直角坐标系并不是其中之一。

在某种程度上，这个故事开始于古埃及的测量人员使用矩形网格将土地划分成区域，就像我们的现代地图被划分成方格来标引目标一样。这使他们能够通过使用两个数字来记载位置，一个用于行，另一个用于列。早期罗马测量师和希腊地图绘制者也使用这种方法。然而，用数字网格标记位置只是搭建了几何和代数之间桥梁的一小步。更根本的问题是代数表达式，即方程和函数之间的关系，以及平面或空间中的图形之间的关系。

这种想法的一线曙光可以追溯到古希腊。大约公元前350年，米奈克穆斯（Menaechmus）将某些类型的曲线与现在称为圆锥曲线的曲线相关联（由

圆锥部分

平面切割圆锥体形成的曲线，在数学概念小史28中有更详细的讨论），以解决数值比例问题。这为阿波罗尼乌斯在大约一个世纪后探索圆锥剖面奠定了基础。阿波罗尼乌斯和他那个时代的其他数学家都很感兴趣的是轨迹问题[①]：哪些点满足给定的条件，它们是否形成某种线或曲线？例如，与给定点距离固定的点的轨迹是一个圆，到给定点的距离等于到给定直线的垂直距离的点的轨迹是抛物线。阿波罗尼乌斯研究了更复杂的轨迹问题，表明其中的一些（但不是全部）都形成了圆锥曲线。这是解析几何吗？不完全是。阿波罗尼乌斯是朝这个方向走的，但他的几何图形是通过比率和文字与数值关系联系起来的。丰富的代数式符号语言的发展有待未来的几百年。

有效的代数符号演变花了很长时间（参见数学概念小史8）。在14世纪，尼科尔·奥雷斯梅（Nicole Oresme）描述了一种如何画出自变量与因变量之间关系的方法，但当时代数系统还不存在。在16世纪末，弗兰科伊斯·维特试图通过用字母来表示数量，用方程式来表示关系，从而提炼出古希腊人几何分析的本质。在这样做的过程中，他朝着把代数的力量用于几何问题上迈出了一大步。在这一点上所需要的是正确的创造性洞察力。

在17世纪上半叶，这一洞察力几乎同时来自两个法国人。一个是皮埃尔·德·费马，也许是世界上最好的数学爱好者。费马是一位不引人注目的律师和参议员，他沉迷于各种数学，只是为了好玩而已。他很少发表文章，更喜欢在与他那个时代的其他主要数学家的通信中展示他非凡的创造力。[②]其中一封信告诉我们，费马在1630年左右发展了解析几何的许多关键概念。出于对阿波罗尼乌斯的轨迹问题的兴趣，费马设计了一个坐标系统来描绘两个未知（正）量，A和E之间的关系，如第195页图12所示。

从一个适当的点开始，他往右边画了一条水平参考线。他从水平轴的起点标出一个变量A的线段，在另一端放置代表另一个变量E的线段，与第

---

① 轨迹（Locus）词源是英语单词"本地（local）"和"位置（location）"的词根，在拉丁文中是"位置"的意思。它的复数是位点（loci）。

② 有关费马的更多信息，请参见数学概念小史13。

一个线段成固定角度。根据他所研究的方程，他设想E的长度随着A的长度
变化而变化，E线段的位置向右移动，总是与A线段成同一角度。费马说①：
"为了协助方程的概念，让两个未知的量构成一个角度，我们通常认为它
是一个直角，这是可取的。"但事实上，他也允许其他角度。

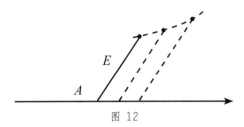

图 12

费马的关键洞察力在于，每当他能找到一个关于他的两个变量A和E的
方程时，他就会得到一条与这个方程相对应的曲线。E线段的最高端点将画
出一条曲线，它将是与方程相关联的轨迹。用费马自己的话说：

　　当最后一个方程中出现两个未知量时，我们有一个轨迹，一
个未知量的端点描述一条直线或一条曲线。

　　（为了说明一般情况，图12中的角度不是直角。如果是的
话，这张图片看起来很像熟悉的E作为A函数的方式。）

特别要注意的是，费马声称这个过程会得到任何方程的轨迹。因为很
容易写出方程，我们突然有了大量的曲线，而不必通过某种几何构造来创
建它们。另外，我们还有一个自然的问题：给出一类方程，描述相应的曲
线类。费马对所有二次方程都做了这一点，事实上，得到的轨迹总是圆锥
曲线。

费马关于几何学的代数方法的著作直到他死后才出版，所以发明解析
几何的大部分功劳都是其他人的了。这个"其他人"就是笛卡尔，一位出
生在法国的贵族。他年轻时学习数学，壮年时成为一名士兵，在他生命的

---

① 以下引文摘自费马对平面和实心轨迹的介绍，载于［221］第389至396页。

最后20年，则是位有自由思想的著名哲学家和数学家。许多数学家认为解析几何的发展是他最伟大的成就之一，但对笛卡尔来说，这只是三个较为伟大的案例研究之一。他把它们写成了一部通称《方法论》（*Discourse on Method*）的哲学著作的三个附录之一。本书的命名《关于科学中正确进行论证与追求事实的方法导论》（*Discourse on the Method of Rightly Conducting Reason and Seeking Truth in the Sciences*）清楚地显示了他的意图。他的实际目标是重新定义在所有问题上寻求真理的方法论，"科学"一词当时的含义比现在要广泛得多。用他自己的话说就是：

> 几何学家习惯于通过简单和容易的推理来得出他们最困难的论证的结论，让我想到了所有这些人类能掌握的知识，以相同的方式互相联系起来，或者那些隐藏起来我们尚未发现的也是如此，只要我们不因寻求真相而接受错误，并且永远在我们的思想中保持必要的秩序，就能从一个真理中演绎出另一个真理。[①]

笛卡尔认为他的方法是对古典逻辑、代数和几何学的综合，他摒弃了多余的东西并修正了它们的局限性。他为这种思想的融合奠定了基础。他说：

> 对于逻辑来说，它的三段论和其他多数规则，都比我们在交流与探索中所知道的内容有用得多。对古人和现代人的代数的分析，前者完全局限于对数字的考虑，只有在充分调动想象力的情况下才能理解；在后者中，对某些规则和公式完全屈从，导致了一种充满混乱和模糊的艺术，而不是用于培养思想的科学。

为了说明他的新思维方式的力量，笛卡尔在《方法论》后面部分写了三个附录——光学、气象学和几何学。在那篇称为《几何学》的附录中，

---

① 这些话和其他关于方法论的论述，取自古腾堡项目的在线翻译。

有解析几何的主要内容。他的主要绘图工具基本上与费马所设计的相同：自变量，现在称为x，沿着水平基准线标记；因变量，现在称为y，由一条线段与x线段成固定角度的线段表示。笛卡尔甚至可能比费马更强调角度的选择只是一个方便的问题，并不一定总是直角。

除了在本附录中介绍一个改进的代数符号系统（参见数学概念小史8）之外，笛卡尔还通过定义一个长度单位，然后用这个单位来解释所有的量，从而明确地打破了以希腊人的视角来看待乘幂的几何维度。特别是，x是相对于该单位的长度，x^2、x^3以及任何未知数的更高次方也是如此。由于他的目标是为了匹配几何和代数，他还展示了如何构造这些长度的线段。既然任何未知的幂都可以表示为长度，我们也就不再需要联结正方形去求长，更高次幂也开始变得有意义。这一概念的转变，仅隐含在费马的研究中，让他（和我们）考虑由包含未知的各种幂的函数定义的曲线，在没有几何维度的任何相关限制的情况下绘制它们。笛卡尔利用他的新技巧解决了阿波罗尼乌斯提出的一个大的轨迹问题，这个问题一直没有被古典希腊方法所解决，因而他声称自己"正确地进行论证和寻求真理的方法"具有优越性。

尽管他的代数几何方法是一个非常强大的工具，但是笛卡尔的《几何学》对他那个时代的数学没有直接的影响。这有3个原因：一是一些数学家怀疑代数与古典几何学缺乏相同的严格程度。二是简单的语言问题。当时居住在荷兰的笛卡尔，用他的母语——法语写了《方法论》及其附录。然而，17世纪欧洲学术的"通用"语言是拉丁语。许多学者根本不懂法语。三是笛卡尔故意省略了许多证明的细节，并向读者说，他不想"剥夺你自己掌握它的乐趣"。[1]例如，你不会在《几何学》的讨论中找到一条直线的方程。

消除这些障碍并使这些想法广为人知要归功于荷兰数学家凡·司顿（Frans van Schooten），他将《几何学》译成拉丁文，并发表了一个大大扩展的版本，其中包括大量详细的评注。在1649年到1693年间，凡·司顿的

---

① 见［59］第10页。

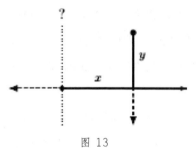

图 13

作品以4种版本出版，增加幅度约为原作的8倍。正是从这些拉丁文版本中，牛顿在发展微积分基本概念的过程中学到了解析几何。到17世纪末，笛卡尔几何学已在整个欧洲广为流传。

但当时的解析几何学还没有包含我们今天认为理所当然的一个特征——纵坐标或纵轴。对于笛卡尔和费马而言，点的第一个坐标是从原点开始向右延伸的直线段，而第二个坐标是从 x 线段的终点开始，以固定的角度向上延伸的线段。的确，费马通常认为这个角度是一个直角（参见上面的引文），但他和笛卡尔都没有提到第二个坐标轴。此外，由于他们认为这些"未知量"是线段（长度），因而，他们只考虑了正坐标。英国数学家约翰·沃利斯（John Wallis）在17世纪50年代写了一篇文章，他将这些想法扩展到负坐标。然而，直到18世纪中叶，即使像欧拉这样的著名数学家，也没有在他的每个坐标图中包含纵坐标。我们通常认为笛卡尔的两轴直角坐标系似乎在他发表《几何学》一个半世纪后才逐渐发展起来。

解析几何是数学大进步的历史链中的一个重要环节。正如符号代数的发展为解析几何铺平了道路，解析几何反过来又为微积分铺平了道路。微积分反过来打开了现代物理学和许多其他科学和技术领域的大门。在过去的几十年中，这种描述图形的代数方法也与现代计算机的计算速度协同地结合起来，在广泛的用途中产生日益惊人的视觉图像。所有这一切都依赖于给空间中的每个点提供一个数字坐标这样简单的想法，以便我们可以用数字来描述图形。

深度阅读

所有标准参考文献都讨论了坐标几何的诞生。有关更详细的说明，请见参考文献［25］。对于喜欢冒险的人来说，参考文献［59］是原版《几何学》的双语版本。

问　题

（1）这里有两个相对简单的轨迹问题。

① 与两个固定点等距的所有点的轨迹是什么图形？

② 到两个固定点的距离之和是6厘米的所有点的轨迹是什么图形？为了定义出这个存在的图形，必须对两个固定点加以什么限制条件？

（2）一般来说，图形的代数描述方式并不是唯一的，它取决于你选择放置坐标轴的位置和你使用的测量单元。使用直角坐标和常用的距离公式回答下列问题。

① 对（1）中问题①的轨迹图进行代数描述，把其中一个点作为原点，另一个单位数在x轴上。然后再做一遍，x轴通过两个点，但原点在两个点正中间。你比较喜欢哪种坐标轴？

② 这节数学概念小史介绍到，到给定点的距离与到给定直线的垂直距离相等点的轨迹是抛物线。通过将x轴沿给定的直线和y轴通过给定的点来写出这个图形的代数描述。然后再做一遍，这次原点就是给定的点，给定的直线在x轴下方且平行。如果你把x轴平行于给定的直线，但在它和点之间的一半处把y轴穿过点，又会怎样呢？你喜欢这三种选择中的哪一种？

（3）正如这节数学概念小史所指出的，费马和笛卡尔并不总是使用垂直x轴的y轴。本题可以帮助你探究这么做的结果。

① 用费马和笛卡尔的方法绘制x^2+1的图形。请选择一条与x轴不垂直的参考线（你可以绘制一些点并将这些点连接起来）。从x的正值坐标开始，然后延伸x轴到负值（虽然费马和笛卡尔并未这样做）。

② 使用不同的（非垂直的）参考线绘制x^2+1的第二个图。你的两个图有什么相似之处？它们有什么不同？

③ 如果有的话，选择与x轴垂直的y方向参考线有什么好处？

（4）在直角坐标系中，我们通常对两个轴使用相同的测量单位。要求这样做有什么好处和缺点？

（5）在费马和笛卡尔发展他们的数学理论的时代，欧洲还发生了什么？找出这一时期的一些政治事件和文化成就。当时的美洲发生了什么？

专 题

（1）任何两条交叉线都可以简单地以交叉点为原点，选择一个正方向和每个轴的长度单位来作为平面坐标轴。那么，对于平面上的任何点，穿过该点的线与轴平行，将确定该点与轴交点的坐标。（通常的直角坐标系就是这种情况的特例。）

建立一个二维坐标系，其中y轴与x轴成60°角，并为两个轴选择相同的长度单位（可为1厘米）。请画一些图形并解释一些例子来说明它是如何运作的，并使用它回答以下问题。

① 画两坐标轴，并标出点（1，2）和（3，5）。用它们的坐标来计算两点之间的距离，然后实际测量距离，看看你的答案是否一致，至少大致相等。再计算点（2，5）和（6，3）之间的距离，画出这两点，并实际测量以检查你的结果。

② 概括①部分，说明使用任意两点的坐标来计算它们之间的距离的一般规则。

③ 用②中的结果找到一个代数方法来描述以原点为中心的半径为5的圆。请用它来求这个圆上四个点的坐标，两个点x坐标为4，另两个点x坐标为-3。然后画出这4个点，用圆规来检查它们实际上是否在圆上。

④ 将③部分一般化，为以（0，0）为中心、半径为r的圆写代数方程式，然后以任意点（a，b）为圆心、半径为r的圆写一个代数方程式。

⑤ 你如何用代数来描述水平线？你如何用代数来描述垂直线？

（2）简·德·维特是笛卡尔《几何学》增订版的主要贡献者，但在他的祖国，今天主要是因为其他事情而被人们记住。请了解更多关于他的生平，写一篇关于他的短文。

17. 不可能的、想象中的、有用的：复数计算

引入复数的标准方法，是我们希望能够解所有二次方程，包括$x^2+1=0$。对此，最明显的反应是："我为什么要解决这个问题？"这是个好问题。

在数个世纪的代数方程研究中，数学家们认为代数方程是解决具体问题的一种手段。对于"平方和十个物等于三十九"这个问题来说，平方被描绘成一个几何图形，而"物"是它的边（参见数学概念小史10）。在这种情况下，即使是负根也没有多大意义。如果应用二次方程公式导致你得到负数的平方根，这意味着你的问题没有解。

这方面有一个很好的例子，可以从卡尔达诺于1545年出版的《大技术》一书中找到[1]。他讨论了找出和为10且乘积为40的两个数的问题。他正确地观察到，没有这样的数字存在。接着，他指出，二次公式会得到数字$5+\sqrt{-15}$和$5-\sqrt{-15}$。但他认为这是一场毫无意义的智力游戏。在另一本书中，他说："$\sqrt{9}$可以是+3或–3，对于正（乘以一个正）与负乘负都得正。因此，$\sqrt{-9}$既不是+3也不是–3，而是一些第三类的东西。"[2]

正如与他同时代的人所指出的，他是有道理的。例如，在17世纪初，笛卡尔指出，当人们试图找到一个圆和一条直线的交点时，就必须求解一

---

① 有关卡尔达诺的更多信息，请参见数学概念小史11。

② 来自《大术》（*Ars Magna*）问题38，引自［37］第220页，附注6。

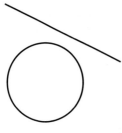

图 14

个二次方程。当二次曲线不相交时，二次公式正好是负数的平方根，如图14。所以，在很大程度上，我们认为这种"不可能"或"假想"的解仅仅是一个信号，表明所讨论的问题没有任何解。

然而，即使在卡尔达诺的时代，也有迹象表明人生（至少数学家的人生）并不那么简单。卡尔达诺最伟大的数学成就是找到了求解三次方程的公式（故事参见数学概念小史11）。对于形式为$x^3 + px + q = 0$的方程式[①]，卡尔达诺公式的解用现代符号重写就是

$$x = \sqrt[3]{-\frac{q}{2} + \sqrt{\frac{q^2}{4} + \frac{p^3}{27}}} + \sqrt[3]{-\frac{q}{2} - \sqrt{\frac{q^2}{4} + \frac{p^3}{27}}}$$

这能解很多三次方程式，但在某些情况下会出一点小问题。例如，假设方程为$x^3 = 15x + 4$，我们将它重写为$x^3 - 15x - 4 = 0$，并应用这个公式得到

$$x = \sqrt[3]{2 + \sqrt{-121}} + \sqrt[3]{2 - \sqrt{-121}}$$

根据我们关于二次方程式的经验，正确的结论似乎是没有解。但是，如果我们尝试x=4，我们就会发现得出结论是错误的：方程确实有一个真正的根（事实上，它有三个真正的根）。

卡尔达诺注意到了这个问题，但似乎不知道该怎么办。他在书中提到过两次。第一次，他说这个案例需要用另一本书描述的不同方法来解（在以后的版本中，他在一章中提到可能用于求解某些方程式的技巧）。第二次，他说[②]："解$y^3 = 8y + 3$，根据前面的规则，我得到3。"这肯定让任何试图"按照规则"计算出来的读者感到困惑，因为计算涉及$\sqrt{-1805/108}$。

是拉斐尔·邦贝利在16世纪60年代第一次提出了摆脱困境的办法。他认为，人们可以用这种"新型方根"来运算。为了讨论负数的平方

---

① 我们用现代符号给出方程式和公式以及代数符号的故事见数学概念小史8。

② 见［37］第106页。

根，他发明了一种奇怪的新语言。他并没有把 $2+\sqrt{-121}$ 当作"2加负121的平方根"，而是说成"2加121的负平方根"[①]，这样"加负的"成为一个负数平方根的代码。当然，减去这样一个平方根就变成了"减负的"。对于 $2+\sqrt{-121}=2+11\sqrt{-1}$，他将其称为"2加11负的"。他解释的操作规则如下：

加负的乘加负的得负；

减负的乘减负的得负；

加负的乘减负的得正。

我们今天很自然地会理解：

i 乘 i 得 -1

$-i$ 乘 $-i$ 得 -1

i 乘 $-i$ 得 1

但我们应该更加小心。邦贝利并没有把这些"新型方根"当作数。相反，他似乎提出了一些形式规则，允许他转换一个复杂的表达式，例如

$$\sqrt[3]{2+\sqrt{-121}}+\sqrt[3]{2-\sqrt{-121}}$$

可以变成更简单的表达式。他证明了他的形式规则可以导出

$$(2\pm\sqrt{-1})^3=2\pm\sqrt{-121}$$

所以，

$$\sqrt[3]{2+\sqrt{-121}}+\sqrt[3]{2-\sqrt{-121}}=(2+\sqrt{-1})+(2-\sqrt{-1})=4$$

这就是让我们用这种方法得出的三次方的解。邦贝利不用费心去寻找其他解。

邦贝利的研究表明，有时需要负数的平方根才能找到真正的解。换言之，他表明，这种表达方式的出现并不总是表明一个问题是无解的。这是复数实际上是有用的数学工具的第一个迹象。

但旧的偏见依然存在。半个世纪后，艾伯特·吉拉德和笛卡尔似乎都

---

① 这名意大利人是皮尤·迪梅诺。

知道，n 次方程将有 n 个根，只要允许"真根"（正实根）、"假根"（负实根）和"虚根"（复数根）存在。这有助于使一般的方程理论更简单和更有条理，但复数根仍然经常被描述为"诡辩的""不真的""想象的"和"无用的"。[1]

下一步进展似乎是在18世纪初亚伯拉罕·德·莫伊夫的著作中出现的。如果你看看两个复数相乘的公式：

$$(a+ib)(c+id) = (ac-bd) +i(bc+da)$$

只要有正确的心态，你就会注意到实部和公式之间的相似之处。

$$\cos(x+y) =\cos(x)\cos(y) -\sin(x)\sin(y)$$

这两个余弦结合在一起，与上面因子的两个实部处理起来相同，正弦与上面虚部之间也是如此。结果的虚部让人想到

$$\sin(x+y) =\sin(x)\cos(y) +\sin(y)\cos(x)$$

因为正弦线和余弦是混合的，如同因子的实部和虚部也是混合的。从那里，不难得到棣莫弗的著名公式：

$$[\cos(x) +i\sin(x)]^{n}=\cos(nx) +i\sin(nx)$$

这是隐含在棣莫弗的研究中的，尽管它没有用上述形式说明。几年后，欧拉把所有的线索都聚集在一起：

$$e^{ix}=\cos(x) +i\sin(x)$$

当 x 是以弧度来测量的时候，在这个表达式中，当 $x=\pi$，我们得到：

$$e^{i\pi}=-1 \quad 或 \quad e^{i\pi}+1=0$$

这样一个著名的公式，它把数学中一些最重要的数联系起来。

到了18世纪中叶，人们知道运用复数有时是解决实数问题的必要步骤。

---

① 关于这类描述的更长列表，请参见［100］，第9.3节。

大家都知道它们在方程理论中发挥了作用，并且众所周知复数、三角函数和指数之间存在着深刻的联系。

但是仍然有很多问题。例如，欧拉仍然纠缠在诸如 $\sqrt{-2}$ 这样的表达式中。一个实数方根有明确的含义：$\sqrt{2}$ 是指2的正平方根。但是，因为复数既不是正的也不是负的，没有好的方法来选择我们所说的平方根。所以我们发现欧拉说

$$\sqrt{-2} \cdot \sqrt{-2} = -2 \quad \text{和} \quad \sqrt{-3} \cdot \sqrt{-2} = \sqrt{(-3)\cdot(-2)} = \sqrt{6}$$

而没有注意到，如果他把第二个方法应用到第一个方程，他就会得到不正确的结果。

$$\sqrt{-2} \cdot \sqrt{-2} = \sqrt{(-2)\cdot(-2)} = \sqrt{4} = 2$$

类比推理经常奏效，但并不总是如此。

尽管欧拉大量使用复数，但他并没有解决它们实际上是什么问题。在他的《代数指南》中，他说：

> 由于所有可以设想的数字要么大于或小于0，要么本身就是0，很明显，我们不能将负数的平方根排列在可能的数中。因此，我们必须说，这是一个不可能的数。以这种方式，我们被引入了从本质上说是不可能的数字的概念，因此它们通常被称为虚数，因为它们仅仅存在于想象中。
>
> 所有如 $\sqrt{-1}$、$\sqrt{-2}$、$\sqrt{-3}$、$\sqrt{-4}$ 之类的表达方式，皆不可能，或者说为虚数……而在这类数中，我们可以真正地断言，它们既非零，非大于零，亦非小于零。这必然使它们成为虚幻的或不可能的。
>
> 但尽管如此，这类数还是出现在人们的脑海中；它们存在于我们的想象之中，而且我们仍然对它们有足够的认识……[1]

---

① 摘自［71］，第43页。

这种态度代表了18世纪大多数数学家的典型观点：复数是有用的虚构。乔治·贝克莱主教[1]很可能反驳说，所有的数字都是有用的虚构。然而，当时他几乎是唯一这样思考的人。

在19世纪，事情开始理清了。阿尔冈是最早提出的人之一，在他1806出版的一本小册子中，他认为人们可以通过在平面上用几何的方式来消除"虚构"或"可怕"的虚数的神秘之处：从（0，0）到（x，y）的线段对应于复数x+iy。两个复数相加符合平行四边形的向量相加定律，乘法对应于"缩放和旋转"运算。

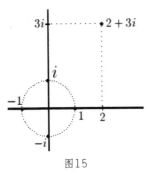

图15

虽然许多人认为阿尔冈的提议很有趣，但直到高斯在1831年提出了许多相同的想法并证明它在数学上有用之前，它并没有被真正地使用过。也是高斯提出了"复数"这个术语（他指的是一个包含多个成分的数：一个实部和一个虚部）。几年后，威廉·罗文·汉密尔顿（WilliamRowan Hamilton）证明，人们可以从平面开始，方便地定义有序对的加法和乘法，最后得到与复数相同的结果。汉密尔顿的方法完全避免了神秘的"i"，它只是点（0，1）。

阿尔冈和汉密尔顿可能把他们的想法看作是复数的又一个应用：可以用它们来做平面几何。但平面的具体性有助于消除对它们的一些担忧。这很好，因为复数非常有用。欧拉和高斯用它们来解决代数和数论中的问题。汉密尔顿用复数来写物理学。柯西和高斯设计了一种适用于复数的微积分版本。这个"复数微积分"被证明是非常强大的。在黎曼、威尔斯特拉斯和其他人的手中，复数成为一个强大的数学工具，在纯数学和应用数学中都扮演着中心角色。

这些发现的力量被法国数学家雅克·哈达玛充分利用，他说："实数领域中两个事实之间的最短路径经由复数领域。"即使我们只关心实数问题和

---

① 他因对微积分的批判而闻名，参见第54页。

实数答案，他认为最简单的解法往往涉及复数。

那么，我们为什么要"相信"复数呢？因为它们很有用。

深度阅读

大部分大型历史参考书都包括对复数历史的讨论。详情见参考文献［93］第3章。参考文献［162］，邀请你一同想象复数的本质，［172］有"$\sqrt{-1}$的故事"的更技术性说明。文章［145］对邦贝利"新型方根"到底是怎么想的进行了有趣的讨论。

问 题

（1）考虑卡尔达诺的问题，即找出其和为10且乘积为40的两个数。

① 卡尔达诺事先就知道，不存在这样的（实）数。他是怎么知道的？你能证明吗？

② 求解方程组$x+y=10$和$xy=40$，找出卡尔达诺的（复数）解。

③ 检查这个解是否有效，也就是说，你的两个复数的和是10，它们的乘积是40。

（2）由方程$x^2+y^2=1$定义的圆，与由$y=x+2$定义的直线不相交。检查笛卡尔的断言，即若试图求解这个方程组以找到交点，将得到一个只有复数解的二次方程式。

（3）检查$(2+\sqrt{-1})^3 = 2+\sqrt{-121}$，如同本节数学概念小史内文所说的一样。

（4）邦贝利要解三次方程式，不得不从一个复数如$2+\sqrt{-121}$开始，想出它的立方根。这比检查某个数是它的立方根要困难得多。你能想出办法来解这个问题吗？

（5）检查$\cos(x)+i\sin(x)$乘以$\cos(y)+i\sin(y)$的结果是$\cos(x+y)+i\sin(x+y)$。解释为什么会推出棣莫弗公式。

（6）阿尔冈的复数平面表示允许有用的复数算法可视化。如果你把平面的每一点看作是一个箭头（矢量）的尾部（0，0），那么这个点可以用箭头的长度和它与正x轴的角度来表示。

① 请计算3+4i、-5+7i和1-i的矢量长度和角度。请描述如何对任意复数a+bi进行此计算。

② 哪个复数的矢量长为6，角度为45°（π/4弧度）？它的长度是1、角度是π/2弧度？

③ 矢量可以用来表示两个复数的和，方法是矢量相加的"平行四边形之和"。请通过绘制（2+5i）+（4+3i）和（3+6i）+（5-2i）的图形来说明这一点。

④ 单位圆（图15中的虚线圆）上的数字乘法特别好算。请证明在这个圆上两个复数的乘积可以通过它们的角度之和来得到。

⑤ 图15和上面④部分应该清楚地表明，1有四个不同的四次方根。推广这一点，解释为什么对每个正整数n，1都有n个不同的n次方根。请写出1的六个六次方根。

⑥ （对于懂得抽象代数的人）请证明对于每个n，1上的第n根在乘法下形成一个n元循环群。（对于懂一点抽象代数的人）请证明对每个n，1的n次方根形成一个有n个元素的乘法循环群。

（7）这节数学概念小史中描述的复数的发展跨越了将近四个世纪，从邦贝利（1526—1572）到欧拉（1707—1783）再到高斯（1777—1855）。下列每一件事都发生在这三位数学家其中某一位在世时，请将事件匹配到每位数学家。

① 贝多芬写了他的第九交响曲。

② 格哈德·克雷默尔（Gerhard Kremer）开发了墨卡托地图（Mercator maps）以改善航海技术。

③ 查尔斯·达尔文搭乘英国舰队贝格尔号进行了他著名的航行。

④ 作为与法国和印度战争的结果，英国从法国得到加拿大，从西班牙得到佛罗里达。

⑤ 哥白尼发表了他的日心说理论——地球和其他行星围绕太阳运行。

⑥ 乔治·弗雷德里克·汉德尔写了他的神剧《弥赛亚》（Messiah）。

⑦ 卡尔·马克思和弗里德里希·恩格斯发表了《共产主义宣言》（*Communist Manifesto*）。

⑧ 詹姆斯·瓦特申请了蒸汽机的专利权。

⑨ 乔瓦尼·古斯特里纳成为教会音乐的杰出作曲家。

⑩ 罗伯特·富尔顿建造了第一艘商业上成功的汽船。

专 题

（1）学生经常难以记住三角函数恒等式，例如用sin（x）和cos（x）表示sin（$3x$）的公式。用复指数的连接提供了一个相当简单的方式演绎这些恒等式。毕竟，sin（$3x$）是$e^{i(3x)}=(e^{ix})^3$的虚部。写出e^{ix}=cos x+i sin$x$两边三次方，得到sin（$3x$）的公式。你能概括一下吗？

（2）想象一下数轴，并考虑将它乘以一个负数的结果。在几何上，我们可以描述180°旋转后会发生什么样的拉伸或收缩（取决于数的绝对值）。乘以正数只是延伸或缩小了这条线。乘以一个数字，然后乘以另一个数字的效果与乘以它们的乘积的效果相同。用这些想法来解释，为什么把"乘以一个负数的平方根"当作90°旋转是有意义的。这样的想法会对复数平面的概念有何影响？

18. 一半更好：正弦和余弦

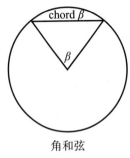

角和弦

图 16

正弦函数的故事至少可以追溯到公元前2世纪希腊罗得岛上的天文学家喜帕恰斯。和其他希腊天文学家一样，他提出了一个模型，描述恒星和行星是如何在夜空中运行的。天空被描绘成一个巨大的球体（我们仍然提到"天球"），星星的位置是由角度来确定的。角度计算是比较困难的，因此，将角度与一些（直线）线段相关联是很有用的。他们此处选择的就是弦。如图16所示，在一定半径的圆中，中心角β决定了弦，我们称它（或它的长度）为β的弦。利用这个弦长，可以计算恒星和行星当前和未来到达的位置。

人们普遍认为，喜帕恰斯建造了一张这样的弦表。他显然用了一个半径为3438的圆，然后写出了一张表，给出了对应于各种不同圆心角所对应的弦的长度。[为什么半径是3438？因为可以让圆周非常接近21600（360×60），因此一分圆弧长会逼近圆周上一个单位长，这使得sin（0°1′）≈1]。这张表并没有保存下来，所以我们不知道这些弦是如何计算出来的。我们是从其他希腊数学家的参考资料中了解到这一点的。

古希腊天文学家中最伟大的无疑是托勒密。在他写于2世纪的《天文学大成》（*Almagest*）中，我们可以学到弦理论的起源。本书第一章的大部分内容都是用来证明关于弦的基本定理，以及如何利用它们来获取关于"球面三角形"的信息，这些三角形由球体表面上的大圆圈组成。除了计算定理外，托勒密还解释了如何建造弦表。从一些精确的结果开始，他设计了一种方法，得以估算出从 $\left(\dfrac{1}{2}\right)^{\circ}$ 到180° 的圆心角所对应的弦的近似值。这些值写入了他的表中。

下一个重要进展是在印度取得的。在公元5世纪早期的一部作品中，我们找到了一张"半弦"的弦表。这反映了当时他们重要的洞察力。虽然弦可能是将线段与角度联系起来的最简单的方法，但在许多情况下，需要使用的是半角对应的半弦。这与和弦相关的等腰三角形分解为两个直角三角形，这两个三角形更容易处理一样。印度天文学家很早就明白了这一

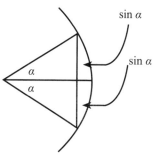

正弦是两倍α角所对弦的一半。

图 17

点，因此从弦表转到制作成半弦的表。"弦"的单词为 *jyā*，意思是"弓弦"（你能看到图17中的弓和弓弦吗？）。半弦应该是 *jyā–ardha*，但是由于他们一直只使用半弦，所以他们通常只使用 *jyā* 或变体形式 *jīvā*。

你可以从图17中看到，印度数学家的半弦和我们正在用的正弦完全一样。你也可以在图中看到其他的印度三角函数。余弦是从中心到弓弦的部分，它只是"补充的正弦"。从弓弦到圆弧的段被称为"箭头"（当然）。我们就把它称为"正矢"，也就是1-cos（α）。印度数学家都知道切线，但背景不同（参见数学概念小史28）。

不过，印度的函数和我们所学三角函数的职能之间有一个很大的区别。我们把正弦看作是图中所示线段与圆半径的比值。他们认为半弦和箭头是在一个特定半径的圆中的实际线段。（如，托勒密用半径为60的圆来计算。）换句话说，半弦长等于 $R\sin(\alpha)$。无论何时使用三角剖分，人们都必须考虑圆的半径，如果情况需要不同的半径，就要适当地缩放。最早的印度弦表使用半径为3438的圆。当然，这个数字表明了应是受到喜帕恰斯的影响，但一些历史学家认为半径为（360×60）/2π 是一种自然的选择，可以独立做出。

印度数学家开发了非常精练的制作半弦表的方法，由于无法精确计算

任意角所对应的弦长，这些方法都是近似技术。从6世纪的阿耶波多到12世纪的婆什迦罗第二，人们发现了越来越复杂的近似计算方法。这些方法中有许多是预测的想法，后来被欧洲数学家重新发现。

几乎在每一种情况下，印度的数学思想都是通过阿拉伯数学家传到欧洲的。印度三角学就是这样的。阿拉伯人从印度学到了天文学，其中包括学习半弦表。然而，阿拉伯数学家们并没有翻译梵语，而是简单地把梵语 *jivā* 变成了 *jiba*。对于印度人"箭"，他们只是选择阿拉伯词汇中的箭头。

选择无意义的单词"*jiba*"是一个问题。因为阿拉伯语是没有元音的，所以这个词被简单地写成 *jb*。不可避免的是，读者会把它看作是一个真正的词 *jaib*，意思是"河湾""海湾"或"口袋"。在天文学著作《天文论著》（*The Canon*）中，阿尔·巴塔尼说 *jaib* 是阿拉伯语，相当于梵语的"*jiva*"，所以这个版本在10世纪末已经流行了。

就像他们在其他情况下所做的那样，阿拉伯数学家们为这一课题增添了自己的想法。事实上，阿拉伯三角学变得相当复杂。他们发现了三角学和代数之间的联系。例如，他们知道，求解三次方程有助于解决任意角的级数计算问题。他们加深和扩展了人们对球面三角形的了解，使计算天文学变得更容易。他们还在理论中增加了其他功能（但是仍然认为是特定的部分）。我们在数学概念小史28中讨论了这一发展。

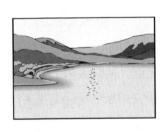

当欧洲数学家发现这一材料时，像往常一样，人们争相翻译和研究阿拉伯作品。到了翻译 *jaib* 的时候，译者选择了拉丁文中的"弯曲处（sinus）"这个词，这个词最初的意思是"胸部"，后来被应用于胸前的外衣褶皱所形成的凹陷处，并从这个空隙应用到任何形状的凹陷处。包括河湾或海湾（我们的"曲折"一词源自同一个拉丁语的词根：如果某物有大量的洞穴和空洞，它就是曲折的）。我们就是这样得到"正弦（sine）"这个词的。对于"箭"，首先使用的词语是拉丁语，相当于 sagitta。遗憾的是，后来的"sagitta"变成更无聊的"正矢"——谈论"箭"会更有趣。

在这一时期的大部分时间里，三角学思想的主要应用是天文学。天文学家们大多使用球面三角，所以这个话题占据了大部分书籍。然而，在15世纪，三角学开始成为人们感兴趣的对象。这一时期最重要的三角学著作是缪勒的一本书，他通常被称为雷乔蒙塔努斯（Regiomontanus），因为他出生在柯尼斯堡（Königsberg）市（"Königsberg"的意思是"国王的山"，而"Regiomontanus"是拉丁语，意思是"来自国王的山"）。

约在1463年，雷乔蒙塔努斯撰写了《论各种三角形》（*On All Sorts of Triangles*）[①]，但这本书直到几十年后才出版。虽然很明显，他知道关于切线函数的阿拉伯作品，但在他的书中，他只使用了正弦。这本书包含了平面和球面三角形几何的基本理论和应用。对于雷乔蒙塔努斯而言，正弦仍然不是一个比例；就像古印度的作品那样，它是一段特定线段的长度。这本书包括一个大的正弦曲线表，是根据半径为60,000的圆计算得到的。这个半径被称为"正弦"，任何计算都必须考虑到它。

余弦呢？经常需要使用互补角的正弦，也就是说，需要sin（90°−α）（见图18）。然而，在这一点上，似乎没有人给这个数量一个特殊的名称。它只是正弦的补充。然而，两个世纪后，正弦的补充（sinus complementi）变成了co. sinus，后来写成cosinus.

雷乔蒙塔努斯的书有很大的影响力。在接下来的几十年里，关于三角学主题的其他几本书也被写出来。其中一些只是对雷乔蒙塔努斯的内容进行了改写，但也有一些书提出了新的想法。在16世纪中叶，乔治·约阿奇姆·瑞德克斯（Georg Joachim Rheticus）

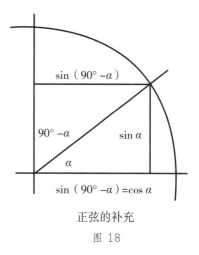

正弦的补充

图 18

解释了如何根据直角三角形定义正弦和其他函数，而不涉及实际的圆（参见数学概念小史26）。托马斯·芬克发明了切线和割线这两个词。

最后，巴索洛缪·皮蒂斯克斯（Bartholomew Pitiscus）发明了"三角

---

① 最初的书名是拉丁文：*de Triangulis Omimodis*。

皮蒂斯克斯的《三角学》第三版封面
图 19

学"一词，并在他1595年首次出版的书名中使用了这个词。皮蒂斯克斯的书《三角学》（*Trigonometry*）或《三角测量》（*Measurement of Triangles*）的标题页宣传说，它将包括可应用于测量、地理和天文学的材料。皮蒂斯克斯的书成了标准的参考书和教科书，并把三角学作为一个独立的数学课题，应用在许多不同的领域。

在17世纪，三角学一直很流行。这是代数兴起的时代（参见数学概念小史8），而三角学提供了一种利用代数技术解决几何问题的方法。它有时也被用来解决代数问题。例如，弗朗索瓦·维特（François Vieete）指出，人们可以用三角函数来求解某些特定的三次方程，巧妙地反转了几个世纪前阿拉伯数学家所做的事情。

所有这些三角学看起来与我们今天学到的很不一样。一方面，正弦仍然是一个特定的线段，画在一个特定半径的圆中，而不是一个比率。另一方面，还没有人想到正弦是现代意义上的函数。这两种变化都是在微积分发明之后才发生的，而它们在18世纪被欧拉真正巩固了。欧拉让人们相信，他们应该把正弦看作单位圆弧中的一个函数（也就是说，他们应该把它看作是用弧度测量的角度的函数）。欧拉的影响是巨大的，正是因为他的研究成果，直到今天我们还在探讨三角学。

至于正弦函数的图形，就如图20中的曲线，又是怎么回事呢？在17世纪，吉勒·德·罗伯瓦尔在计算摆线内部面积时曾画了一条正弦曲线。只有在这一点上，正弦曲线的曲折形式才变得明显可见。

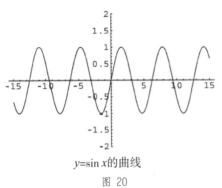

$y=\sin x$的曲线
图 20

深度阅读

我们首先从弗雷德里克·瑞奇（V. Frederick Rickey）（至今尚未出版）"微积分课堂的历史笔记"（Historical Notes for the Calculus Classroom）一章中学习了"正弦"这个词的词源。你可以在［186］第8.1.2节中看到近期的讨论。关于三角学早期历史的最好的书是参考文献［238］。莫尔（Maor）的［159］是一个可读性强的大众解释，强调更近的历史。关于三角学历史的较短的叙述是［93］第1章。

问 题

（1）在计算器以前的旧时代，人们常常需要使用对数表。比如，在1916年出版的著作，附有正弦对数表，曾写道：log sin（30°）= 9.6989700。

请问它的意义是什么？

（2）假设 α 和 β 是两个角度，其总和为180°。证明：

$$chord^2(\alpha) + chord^2(\beta) = 4R^2$$

其中 R 是参考圆的半径。你认为这个等式成立吗？如何用现代术语来表达呢？

（3）当斜边 AB 的长度和一个锐角的大小已知时，如何求直角三角形 ABC 的边长？雷乔蒙塔努斯说："令锐角 ABC 为36°，AB 为20英尺，从90°减去36°得54°，即锐角 BAC 的大小。此外，从正弦表中可以发现，当 AB 为完整正弦时，长为60,000，线段 AC 为35,267，而 BC 为48541。因此，将35,267乘以20得705,340，除以60,000，约得 $11\frac{45}{60}$。因此 AC 边长为 $11\frac{3}{4}$ 英尺，即11加1英尺的四分之三。"（引自［122］第69页）

① 请解释这个计算为什么与我们当前的角的正弦有关。从这个角度来看，雷乔蒙塔努斯得到的 sin（36°）值，与用现代计算器（或计算机）计算的值有多接近？

② 用雷乔蒙塔努斯方法求出边 BC 的长度。然后用现代方法计算，并比

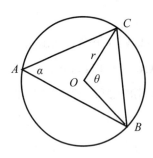

较结果。

③ 你认为雷乔蒙塔努斯的正弦表会给出45°的值吗？请说明。

（4）假设我们有一个三角形的 ABC，在圆心 O 和半径 r 上画一个圆，如图中所示。欧几里得证明角度 θ 是角度 α 的两倍。使用这个"正弦是两倍角弦的一半"来解释为什么。

$$\frac{BC}{\sin(\alpha)} = 2r$$

（5）雷乔蒙塔努斯出生于神圣罗马帝国。那是怎样的一个帝国？它的范围有多大？当时的皇帝是谁？

专　题

（1）在《天文学大成》（*Almagest*）中，托勒密用一个半径为60的圆构建了一张弦表。看起来如何开始计算这些正弦值是很容易的。

① 180° 弦是什么？

② 想象一个圆内接的正方形。正方形的每一边都是一个对应于90° 中心角的弦。圆的半径是正方形对角线的一半。使用这个计算chord（90°）的值。

③ 其他的弦可以用这种方式很容易地计算出来吗？

④ 为了得到其他角度的弦，我们可以使用各种各样的恒等式，把不同角的和与差的弦跟原来的角的弦联系起来。你能找到这些特性吗？发现"半角公式"了吗？

⑤ 即使有了这些方法，也不可能精确计算1° 角所对应的弦长。做些调查看看托勒密是怎么做到的。

（2）印度三角学的早期发展大部分发生于6世纪阿耶波多到12世纪的婆什迦罗第二期间，研究印度在这600年的历史，并写一篇短文。

（3）两个角度和的正弦公式是最重要的三角恒等式之一。这个题目要求你根据托勒密的方法来解释为什么它是正确的。整个证明都是基于托勒密定理：一个圆内接四边形，其两对角线的乘积等于对边的乘积之和。

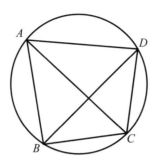

$$AC \cdot BD = AB \cdot CD + BC \cdot DA$$

① 如果给一直径为1的圆，圆内接三角形，则其任意一内角所对应的正弦值正好等于其对边长。

② 给定两个角α和β，画一个直径长度为1的圆，并设AC为直径。在圆上找到点B和D，以使角$CAB=\alpha$，角$CAD=\beta$。

③ 为何角ABC与角ADC都是直角？

④ 证明：$BD=\sin（\alpha+\beta）$，$AB=\cos（\alpha）$，$BC=\sin（\alpha）$，$CD=\sin（\beta）$且$DA=\cos（\beta）$。

⑤ 现在应用托勒密定理证明三角形的和角公式。

19. 奇妙新世界：非欧几何

欧几里得对平面几何学的系统方法（见数学概念小史14）是如此之好，以至于人类花了2000多年的时间才解开其中的神秘面纱。本篇勾勒出了那个神秘的故事，并寻找它的解答，从欧几里得的第五公设开始。

一条直线与另两条直线相交，如果同一侧的两个内角和小于两直角，那么两条直线，如果无限延伸，就会相交。

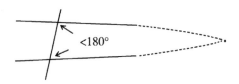

这个假设似乎与平行线无关。它说明了一个属性，它保证一对线不是平行的。但是，由于它在证明平行线的许多性质方面起着至关重要的作用，所以通常被称为平行公设。

欧几里得最初的定义之一说，平行线是同一平面上的一组直线，把它们在两个方向上无限地延伸，在两个方向上都不会相遇。但他直到很久以后才开始处理平行线问题。

事实上，这个假设直到第29个命题才被使用。为什么欧几里得要这样编排他的命题？没有人知道真相，但大多数人都认为他知道第五公设有什么不寻常的地方，所以在没有它的情况下，他就尽可能多地完成了。然而，一旦他开始使用这个假设，欧几里得就大量用上了它。《几何原本》卷一的其余20个命题建立了平行线、平行四边形和正方形的基本性质，包括众所周知的平行线在任何地方都是等距的事实。他还用它来证明一些基本的几何思想，其与平行线的联系并不那么明显，包括勾股定理以及三角形角度总和恰好等于180°（两个直角）的事实。

从某些方面来说，平行的假设似乎更像是一个定理。它不像欧几里得的其他四个假设那样简单或不言而喻，但毫无疑问这是正确的。欧几里得擅长证明定理和归纳思想。他为什么不能证明这一说法？两千多年来，大多数数学家深信这是因为欧几里得不够聪明。他们确信这是一个定理，许多人提出了证明。5世纪的希腊哲学家普罗克洛斯（Proclus）认为这是一个定理，并且讨论了证明它的可能方法，但没有找到令人信服的论据。在8世纪和9世纪的阿拉伯学者将希腊古典著作翻译成阿拉伯语之后，他们也试图证明平行公设。这个追求在中东和西方持续了许多世纪。但在任何情况下，提出的证明都是有缺陷的。对于这个看上去像定理的令人恼火的假设，直到19世纪才对它有正确的理解。

当他们试图证明平行假设时，一些数学家发现了逻辑上相同的替代叙述，他们认为这些叙述更清晰或更容易使用。这些假设中最著名的是以苏格兰科学家约翰·普莱费尔（John Playfair）的名字命名的，它被称为"普莱费尔公设"（Playfair's Postulate），在18世纪很受欢迎。

普莱费尔平行公设的形式是：通过一个不在直线上的点，只有一条线与给定的线平行。普莱费尔的假设是十分有名的，许多当前的几何书籍将其作为平行假设，代替欧几里得的原始叙述。在本数学概念小史的其余部分，我们也将这样做。

18世纪初，意大利的一位教师和学者吉罗拉莫·萨凯里对平行假设问题尝试了一种聪明的新方法。他这样推理：

- 欧几里得公理并无互相矛盾。
- 我们相信，平行公设可以从欧几里得的其他公理中得到证明，但到目前为止，还没有人能够证明它。
- 假设可以证明。然后用否定代替平行公设，把矛盾置入系统中。

· 因此，如果我用平行假设的否定作为公设，并在这个新系统中发现矛盾，我就会证明平行公设可以从其他公设中得到证明，即使我实际上没有直接证明它。

萨凯里从一个类似矩形的图形开始：两个与水平基垂直的相等线段，通过顶部的线段连接起来。这个图形现在被称为萨凯里四边形。在欧氏几何中，它必须是一个矩形，但是萨凯里意识到证明这一点需要平行公设。一旦证明顶端两个角度必须相同，就得有三种情况需要考虑：

（a）两个角都是直角。

（b）两个角都是钝角（> 90°）。

（c）两个角都是锐角（< 90°）。

他证明了当且仅当平行公设是正确的时，第一种情况是正确的。这留下了两个选择：萨凯里称之为"钝角假设"和"锐角假设"。他证明了如果一个萨凯里四边形中的角是锐角（或钝角），那么在每个这样的四边形中都是如此。

也就是说，一个图中的角度决定了平行公设是否正确。根据普莱费尔公设，给定一条线和一个点，那么：

（a）在钝角的假设下，从来没有一条线与直线平行的点；

（b）在锐角的假设下，总是有超过一条线穿过平行于直线的点。

因此，萨凯里必须证明这两种情况中的每一个结果都是矛盾的。第一种情况很容易。欧几里得已经证明，在不使用平行公设的情况下，平行线必定存在，在这种情况下产生了直接的矛盾。第二种情况更加顽固。萨凯里证明了许多有趣的结果，但他无法找到明显的矛盾。最后，他考虑了"在无穷远处"发生的事情，让他看起来像是一个矛盾。这不是很有说服力，有人怀疑他知道这一点。他的研究成果于1733出版，书名为《免除所有污点的欧几里得几何》（*Euclides Vindicatus*）（字面意思是"欧几里得辩护"），但很快被遗忘了，长达将近100年。

在19世纪，人们开始想知道：是否可以有一个平面几何图形，在这个几何图形中，通过不在一条给定线上的点，有多条线与给定线平行？伟大的德国数学家高斯在1810年左右探索了这种可能性，但他没有发表他的任何发现，所以几乎没有人知道他的研究成果。1829年首次公布的对这种不同几何形状的研究成果，是由一位俄罗斯数学家尼古拉·罗巴切夫斯基（Nicolai Lobachevsky）撰写的，他一生致力于这方面研究。大约在同一时间，一位年轻的匈牙利军官波尔约（J'anos Bolyai）也在研究同样的问题，他于1832发表了这些成果。所有的这些人都得出了同样令人惊讶的结论：如果平行公设被"通过一点有许多不相交的线"的假设所取代，那么，由此产生的系统不会有任何矛盾。每个人都开始通过假设它是否定的来证明假设。相反，他们发现了不同的几何体，没有明显的缺陷。

这应该一劳永逸地解决了2000年前关于欧几里得第五公设的问题：

平行公设不能从欧几里得几何的其他四个假设中得到证明。

然而，很少有人关注这些证明。波尔约在他父亲的一本书的附录中用拉丁文发表了他的研究结果。洛巴切夫斯基在一本不知名的杂志上用俄语发表了他的文章。从他的信件中我们知道高斯对这两部作品都很了解，但似乎很少有人感兴趣。

所以我们有了一个全新的几何学——一个全新的空间理论。当然，这个几何学的空间不同于欧几里得空间。高斯把它命名为"非欧几里得空间"，现在我们称之为双曲空间。导致人们忽视它的原因之一是哲学家伊曼纽尔·康德的一些追随者强烈支持欧几里得几何学——欧几里得几何必定是现实空间的几何。

最重要的突破来自波恩哈德·黎曼（Bernhard Riemann）的研究。在1854年的一次讲座中，他根据"局部"信息提出了一种全新的几何方法。他的观点是，我们所观察到的空间只是一小部分。在这部分，我们有一种测量距离的方法。为了测量更大的距离，黎曼使用积分法，把沿着曲线的小距离相加。他解释了局部距离必须遵守的基本条件，并认为满足这些条件的任何局部距离都能产生合理的几何图形。他证明局部距离决定了局部曲率。要得到欧几里得几何，就得使曲率常数等于零。他在演讲中没有这么说，但为了获得双曲线几何，只需使曲率不变并且是负值。

正曲率怎么样？在一个正曲率的空间里，根本就没有平行线！换句话说，具有正曲率的空间将是萨凯里钝角假设成立的地方。但是萨凯里在这件事上发现了矛盾，不是吗？欧几里得关于平行线存在的证明没有使用平行的假设。因此，在这种情况下，其他一些假设必定失败。

欧几里得的假设之一就是说直线可以"不断延伸"。萨凯里和欧几里得都假设直线无限长。黎曼观察到，"不断延伸"并不一定意味着长度无限。例如，圆弧可以根据我们的需要不断延伸；它没有终点，但其长度是有限的（当然，扩展弧可能意味着要回溯一部分弧）。

这就是黎曼所说的全部内容了，但另一些人很快就发现，用一个较弱的假设，即没有边界点的线取代欧几里得假设的无限线，导致产生了一个新的几何学，现在称为椭圆形几何，它满足欧几里得的前四条公设，但不满足平行公设。

为了使一个椭圆几何模型可视化，使用球体的表面作为"平面"，并将该球体上的位置作为"点"。这个几何体的"线"是大圆，将球体分成两个相等的部分，如地球上的赤道线或经线。这样的圆叫作"大圆"，因为它们是在球体上可以画出的最大的圆。这意味着球面上任意两点之间的最短路径是大圆通过这些点的圆弧，所以这些圆类似于欧几里得平面的直线。现在，任何两个大圆都必须相交（考虑在没有越过赤道的情况下试图把地球切成两半），所以这个几何图形没有平行线。[1]

因此，到了19世纪中叶，有三种不同的几何"品牌"，它们通过平行线的方式相互区分。19世纪70年代，费利克斯·克莱因强调应该将所有三种选择结合在一起考虑。这样的几何图形可能具有（常数）正曲率、负曲率或零曲率。他把这三种情况分别称为"椭圆""双曲线"和"抛物线"，[2]但只有前两个名字被保留了。如果曲率为零，则几

---

[1] 这种简化的描述忽略了一个技术难点：必须将截然相反的点视为相同的，否则两个点不能确定唯一的线（大圆）。一个恰当的等价关系解决了这一问题。

[2] 这些术语指的是曲率上的差异，而不是圆锥曲线。

何为欧几里得几何。他称其他两种情况为非欧几里得几何（non-Euclidean geometries）。

所有这三种几何形状都是一致的系统，但他们对平行性的不一致使它们具有惊人的不同特性。例如，只有欧几里得几何中有相似但不全等的三角形。在非欧氏几何中，如果两个三角形的对应角相等，则三角形必须全等。这些几何形状之间的另一个独特区别是，三角形内角之和会根据几何形状的类型而变化：

在欧几里得几何中，三角形内角和正好180°；

在双曲线几何中，三角形内角和小于180°；

在椭圆形几何中，三角形内角和大于180°。

在后两种情况下，180°偏差量随三角形面积而变化。

看上图，你可能会认为第二个和第三个图形并不是真正的三角形，因为它们的边看起来不是直线。但他们的确是。它们是所在平面的点之间的最短路径，它们看起来是弯曲的，因为把三个三角形"平摊"显示在一页纸上（这是欧几里得平面），使得非欧几里得三角形上的点之间的相对距离被扭曲了。为了得到更好的感觉，想象第三个三角形被画在气球上。在这种曲面上，它变得更清楚，边是顶点之间的最短路径。

还有一个不同之处值得注意，因为它似乎与平行线无关，甚至与直线无关。圆的周长C与其直径d的比率也取决于几何的类型：

在欧几里得几何中，它们的比值恰好是π；

在双曲线几何中，比值大于π；

在椭圆几何中，比值小于π。

同样，偏差量随着面积而变化。

面对三种相互冲突的几何系统，人们很容易选择旧的、熟悉的几何体系作为"真的"几何，并将另外两种视为虚构的异类。但这是对的吗？事实上，这个问题是无法回答的。真正的问题不是"什么是真的"，而是"什么是有用的"。几何是人类设计的工具，帮助我们处理现实世界中的问题。像其他工具一样，有些适用于某项工作，其他的适用于另一项工作。如果你是一个建筑工人、测量师或木匠，那么欧几里得几何学是目前为止最简单的使用方法；它在这些方面很有用。如果你是一个研究遥远星系或理论物理学的天文学家，你需要考虑空间的曲率，所以需要一个不同的几何学。几何是工作人员选择的工具，而不是工作现场的固定特征。

深度阅读

很多书都在讨论非欧几何的历史。[182]是关于几何思想如何影响我们对宇宙的理解的书面说明，第三章到第五章涉及非欧几何。[74]第26和第27讲也很有用。[95]中有一篇有趣的文章试图证明平行公设。有关非欧几何更深入的介绍，请参见[102]和[104]。

问 题

（1）如果将"平面"解释为"曲面"，并把直线的概念看成最短距离的路径，则想象非欧几何更容易。沿着最短距离的线称为测地线。椭圆几何的球面模型可能是最容易想象的非欧模型。要感觉在球面上如何测地线，可以用一个地球仪和一些细绳来回答下面问题。

① 东京的纬度仅仅比纽约往南几度。用绳子找到这两个城市之间最短的直达路线（将绳子拉紧）。这条路线在北方走了多远？现在延长绳子绕地球仪一圈，形成一个圆。这条线有多长？它在哪里穿过赤道？

② 重复①部分，城市换成加州旧金山、伊拉克巴格达。

③ 重复①部分，城市换成乌干达坎帕拉（中部非洲）和巴西北部亚马孙河出海口。

④ ①②③3小题中的3个圆中，有没有任何一个（大约）是纬度线？3个圆周的长度哪个较长？

⑤地球上的每一条纬度都是一个圆。他们中有大圆吗？他们都是大

圆吗？

⑥从南卡罗莱纳州的哥伦比亚直接向西飞，你就可以去洛杉矶了。这是最短的路线吗？为什么是或者为什么不是？

（2）在椭圆几何的球面模型中，三角形的边是大圆上的弧。假设这里的模型是一个半径为1英尺的球面。

① 选择一个特定的大圆（考虑赤道）并标出长度为 $\frac{\pi}{2}$ 英尺的线段 AB。在每个端点构建一个垂直（测地线）段，并延伸这两线段直到它们相交（它们为什么一定要相交？它们在哪里相交？）。设交点为 C。三角形 ABC 内角和是多少？三角形 ABC 是等边的吗？请证明你的答案。

② 在 C 点，形成 $60°$ 角，AC 作为一边。延长另一边，直到它与 AB 相交；设交点为 D。三角形 ACD 内角和是多少？AD 长度是多少？CD 长度是多少？

③ 设 M 是 AB 的中点。你能不能以 AM 为一边作一三角形，使其与三角形 ABC 相似？你能作出任意一个与三角形 ABC 相似但不全等的三角形吗？请解释你的答案。

（3）在本节数学概念小史的末尾，我们说到在非欧几何中，圆周长与直径的比值不是 π。事实上，这种比率在两种非欧几何中都不是常量。下面的问题说明了椭圆几何的这一事实。假设你的椭圆"平面"是半径1米的球面。把它的某个点称为N（如"北极"），并将以N为中心的大圆看作赤道。

① 以N为圆心的椭圆直径 $\frac{\pi}{2}$ 的圆是从北极到赤道半途的一条纬度线；在地理上，它是北纬 $45°$ 线（椭圆直径必须沿球面测量其长度）。它的周长是多少？圆周C与椭圆直径d的比率是多少？$\frac{c}{d_r}$ 和 π 差多少？（最后一个问题请给出一个答案近似值）。

② 北纬 $60°$ 线的 d_r 有多长？请计算 $\frac{c}{d_r}$ 和 $\pi - \frac{c}{d_r}$ 的小数近似值

③ 当纬度线从北极向下移动到赤道时，$\frac{c}{d_r}$ 是如何变化的？如果可以的话，请建立一个根据纬度计算这个值的公式。

（4）罗巴切夫斯基、波尔约和黎曼在19世纪第二个25年间发表了关于非欧几何的理论。这是整个欧洲社会政治动乱的年代。找出在这四分之一世纪里，在每个数学家自己国家里发生的一件重大政治事件。

专 题

（1）研究并描述某种双曲几何模型。详述"平面"和"直线"是什么，详细解释为何穿过同一点的两条线都可以平行于另一条线。

（2）这节数学概念小史声称这里描述的三种平面几何——欧几里得、椭圆和双曲线——在某些方面会比另外两种更好。写一篇短文，用篇幅大致相等的三个部分分别描述三种几何。在每一部分中，描述这种类型的几何比其他两种更合适的情况，并解释提出这种说法的原因。请注明你所使用的任何来源的文献，用你自己的话表达所有的想法。

（3）19世纪上半叶，欧洲在艺术领域取得了非凡的成就，科学有重大进步，社会思潮发生了深刻变革。这种创造力的充沛仅仅是巧合，还是缘于工作带来的广泛影响？写一篇关于这个主题的短文。

20. 在旁观者的眼中：射影几何学

随着文艺复兴带来解放思潮在欧洲各地传播，科学家和哲学家重新焕发出活力，探索周围的世界，艺术家们试图用纸和画布来反映现实。他们的主要问题是视角——如何在平面上刻画深度。15世纪的艺术家们意识到他们的问题是几何性的，所以他们开始研究眼睛所看到的空间图形的数学特性。菲利波·布鲁内莱斯基首先在这个方面做出了努力，很快其他意大利画家也跟进效仿。

在数学透视研究方面最有影响力的是意大利艺术家莱昂·巴蒂斯塔·阿尔伯蒂，他写了两本关于这一主题的书，提出了单眼凝视的绘画原则。也就是说，他将图像的表面想象成一个窗口或屏幕，通过该窗口或屏幕观看要描绘的景物。当视线汇聚到眼睛观察场景的那一点时，屏幕上的画面就会捕捉到它们的横截面（见图21）。

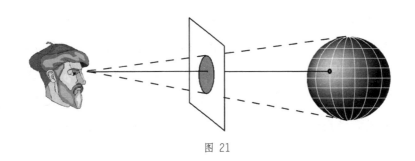

图 21

阿尔伯蒂为应用这一原则开发了一些数学规则。他还提出了一个根本问题：如果从两个不同位置观察同一物体，那么物体的两个"屏幕图像"

将会不同。这些图像是如何相关的，我们能用数学来描述它们之间的关系吗？屏幕图像被称为物体的投影，对投影如何相关的研究成为数学新领域的问题，称为射影几何学。在15世纪和16世纪早期，研究、使用和推广这种数学理论的最著名的人物中，有意大利艺术家皮耶罗·德拉·弗朗西斯卡（Piero della Francesca）和达·芬奇（Leonardo da Vinci），还有德国艺术家丢勒——他针对这个问题写了一本后来被广泛引用的书。

可以这么说，现在思考"在另一个方向上"的投影。也就是说，将"眼睛"想象成一个光源，将一个平面上的图像投射到另一个平面上，就像投影仪把幻灯片上的图像投射为屏幕上的图像一样。如果你倾斜屏幕，你可以用很多不同的方式来扭曲图像（见图22）。如，你可以改变距离和角度，但是图形的一些基本属性是不能改变的，比如一条直线总是投影成一条直线。

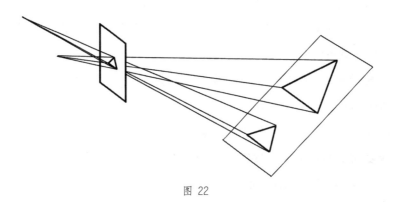

图 22

这里有一个更突出的例子：一个圆的映像可能不是一个圆，而是一个圆锥截面。[①]实际上，任何圆锥截面的映像总是圆锥截面。圆锥截面的这一显著特性，是法国工程师、建筑师吉拉德·笛沙格对投影进行开创性研究的基础。笛沙格的研究在他那个时代通常被忽视，但是在19世纪中叶被重新发现并最终受到赞赏。那时，让·维克托·庞塞莱出版了一本非常有影

---

① 圆锥截面包括圆、椭圆、抛物线和双曲线。见数学概念小史28。

响力的关于射影几何的书。当拿破仑在莫斯科战败后，他曾是俄国战俘，这本书是他在狱中完成的（没有受益于任何参考书）。

19世纪法国和德国的数学家们在笛沙格和庞塞莱研究的基础上，把射影几何变成了一个主要的研究领域。透视和投影思想的数学概括产生了一些令人惊讶的见解，其中最显著和最有力的是对偶原理。

为了解释这个想法，让我们先回顾一下艺术家对投影的看法。一个著名的透视画的例子是铁轨延伸到一个遥远的地平线的图像。这些平行的轨道似乎在地平线或地平线以外的地方相交。事实上，在艺术家的画布平面上，这些线条确实是相交的。也就是说，为了使这些线在观察者看来，呈现出相同的距离且彼此逐渐消失远去，它们必须在"无穷远处"相交。所有看起来平行于一条直线的线都应该在无穷远的同一点相交。射影几何将这些点严肃地视为无穷远处的点。二维射影几何平面是规则的欧几里得平面，再外加一条直线——这是一条理想直线，包括欧几里得平面上每条平行线的"族"的一点。[①]这样，射影平面中的每一对直线正好相交于一点。

这让我们回到对偶性。在欧几里得几何学中，"两点精确地决定一条直线"是众所周知的事实。射影几何也是如此，"两条直线恰好决定一个点"。事实上，在射影几何中，任何关于点和线的陈述如果都是真的，那么将"点"和"线"这两个词互换后，该叙述依然是真的（假设你对专门术语做了适当的调整）。这是对偶原则，而这两个陈述中的每一个都称为另一个的对偶。它在19世纪中期首次得到认可，并且在20世纪初建立了一个射影几何公理系统，其中每个公理的对偶也是一个公理。

例如，这里有一个平面射影几何公理系统，其中每个公理都是自己的

---

① 每个平行线族都可以与一个实数相关，就像每族的所有直线都与其共同的斜率有关一样。

对偶：①

公理1　通过每一对相异点正好有一直线，每一对相异直线正好在一个点上相交。

公理2　存在两个点和两条直线，使得每个点仅在一条线上，并且每条线仅在一个点上。

公理3　存在两条直线和不在给定直线上的两点，使得两条直线的交点在穿过这两点的直线上。

公理3是它自己对偶的事实，一开始可能不明显。但是，请记住，两直线交点与一直线通过两点互为对偶。现在，如果在公理3中交换"点"和"线"并进行语言调整，则可以看到由此产生的叙述表达了同样的结论："存在两点和不通过给定两点的两条直线，使得通过这两点的直线，穿过给定两直线的交点。"

到目前为止，我们提出的对偶陈述并没有很好地说明对偶性的效力，因为它们都太简单了。这里有一个更有趣的例子，就是帕斯卡所谓的"神秘的六边形"定理，源自笛沙格关于圆锥截面的研究：

一个六边形可以内接于一圆锥曲线，当且仅当它的三对相对边所确定的点（相交点）位于同一（直线）线上（第231页图23显示椭圆帕斯卡定理）。

应用点–线对偶性，多边形的边变成顶点，反之亦然，而且"内接"（顶点位于圆锥曲线上）变成"外切"（边与圆锥曲线相切）。因此，帕斯卡定理的对偶是：

一个六边形可以外切于一圆锥曲线，当且仅当它的三对相对顶点所确定的三条直线相交于相同的一点（第231页图24显示椭圆帕斯卡定理对偶）。

这个定理的证明首次发表于1806年，比帕斯卡（16岁时）证明他的神秘六边形定理晚了175年，但在对偶原理被了解之前。通过对偶性质，我们

---

① 见［78］第116页。

现在知道，任何一个定理的证明都能自动保证另一个定理为真。

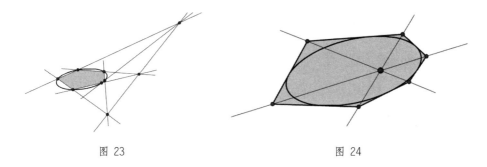

图 23　　　　　　　　　　　　　　　图 24

深度阅读

参见［78］关于射影几何的更多信息。请看［83］和［8］以了解透视的早期历史。关于19世纪射影几何的历史，最好的来源是［102］。

问 题

（1）第228页图22说明了如何改变"光源"的位置可以改变投影到图像平面上的三角形的形状。如果光源的位置使其通过原三角形顶部顶点的光线与图像平面平行，则投影图像会是什么样子？

（2）写出下列各叙述的对偶。

① 两个不同的点在且只在一直线上。

② 至少有三个不同点不在同一直线上。

③ 如果一些点都在同一直线上，称为共线（其对偶是共点的定义）。

④ （笛沙格定理）如果两个三角形的位置使得通过相应顶点的三条直线共点，那么它们相应边对的三个交点共线。

（3）图23说明了椭圆上帕斯卡神秘的六边形定理。请画出图说明该定理在圆和抛物线上的应用。

（4）应用圆内接正六边形，画一张有关帕斯卡神秘六边形定理图。

① 为什么这个例子不是定理的反例？

② 这个情况的对偶是什么？使用点–线对应。

（5）设L是平面ρ上的一条固定直线。ρ上所有经过L上一特定点p的其他直线的集合记为L_p。

① 证明：如果q是L上一点，当$p=q$，则$L_p \cap L_q = \phi$

② 设$\wedge$是ρ上所有直线的集合，请证明下列叙述：

若ρ是射影平面，则

$$\{L\} \cup \bigcup_{P \in L} L_p = A$$

若ρ是欧氏平面，则此叙述不真。

③ 若ρ是射影平面，且L是它的无穷远线，那么在特定集合L_p上所有的直线是如何相互关联的呢？

（6）射影几何研究当图形从一个平面投射到另一个平面时，其图形性质的不变性。长度不是这样的属性，长度的比率也不是。然而，由长度比构造的东西就是这样一个属性，这有点令人吃惊。这种叫作交叉比的东西，从19世纪初开始就成为射影几何中的有力工具。以下（精心选择的）示例说明了交叉比率。

设L和L'是在A处相交的两垂直线，B、C、D是L上在点A上面的连续单位点，选择一直线经过D点，与L'直线成30°角，又设P为该线上的点，且越过D点共6个单位长（如下图），从P投射L到L'。

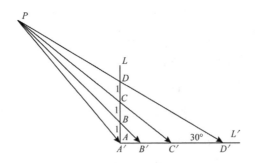

① A、B、C和D（按该顺序排列）交比是：$\dfrac{AC/CB}{AD/DB}$

其中，每一对字母代表该线段的（正数）长度。计算L上这些点的交比。

② 找到$A'C'$、$C'B'$、$A'D'$和$D'B'$等线段的长度，利用它们来显示射影将会改变长度和长度比。

③ 计算A、B、C和D的交比，并将你的结果与你对①部分的答案进行

比较。（提示：尽量避免使用计算器求近似计算）。

（7）也许除了帕斯卡，笛沙格有关的射影几何研究并没有对他的同时代人产生太大的影响。请推测为什么会发生这种事？

（8）射影几何学在19世纪被加斯帕德·蒙吉、米歇尔·查斯和让·维克多·庞塞莱重新发现。就像笛沙格和帕斯卡一样，这些人都住在法国。在笛沙格和帕斯卡时代，法国是什么样的国家？19世纪的法国又是什么样的国家？

专　题

（1）写一篇关于早期在艺术中使用射影几何的论文。找出一些艺术家在本节数学概念小史中提到的作品的例子，并描述这些作品是如何运用射影几何原理的。

（2）玛丽·庞索特的诗《皇家之门》写道：

小杰奎琳·帕斯卡与布莱斯一起重新发明了欧几里得（爸爸让他们这样）。

当他做出圆锥曲线时，她写了剧本，黎塞留喜欢她的即兴表演，她把爸爸从监狱里救了出来。

了解更多关于艾蒂安（"爸爸"）、布莱斯和杰奎琳的信息，并写一篇关于他们对数学和文化做出贡献的文章。

21. 游戏里有什么：概率论的开端

1654年，法国富有的贵族、喜欢赌博的谢瓦利埃·迪默勒向数学家帕斯卡提出了一个赌博问题。该问题是如何在一场未完成的赌局中分配赌注。"赌注"是每个赌徒在赌博开始时下注的金额。按照惯例，一旦下注，在赌局结束之前，赌注就不属于任何人，而在赌局结束时，在那个时候，赢家就会得到所有的下注的钱。迪默勒的问题，现在被称为"点数问题"，如果玩家的部分分数是已知的，如何分配未完成赌局下注的赌金。为了做到"公平"，答案应该以某种方式反映出每一位玩家在比赛结束时获胜的可能性。以下是迪默勒点数问题的一个简单版本。[①]

泽维尔和伊万每人在掷硬币游戏上各下注10美元。每个玩家轮流掷硬币。如果硬币落地时正面朝上，掷硬币的玩家会得一个点；否则，另一个玩家会得一个点。第一个得3个点的玩家可赢得20美元。现在假设当泽维尔得2个点，伊万得1个点，而泽维尔正准备掷硬币时，游戏不得不取消。那这20美元的公平分配方法是什么？

---

① 改编自［1］第14页。

帕斯卡所考虑的实际问题是，在这种中断的游戏中，所有可能出现的点数。帕斯卡把这个问题告诉了另一位著名的法国数学家皮埃尔·德·费马，从他们的通信中出现了一个新的数学领域。这两位数学家用了不尽相同的方法得出了同样的答案。下面是帕斯卡回答我们简单案例的方法：①

在掷硬币游戏中，一枚公平的硬币掷出正面或反面的机会是均等的。因此，如果每个玩家都有2个点，那么在下一次掷硬币的时候，每个玩家都有同样的机会赢得游戏，所以每个玩家在那个阶段得到赌注的一半10美元是公平的。在案例中的情况下，泽维尔已得2个点，伊万得1个点。如果泽维尔掷硬币赢了，他得3个点，因此可得20美元。如果泽维尔输了，那么每个玩家都有2个点，每人可得10美元。因此，泽维尔目前至少可保证得到10美元。由于泽维尔同样有可能在这次掷硬币中赢或输，所以剩下的10美元应该由两人平分。因此，泽维尔应该得15美元，而伊万得5美元。

帕斯卡依次处理了中断游戏的其他案例，将每一种情况都化约到先前已解决的情况，并相应地将钱分开。当帕斯卡和费马发现这两种方法都能得到相同的答案，他们的书信往来逐渐中断了。不幸的是，他们的研究直到很久之后才为人所知。但是这个问题还没有解决，很快其他学者就接受了分析赌博游戏的挑战。

对未知事件可能发生或可能不发生的可能性进行数字衡量是概率的核心概念。理解这一过程的关键在于，正如帕斯卡的解决方案所建议的那样，我们要从机会均等的结果开始。如果一种情况可以用机会均等的结果来描述，那么其中一个可能发生的概率就是总份数之一。这一原则早在迪默勒开始玩掷骰子的一个多世纪前就被卡尔达诺所认识和探索，他的《机

---

① 见［1］第243页。

会游戏手册》（*Liber De Ludo Aleae*）就是关于这个问题的书，但直到帕斯卡和费马解决了迪默勒问题9年后才出版。在那本书中，卡尔达诺提出了一个相关的原则，近似于我们今天称为的大数法则。就同样机会均等的结果而言，这一原则只是对我们常识的肯定：

如果一个游戏（或其他实验）有n个相同可能性的结果被重复了大量次，那么每个结果实际发生的次数将趋向于接近$\frac{1}{n}$。游戏进行的次数越多，结果就越接近这个比例。

如果一个公平的骰子被掷出，它的六面中的任何一面出现的机会均等。例如，我们在6次投掷中有一次机会掷出5，它的概率是$\frac{1}{6}$。这并不能保证如果我们掷6次骰子，5就会出现一次，但是大数法则告诉我们，如果我们掷100次、1000次或1, 000, 000次，那么5出现的概率会越来越接近总投掷数的$\frac{1}{6}$。

要得到这种情况结果的概率分配，取决于能否准确地计算等概率结果的总数。有时候这可能需要一点技巧。例如，掷出一对骰子有11种可能的结果（得到2、3……或12点），但它们出现的机会并非全是均等的。如果你计算骰子点数从1到6的所有可能的配对，其中6种骰子点数加起来是7，但其中只有一种的骰子点数加起来是12。因此，投掷7的概率为$\frac{6}{36}$即$\frac{1}{6}$，但投掷12的概率仅为$\frac{1}{36}$。从某种意义上说，每一个不同的点数出现必须根据它可能出现"相同的可能性"的份数来"加权"。

以这种方式对结果进行加权的原则可以扩展到计算相等概率行不通的情况。例如，在磁盘中心有不同大小的红色、黄色和蓝色段的旋转器，指针停在任何特定颜色上的机会是不均等的。更确切地说，每个彩色段的大小应该"加权"其发生的可能性；如果一半的磁盘是红色的，那么在红色上停止旋转的概率应该是 $\frac{1}{2}$，依此类推。卡尔达
诺、帕斯卡和费马认为概率的基本原理是，分
配给每个可能发生的结果的概率值必须是小于1
的数（反映出它发生的相对可能性），而且在一
种情况下，所有可能发生结果的概率值加起来正好是1（如果你认为概率是
"可能性的百分比"，那么所有概率的总和应该是100%）。

1657年，荷兰科学家克里斯蒂安·惠更斯意识到帕斯卡和费马的思
想，并开始更系统地研究这个问题。他将研究结果写成《论掷骰子游戏中
的推理》（*On Reasoning in a Dice Game*），将这个理论扩展到涉及两个以上
玩家的游戏。惠更斯的方法是从"出现机会均等"结果的概念开始。他的
核心工具不是现代的概率概念，而是期望值或"预期结果"的概念。下面
是一个简单的例子。

给你一次掷骰子的机会。如果掷出6点，你得到10美元；如果
掷出3点，你得到5美元；否则，你什么也得不到。玩这个游戏要
付出什么代价？

从现代的观点来看，游戏的数学期望是通过每一个可能的奖励乘以你
得到的概率加总而得到的。在这个例子中，骰子六面中的每一面出现的机
会是均等的（假设骰子是公平的），因此你有 $\frac{1}{6}$ 的概率得到10美元，$\frac{1}{6}$ 的概率
得到5美元，$\frac{4}{6}$ 的概率什么也得不到。因此，数学期望是

$$\frac{1}{6}\cdot 10+\frac{1}{6}\cdot 5+\frac{4}{6}\cdot 0=2.50$$

这意味着，如果一家赌场以2.50美元的价格向客人提供这款游戏，从长
远来看，它将实现盈亏平衡。如果客人要花3美元来玩这个游戏，那么从长
远来看，会从每个玩家身上赚到0.5美元。（如果你买了一种1美元的彩票，
然后用它背面的数据来计算你的数学期望，你会发现它远低于1美元。这就
是为什么各州都在发行彩票的原因了。）惠更斯逆转了这个过程，用期望

来计算概率，而不是用概率来计算期望。但是基本的想法是一样的：概率相等的结果意味着期望值相等。

数学期望，就像大多数概率论一样，适用于远不止彩票和赌场赌博。在其他方面，它对保险公司在承保保单时评估风险至关重要。雅各布·伯努利在他的著作《猜度术》（*Ars Conjectandi*）中认识到概率的广泛适用性，该书于1713年出版，也就是他去世8年后出版的。这本书里有很多东西。在第四章中，雅各布·伯努利考察了理论概率与各种实际情况之间的关系。特别是，他认识到，在讨论人的寿命、健康等问题时，结果是均等的的假设，是一个严重的限制，相反，他建议采用基于统计数据的方法。通过这样做，伯努利也加强了卡尔达诺的大数法则理念。他断言，如果一个可重复的实验有一个理论上的概率p以某种"有利"的方式出现，那么对于任何一个特定的误差范围，该实验的一些（大量）重复试验的有利结果与总体结果的比率将会在这个误差范围内。根据这一原理，观测数据可以用来估计真实世界中事件发生的概率。

如果我们想以一定的精度来估算，我们必须能够知道需要多少观测值才能做到。雅各布·伯努利试图在他的书中这样做，但遇到了一个严重的问题。数学太难了！他确实设法预测了一些他可以展示的试验，次数是足够的，但是他得到的数字是巨大的——太大了，大到令人绝望。如果要对概率进行合理的预测需要大量的试验，而实际上却无法做到。也许这就是为什么雅各布·伯努利的书直到他死后才出版的原因。然而，当它被出版后，其他数学家设法改进了他的方法，并表明观测试验记录的数量不需要像他想象的那么多。

概率观点不容易被接受，比如人寿保险。我们认为，很明显，概率思维将帮助公司出售人寿保险赚钱。特别是，因为我们相信"大数法则"，所以我们知道，如果一家公司出售许多保单，它的境况会更好。它出售的保单越多，死亡率就越有可能达到预期的水平，这样公司就能盈利。然而，在18世纪时，许多公司似乎觉得每卖出一次新保单都会增加公司的风险。因此，他们觉得出售太多的保单是非常危险的。

在18世纪，人们对概率问题的兴趣导致了各种各样的结果。在那个世纪末，法国数学家皮埃尔·西蒙·拉普拉斯（Pierre Simon Laplace）兴趣广泛，才华过人，对概率问题产生了兴趣。他在1774年至1786年间写了一系列关于这个问题的论文，然后把精力集中在太阳系运行的数学基础上。1809年，拉普拉斯通过一个统计问题回归概率的研究，对科学数据收集中的可能误差进行了分析。三年后，他出版了《概率分析理论》（*Thèorie Analytique des Probabilités/Analytical Theory of Probabilities*）。这是一本百科全书式的著作，他把到那时为止，他和其他人在概率和统计方面所做的所有研究都集中在一起。这确实是一部杰作，但它的技术难度大、写作风格凝练，这些使得除了最有毅力、精通数学的读者，大多数人都难以读懂它。英国数学家奥古斯都·德·摩根对这本书的评论是：[1]

> 《概率分析理论》是数学分析的勃朗峰，但这座山比这本书有着这样的优势，那就是在山附近总是有向导指引和解说，而学生则要靠自己的方法来面对这本书。

为了让更多的读者了解他的观点，拉普拉斯于1814为第二版撰写了一篇长达153页的说明序言。这篇序言包含了很少的数学符号或公式，也作为一本题为《概率的哲学论文》（*Philosophical Essay on Probabilities*）的小册子出版。在书中，拉普拉斯主张数学概率适用于广泛的人类活动，包括政治和我们现在所认为的社会科学。

在这方面，他呼应了雅各布·伯努利的观点，雅各布·伯努利《猜度术》曾在一个世纪前提出了将概率原则应用于政府、法律、经济和道德的方法。随着统计学研究在过去两个世纪的发展，它让雅各布·伯努利和拉普

---

[1] 引自一个1837年的采访，见［56］第347页。

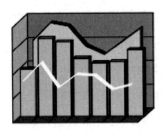

拉斯的愿望成为现实，并提供了手段。今天，概率的概念不仅适用于他们建议的领域，也适用于教育、商业、医学和其他许多领域。（关于统计历史的信息，请参阅数学概念小史22）

深度阅读

［62］提供了关于费马-帕斯卡通信及其结果的说明。关于概率论的历史有几个学术上的描述：［226］是更有数学味的，而［52］和［107］则（各以不同的方式）有一个更广泛的观点。

问 题

（1）下面这些问题是本节数学概念小史开始提出的点数问题的简化。

① 让我们用（$X2$，$Y1$）来表示中断的游戏，这意味着沙维尔得2点和伊凡得1点。还有多少其他情形？那些情形分别是什么？

② 分析①部分的其余情形。（其余情形中只有两个是"有趣的"，你可以从快速处理其余部分开始。）

③ 请回答②部分中的各种情形下，可分得总赌注的比例或百分比。

④ 假设这场游戏需要得4点才能获胜，那么什么未完成的情况类似于3点游戏的（$X2$，$Y1$）情况？概括你的答案，描述导致 $\frac{3}{4}$ 到 $\frac{1}{4}$ 的未完成的 n 点游戏的赌注分配的案例。

⑤ 分析（$X2$，$Y1$）在得4点获胜游戏的情形（总赌注为20美元）。

⑥ 将（2）和（5）推广至得 n 点获胜的情形。

（2）到目前为止，我们一直在使用帕斯卡的方法来分析点数的问题：持续化约到我们理解的情况。费马的方法是不同的：他计算了每个玩家获胜的概率。在这种例子（$X2$，$Y1$）中，他会按照以下思路进行推理。下一次投掷有两种可能性：X 可以马上赢，或者可以以（$X2$，$Y2$）结束。在后一种情况下，每个玩家都有50%的获胜机会。

所以X获胜的概率是$\frac{1}{2}+\frac{1}{2}\times\frac{1}{2}=\frac{3}{4}$，Y获胜的概率是$\frac{1}{4}$。我们分配$\frac{3}{4}$的赌金给X，$\frac{1}{4}$的赌金给Y。

① 用这种方法分析问题（1）①中的"有趣"例子，并解问题（1）⑤。把你的答案和你以前得到的答案比较一下。

② 比较这两种方法。哪一种更有说服力？哪一种比较容易？

（3）一些早期关于概率的著作集中在骰子和其他的机会游戏上。

① 请列出掷出一对骰子的11种可能结果的概率。检查一下，看它们加起来是否为1。

② 一个基本的概率法则是这样的：两个（或更多）事件发生的概率是它们个别概率的乘积。用这个法则和从①部分的结果计算依次掷出点数之和是下列情形的概率（各投3回）：

（i）7，7，7 （ii）2，2，2 （iii）3，4，5

（4）发行1000张公益奖券，其中设一张价值100美元的头等奖，两张价值各50美元的二等奖，100张价值各2美元的三等奖。

① 如果你买了一张公益奖券，你中头等奖的概率有多大？二等奖呢？中任何奖项的概率有多大？

② 你的这张公益奖券的期望值是多少？你愿意付多少钱买它呢？为什么？

（5）从1749年到1827年，拉普拉斯生活在法国。这是法国发生重大政治变化的时期。在这段时间里，法国发生了什么重要的政治事件？美国又发生了什么呢？

专 题

（1）朋友邀请你玩一个游戏。他建议你反复掷硬币，直到你掷出正面为止。如果你第一次就掷出正面，他会付给你2美元。如果你是在第二次掷出正面，你就能得到4美元。如果你是在第三次掷出正面，你就得到8美元，以此类推：如果你掷了n次才第一次得到正面，你可得2^n美元。当然，你必须付费才能玩游戏。显然，你应该支付超过2美元，以使游戏公平（毕竟你的朋友也应该有一次赢钱的机会）。为了玩这个游戏，你应该付多少钱？你愿意付多少钱来玩这个游戏？详细解释你的论证。

（2）在拉普拉斯的《概率的哲学论文》中，他声称人文和社会科学在本质上是不可靠的。想象一组复杂的论点，它涉及许多步骤（就像人们通常在法庭审判案件中看到的那样）。由于这些学科的性质，这些步骤中没有一个是前一步的绝对必然结果。它们只是极有可能产生的后果。假设每一个步骤为前一步骤结果的概率是90%，并且有20个步骤。那么，从初始假设得出最终结论的概率是 $(0.9)^{20}=0.12$，即12%。所以有其他结果为真的概率远高于这个特定结果为真的概率。你信吗？为什么信或者为什么不信？

（3）假设你走进教室，看到黑板上写着：

sizdjuincvklje

你可能会得出结论，有人写了一串随机的字母数列。但如果你看到是

constantinople

你可能会得出这样的结论：这些字母是按照这个顺序故意选择的。为什么？不是所有的14个字母的序列都出现机会均等吗？

22. 正确解读数据：统计学成为一门科学

统计是一个广泛使用的名词，它经常被引用来证实人们对怀疑的意见保有信心。我们有时用它来指数据，特别是数字数据，比如"52%的美国人喜欢蓝色的M&M's巧克力"或"93%的统计数据是编造的"。当在这个意义上使用时，统计（statistics）是复数名词：每一个数据都是"统计量"。①当统计数据作为单数名词使用时，它指的是产生和分析这类数据的科学。这门科学有着深厚的历史渊源，但它在20世纪初才真正发展起来。

收集数字数据——畜群规模、粮食供应、军队实力等是一个真正古老的传统。这类表格可以在早期文明现存的记录中找到。他们被政治和军事领导人用来预测和准备可能的饥荒、战争、政治联盟或其他国家事务。事实上，统计一词来自国家（state）一词：它是在18世纪发明的，意思是对国家的科学性研究，并且关注点迅速转移到政府感兴趣的政治和人口统计数据上。

自从有了政府以来，这种数据收集就一直存在（事实上，一些学者认为有这样的数据需要是数字本身发明的原因之一）。但只有在过去的几个世纪里，人们才开始思考如何分析和理解数据的意义。1662年，我们在伦敦开始了这个故事，当时一位名叫约翰·格雷特（John Graunt）的店主出版了一本小册子，名为《死亡记录的自然和政治观察》（*Natural and Political*

---

① 有一种技术意义上的统计，比这更精确，但我们关注的是它的习惯用法。

Observations Made upon the Bills of Mortality）。死亡记录是伦敦每周和每年的丧葬记录，对这些统计数字，政府从16世纪中期就开始收集并归档。格雷特把1604—1661年的这些记录归纳为数字表。然后，他对观察到的模式作了一些分析：出生的男性多于女性，女性比男性长寿，年死亡率（流行病年除外）相当稳定，等等。他还估算了一个"典型的"100名同时出生的伦敦人的死亡人数，每十年一次。他的列表结果，被称为伦敦生命表，标志着基于数据的预期寿命估算的开始。[①]

格雷特和他的朋友威廉·佩蒂创立了"政治算术"这门学问，即试图通过分析诸如死亡比例等数据来获取关于一个国家人口的信息。他们的方法非常简单。特别是，格雷特无法判断他的数据的某些特征是一般性的还是偶然的变化。格雷特对死亡率数据的分析所提出的问题很快就致使其他人将更好的数学方法应用于这个问题。例如，1693年，英国天文学家埃德蒙·哈雷（著名的彗星命名者）编制了一套重要的死亡率表，作为他研究保险年金的基础。因此，他成为精算科学、寿命预期和其他人口趋势的数学研究的创始人。这很快就成为保险业的科学基础，保险业依靠精算师（现代已拥有更专业的分析工具）来分析各种保险政策所涉及的风险。

18世纪上半叶，统计与概率作为两个密切相关的不确定性数学领域而发展起来。事实上，他们致力于调查同一基本情况的对立方。概率探讨了一个已知的样本中的未知样本可以说些什么。例如，知道在一对骰子上所有可能的数字组合，下一次掷出点数7的可能性是多少？统计是通过调查一个小样本，探讨了一个未知的集合可以说些什么。例如，在16世纪初，我们知道100名伦敦人的寿命，我们能据此推断出伦敦人（或欧洲人，或一般人类）的寿命吗？

关于统计和概率的第一本综合性书籍是雅各布·伯努利于1713年出版的《猜度术》。该书包括四个部分，前三部分考察了排列、组合和赌博

---

① 见［32］第9章，或［116］有关格雷特和死亡记录的更多信息。

游戏的概率理论。在第四部分，雅各布·伯努利提出，这些数学概念在政治、经济、道德等领域具有更为重要和有价值的适用性。这就提出了一个基本的数学问题：在合理地确定数据的结论是正确的之前，需要收集多少数据？（如，要正确预测选举结果，必须调查多少人？）他表明，样本越大，结论越有可能是正确的。他所证明的精确的陈述现在被称为"大数法则"（他称之为"黄金定理"）。

数据的可靠性是18世纪欧洲科学和商业的一个重要问题。天文学被视为确定经度的关键，而可靠的经度测量则被视为航行安全的关键。[①]天文学家进行了大量的观测，以确定行星的轨道。但是，观测结果容易出现误差，因此了解如何从"凌乱"的数据中提取正确的结论变得非常重要。在关于地球形状的争论中也出现了类似的问题——是在两极稍微扁平（如牛顿所断言的）还是在赤道处稍微扁平（巴黎皇家天文台的主任声称）。这个问题的解决取决于"现场"的精确测量，不同的考察队往往得到不同的答案。与此同时，保险公司开始收集所有类型的数据，但这些数据包括偶然发生的变化，并且不得不区分实际发生的情况和由误差、机会变化引起的波动。

1733年，居住在伦敦的法国人亚伯拉罕·德·莫伊夫把我们现在所称的正态曲线描述为二项分布的近似。他利用这个想法（后来被高斯和拉普拉斯重新发现）来改进雅各布·伯努利对精确结论所需观

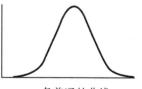

一条普通的曲线

测次数的估计。尽管如此，德莫伊夫和他的同时代的人并不总是能为现实世界中的基本问题提供令人满意的答案：我如何可靠地推断出我观察到的数据的某些特征，准确地反映我正在研究的群体或现象的状况？接下来用了一个多世纪的时间，才出现更强大的工具用于解决这个问题和其他情形。

首先需要的是更多的数学。具体而言，概率论必须发展到可以有效地应用于实际问题的程度。在整个18世纪，许多人都在研究概率论。这一过

---

① 有关这方面的更多信息，请参阅戴瓦·梭贝尔的引人入胜的书［222］。

程最终以1812年皮埃尔·西蒙·拉普拉斯出版的《概率分析理论》达到顶峰，这是一本收集并扩展了迄今所知一切概率论的鸿篇巨制。它相当数学化，所以拉普拉斯又写了一本《概率的哲学论文》，试图用不那么复杂的术语来解释这些想法，并讨论了它们的广泛适用性。

19世纪初的法国有不止一位杰出的数学家。阿德里安–玛丽·勒让德的研究在广度、深度和洞察力上都与拉普拉斯相提并论。他在分析、数论、几何和天文学方面做出了重要贡献，并且是1795年法国委员会的成员之一，该委员会测量了定义公制体系基本长度单位的子午线弧。在统计学方面，勒让德提出了一种方法，在19世纪确立了统计学理论的走向，并从那时起成为统计学家的标准工具。在1805年出版的一本关于确定彗星轨道的小书的附录中，勒让德提出了他所称的用于提取彗星轨道的"最小平方法"，从测量数据中提取可靠的信息，书中提到：

> 通过这种方法，在误差之间建立了一种平衡，由于它能防止极值支配，因此适合于揭示最接近于被控制的系统的状态。[1]

不久之后，高斯和拉普拉斯各自独立地运用概率论来证明勒让德的方法。他们还重新对它加以陈述，使它更容易使用。随着19世纪的发展，这一强大的工具在整个欧洲科学界广泛传播，作为处理大型数据研究的有效方法，特别是在天文学和地理信息领域。

随着比利时人兰伯特·凯特勒（Lambert Adolphe Jacques Quetelet，1796—1874）的开创性工作，统计方法开始进入社会科学领域。1835年，凯特勒出版了一本他称之为《社会物理学》的书，他试图将概率定理应用于人类特征的研究。他提出的"平均人"的新概念是一种基于数据的统计结构，是对特定情况下所研究的人的属性的统计结构，成为进一步研究的一个诱人的焦点。但它也因将数学方法过度扩展到人类行为领域（如道

---

① 引自［226］第13页。

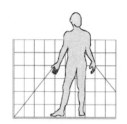

德）而招致批评，而大多数人认为这些领域是无法量化的。事实上，除了心理学外，大多数社会科学领域在19世纪大部分时间里对统计方法的研究都表现出相当抗拒的态度。

也许是因为他们能够控制实验数据的来源，心理学家们接受了统计分析。他们首先用它来研究天文学中一个令人费解的现象：不同天文学家观测的误差模式似乎因人而异。对这些模式的理解和解释的需要推动了早期的实验研究，将天文学家开发的方法很快应用到其他问题上。到19世纪末，统计学已成为心理学研究者广泛接受的工具。

随着19世纪的许多进步，统计学开始从概率理论的阴影中走出，成为一门数学学科。在19世纪60年代，由查尔斯·达尔文的堂兄弗朗西斯·高尔顿爵士开始研究遗传问题时，统计学确实成熟起来。高尔顿是当时优生学运动的一分子，该运动希望通过选择性生育来改善人类的种族。因此，他非常有兴趣想弄清楚某些特征是如何在母群体中分布的，以及它们是如何（或是否）被遗传的。为了弥补无法控制影响遗传数据的无数因素，高尔顿提出了两个创新的概念：回归与相关。在19世纪90年代，高尔顿的见解由爱尔兰数学家弗朗西斯·埃奇沃斯以及伦敦大学学院的卡尔·皮尔森和他的学生G. 乌德尼·尤勒（G.Udny Yule）完善和扩展。尤勒最终将高尔顿和皮尔逊的思想发展成一种有效的回归分析方法，使用了勒让德的最小平方方法的一种微妙的变体。这为20世纪整个生物和社会科学广泛使用统计数据铺平了道路。

随着统计理论的成熟，其适用性越来越明显。在20世纪，许多大公司雇用了统计学家。保险公司雇用精算师来计算预期寿命的风险和其他个别不可预测的问题。另一些公司聘请统计人员来监测质量控制。理论上的进步越来越多地被非学术环境中的人们所做的工作所推动。爱尔兰吉尼斯啤酒厂的统计学家威廉·S. 戈塞特在20世纪早期就是这样一个人。由于公司禁止员工发表文章，戈塞特不得不用化名"学生"签署他的理论论文。他最重要的论文研究了抽样处理方法，特别是从小样本中获取可靠信息的方法。

20世纪初最重要的统计学家是费希尔（R.A.Fisher，1890—1962）。凭

借理论和实践两方面的洞察力，费希尔将统计转化为基于坚实数学原理的强大科学工具。1925年，费希尔出版了《研究者的统计方法》（*Statistical Methods for Research Workers*），这是一本为数代科学家设计的具有里程碑意义的书。10年后，他写了一本《实验设计法》（*The Design of Experiments*）。这本书强调，为了获得好的数据，人们必须从提供这种数据的实验开始。费希尔善于选择正确的例子来解释他的想法。他的关于实验的书说明了思考如何用实际事件来设计实验的必要性：在下午茶聚会上，其中一位女士声称，先倒茶，然后加入牛奶，和反过来做，茶的味道会有所不同。在场的大多数人都觉得这很可笑，但费希尔立即决定验证她的说法。我们如何设计一个实验来明确地证明这位女士是否真的能尝到这种味道的不同呢？

这似乎是一个无聊的问题，但它与科学家和社会学家需要通过实验解决的各种问题非常相似。[1]医学研究也取决于这种精心设计的实验。费希尔的工作坚定地将统计工具作为任何科学家工具包的必要组成部分。

在20世纪，统计技术被应用到越来越广泛的人类事务中。政治方面的民意调查、制造业的质量控制方法、教育标准化考试等，都已成为日常生活中司空见惯的部分。现在允许统计学家运用计算机处理大量的数据，这开始影响统计理论和实践。一些更重要的新想法来自约翰·图基，他是一位杰出的科学家，他对纯数学、应用数学、计算科学和统计学做出了重大贡献。[2]图基发明了他所说的"探索性数据分析（Exploratory Data Analysis）"，这是一种处理数据的方法，随着统计学家必须处理当今的大量数据，这些方法变得越来越重要。

今天，统计学不再被认为是数学的一个分支，尽管它的理论基础仍然

---

① 有传言说，实验已被完成，这位女士确实正确地识别了每一杯茶。见［203］第1章。

② 图基也是一个在创造新词语方面的天才，包括"软件"和"比特"。

是十分数学性的。斯蒂芬·斯蒂格勒（Stephen Stigler）在谈到这个学科的历史时说：

> 现代统计是一种逻辑和方法，用于测量不确定度，以及在规划和解释实验过程中检验这种不确定性的后果。[①]

因此，在短短几个世纪里，由有关数据的数学问题所播下的种子已经发展成为一门独立的学科，有着自己的目标和标准，这门学科对科学和社会都有越来越重要的影响。

深度阅读

统计学史上最好的学术研究是［226］。关于重要统计学家的简短传记参见［116］，关于20世纪通俗统计史参见［203］。

问 题

（1）在 π 的十进制展开式中的数字是否以相等频率出现？如果是这样，根据雅各布·伯努利的大数法则，那么你统计的数字越多，你所得的每一个数字出现的机会就越接近总数的10%。试一试，如下所示：

· 使用 π 在数学概念小史7末尾的1000位十进制展开式，在小数点之后的前50位中，统计每个数字出现多少次，并将每个结果写成百分比的形式（总数为50）。

· 继续你的统计数字到100位，并再次以总数的百分比的形式，写出这10个结果。

· 继续计算并记录200、300、400和500位数字的百分比结果。（这会考验你的耐心，但并不难。）

---

① 见［226］第1页。

① 每个数字的分布是否接近10%？你如何说明这个结果？

② 你认为所有的10个数在长期内都会出现相等的频率吗？为什么或者为什么不呢？

（2）"二项分布"是指两个结果过程重复的结果模式——赢或输、是或否、头或尾等。雅各布·伯努利的一个定理描述了这种分布的形状。在这两种结果相同的特殊情况下（如公平地抛出一枚硬币），伯努利定理认为：

如果该过程重复n次，则期望结果出现的结果为r次的概率是$c_r^n(\frac{1}{2})^n$（是从n个事物一次取出r件的组合数）。

① 一枚硬币6次公平地抛出中得到3个头像（正面）的概率是多少？得到1个头像（正面）的概率是多少？没有头像（正面）的概率是多少？制作本实验7种不同结果的概率图（将可能的结果放在水平轴上），然后把点连起来。

② 画出一枚硬币公平地掷10次的所有可能结果的概率并把点连起来。然后再掷20次。把你的结果与本节数学概念小史中的正态曲线进行比较。

伯努利定理描述了事情应该如何解决。他的大数定律说，如果你一次又一次地重复这些实验，你的结果的模式会越来越接近二项分布。

③ 为了看这是否真的有效，你可以用随机数字模拟实验。把奇数当作正面，把偶数当作反面。让你的计算器或计算机生成一个随机数，并数出这个数前六位的奇数位数。重复这个实验50次（或者100次，如果你有耐心的话），将你的结果做一个条形图，并比较它与你在①中的答案。它们有什么相似之处？它们有什么不同？

（3）勒让德的最小平方法是在一个平面上寻找两个可变数据点的散点图的"最佳拟合线"的基础。最佳拟合线通常被认为是到数据点的最小化（y坐标之和）距离直线。这是一个很好的直观画面，但并不完全正确。正如名称"最小平方"所表明的那样，最佳拟合线使到数据点的y坐标距离的平方和最小。这两种"最佳匹配"的思想并不总是产生相同的结果，请考虑以下非常小的数据集：

{（1，2），（3，3），（5，7）}

① 找出由这些点决定的三条线的方程式。这三条线中哪一条是到数据点的y坐标距离之和最小？

② 使用计算器找到最适合的直线（也称为"回归线"）。然后计算y坐标距离到数据点的和。

③ 比较①和②部分的结果。它们如何说明问题开头所述的差异？

（4）优生学运动是关于什么的？它还存在吗？

专　题

（1）通常有两种方法来确定某件事发生的可能性，一种是概率的，另一种是统计的。例如，在掷硬币时，我们可以假设只有两种可能的结果，并得出结论，掷出正面的可能性为多少。或者我们可以掷硬币很多次，对结果进行统计，然后从这些数据中得出我们的结论。写一篇短文，探讨每种方法在不同情况下的优缺点。

（2）有些教师"在一条曲线上评分"，也就是说，他们用一条常态曲线来给考试成绩分配分数等级。使用这种方法的依据是什么假设？你觉得这是个公平的评分方法吗？为什么呢？

（3）写一篇简短的、非技术性的文章，解释抽样调查和质量控制的基本思想，包括对"误差范围"和"信赖区间"的描述。

23. 机器会思考：电子计算机

　　很难相信电子计算机直到20世纪中叶才被发明出来。今天，计算机似乎无处不在，常常塞在狭小的角落，却以光速操纵大量数据，几乎影响到我们生活的方方面面。但在早期，它们是庞大的、缓慢的、笨拙的机器，与它们现代的共同绰号"恐龙"相称。这些机器和它们奇妙的后代的历史根基开始于几个世纪前，带着早期用某种机械装置简化计算的尝试。

　　有人会说，这个故事始于5000年前的东方算盘，一种由珠子和杆子组成的计算装置，至今仍在使用。然而，追寻现代计算机的家谱最早只追溯到17世纪的欧洲更合适。1617年，苏格兰科学家约翰·纳皮尔（John Napier）设计了一组可移动的操作杆，通过彼此的关系来编号，以自动完成乘法计算。这些操作杆通常是用象牙制成的，毫无悬念，后来被称为"纳皮尔骨算筹"（Napie's Bones）。此后不久（1630年），英国牧师威廉·奥格特（WilliamOughtre）通过发明计算尺改进了纳皮尔的设计，这个计算设备成为几乎所有工程师（以及其他许多人）的必备伙伴，直到20世纪中叶。

　　到17世纪初，阿拉伯数字十进制系统最终取代了罗马数字系统成为欧洲书写数字所选择的系统，而在这个系统中进行基本算术的算法相当成熟（参见数学概念小史1）。在1642年至1652年的十年间，当时还非常年轻的法国数学家帕斯卡设计并最终完成了一台用于加减的机器，该机器被命名为加法器（Pascaline）。就像汽车的里程表一样，该机器使用的是基于10的、从0到9的编号，转动齿轮，这样一个表盘上转一整圈可以自动地使下一个表盘转到下一个数字。要加或减只需拨入数字，其余的则由机器来处理。

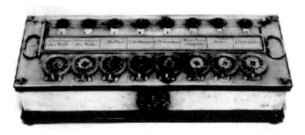

加法器（照片由IBM档案馆提供）

在17世纪制造机械设备，如加法器和其他精密机械（如可靠的时钟）的主要困难是每一个齿轮、枢轴或其他精密部件必须用手工单独制作。这样的机器不是量产的，它们是由工匠一个接一个地制造出来的。因此，天才的发明家常常被金属工人的技能所束缚。当莱布尼茨——微积分的发明者之一，设计了一种改进加法器的机器时，它也能做乘法（通过反复增加）和除法（重复减法）。莱布尼茨的机器称为步进计算器（Stepped Reckoner）（在第261页上展示），代表了一种重要的理论进步，超过了加法器，因为它的计算是用二进制算法完成的，这是所有现代计算机语言的基础。然而，1694年的工艺并不能有效地大批量制造出这台机器的可靠零件。它在商业上的成功应用被推迟了超过150年。法国的查尔斯·德·科尔马（Charles de Colmar）开发的一款简化的、改进版的步进计算器，名为计数器，在1862年伦敦国际博览会上获得了金牌。由于工业革命的工业化量产技术的出现，这个机器在20世纪被大量生产和销售。计数器的发起人声称，它可以在18秒内将两个8位数相乘，在24秒内将一个16位数除以一个8位数，并还可以在1分钟内做出一个16位数的平方根。按今天的速度，这是相当缓慢的标准，但与手工计算相比，它是一个神奇的速度和效率。

19世纪初，剑桥数学教授查尔斯·巴贝奇（Charles Babbage）开始研究一种机器，用于生成精确的对数和天文表。除了对数学和科学很重要之外，这些表格对于航行也是必不可少的，所以英国政府对巴贝奇的工作非常感兴趣。到1822年，巴贝奇在一台名为差分机（Difference Engine）的小型机器上逐位制成了具有六位精度的表格。在政府的支持下，他开始着手研制一台更大的机器，他希望能开出二十位精度的表格。经过多次挫折后，这个项目被搁置一边，转而开始一项更加雄心勃勃的计划。1801年，

巴贝奇差分发动机（照片由IBM档案馆提供）

约瑟芬-玛丽·雅卡尔设计了一种织布机，它用一系列带有孔洞的卡片作为指导，编织复杂的图案。这种织布机成功实现的"预编程"模式，引导巴贝奇尝试制造出一台能够接受穿孔卡片上的指令和数据的计算器。他称这个拟定的装置为分析机（Analytical Engine）。就像新机车一样，巴贝奇的分析机是由蒸汽驱动的。

巴贝奇在这项雄心勃勃的事业中的助手是奥古斯塔·阿达·洛夫莱斯（Augusta Ada Lovelace），她是诗人拜伦（Lord Byron）勋爵和安娜·米尔班克（Anna Milbanke）的女儿，也是奥古斯都·德·摩根的学生。洛夫莱斯用法语翻译、阐明和扩展了巴贝奇的著作，增加了大量的原创性注释。她扩展了用穿孔卡片指令"编程"机器的思想，并编写了被认为是第一个重要的计算机程序，预见了几种现代编程设备，包括自动重复步骤的"循环"。[1]尽管巴贝奇和洛夫莱斯都取得了理论上的成就，但分析机从未制造出来。当时的金属加工技术根本不能满足巴贝奇设计的机械精度要求。巴贝奇和洛夫莱斯的许多思想在一个世纪或更长时间里都在默默无闻中被搁置，但却被20世纪的计算机设计师们独立地重新发现。

许多不同的想法和技术进步是通往第一台成功的电子计算机的必经之路。正如我们所看到的，作为工业革命标志的大规模生产标准化精密零件的能力，就是其中之一。与此同时，思想的进步又迈出了重要的一步。在19世纪中期，爱尔兰科克皇后学院数学教授乔治·布尔出版了两部著作，为机器逻辑提供了概念性基础。在《逻辑的数学分析》（*The Mathematical Analysis of Logic*，1847年）和《思维规律的研究》（*An Investigation of The*

---

① 编程语言Ada是在20世纪80年代发展起来的，它的命名是为了表彰洛夫莱斯（Lovelace）的开创性工作。

Laws of Thought，1854）中，布尔解释了基本逻辑程序是如何用1和0表示的，这个系统现在被称为布尔代数（参见数学概念小史 24）。尽管布尔认为他的系统永远不会有任何实际应用，但布尔代数成为当今计算机所有"思考"电路设计的理论关键。

19世纪的又一项发明对计算机革命至关重要。1880年美国用手工处理人口普查数据花了近8年的时间。赫尔曼·霍勒里斯，当时是人口普查局的一名年轻雇员，发明了一种用电自动分类和列表的机器，这些数据被记录在穿孔卡片上。霍勒瑞斯的系统将1890年的人口普查数据的处理时间缩短到仅2.5年。在此成功的基础上，霍勒瑞斯创建了制表机器公司（Tabulating Machine Company），该公司最终发展成为IBM。

1937年，克劳德·香农（Claude Shannon）在麻省理工学院（MIT）的硕士论文中开始讨论这些问题。将布尔代数与电气继电器和开关电路结合起来，展示机器如何"做"数学逻辑。随着第二次世界大战蔓延到全球，战争双方的国家都通过技术研究寻求军事优势。艾伦·图灵（Alan Turing）是一位数学家，他曾带领英国成功破解德国潜艇司令部的所谓"谜码"（Enigma code）。图灵设计了几台电子机器来帮助进行密码分析。之后，他发明了图灵机，这是一种理论上的计算机，在确定哪种问题可以由真正的计算机解决时起着至关重要的作用。

围绕着破译敌方作战策略的秘密，再加上迫切需要进行技术革新，这是几个国家的人们几乎同步独立发明可编程电子计算机的背景。经过近半个世纪的保密之后，最近才有一件最有意思的事例曝光。除了密码战，德国高级司令部在战争后期使用了许多更复杂的密码。马克斯·纽曼（Max Newman），一位在英国布莱特利公园的破译中心工作的数学家，设计出了一种破解密码的方法，但是它太慢了，太乏味了，也不太实用。这个问题被提交给了在英国邮局工作的电子工程师汤米·弗劳尔斯（Tommy Flowers）。在不到一年的时间里（从1943年3月到1944年1月），弗劳尔斯设计和监督建造一台使用1500个真空管（如非常老的收音机中的东西）的大型机器来运行纽曼的解码过程。这台被称为"巨像"的机器能够在数小时内解码德语情报，而不是在几周或几个月内用手工完成同样的工作。其中10台机器被成功地用于解码成千上万的德国情报，这可能缩短了欧洲战争数月的时间，拯救了数千人的生命。不幸的是，战后英国政府拆除了这10台机器，烧毁了所有的技术图表。这些机器的存在一直保密到1970年，它们的一些解密算法仍然是保密的。

与此同时，在德国，康拉德·祖兹（Konrad Zuse）还制造了一台可编程的电子计算机。他的工作始于20世纪30年代末，在20世纪40年代初的某个时候，他发明了一台功能性的机电机器，使他在历史上获得了电子计算机发明者的称号。然而，战时保密掩盖了他的发明。1941年，爱荷华州立大学教授约翰·阿塔纳索夫和他的研究生克利福德·贝里建造了一个可编程计算机，可以解线性方程组。第一个美国通用计算机马克 I，是由霍华德·艾肯（Howard Aiken）和IBM工程师团队于1944在哈佛大学建造的。它使用机械的、电磁的继电器，并从穿孔的纸带中得到指令。马克 I有50多英尺长，有80万个部件和500多英里长的电线。

ENIAC（照片由IBM档案馆提供）

1946年2月15日，由美国宾夕法尼亚大学的J.普雷斯特·埃克特和约翰·莫克利共同建造的ENIAC（电子数字积分计算器）举行了揭幕仪式。ENIAC的设计目的是通过计算海军火炮发射图来帮助美国作战，但是还没派上用场，战争就已经胜利了。它也是一个庞然大物：有42块$9 \times 2 \times 1$英尺的电池板，有超过18,000根真空管和1500根继电器，总重量超过30吨。它使用真空管而不是机械继电器，这比马克 I（大约快500倍）的速度有了很大的提高，但可靠性不高，而且真空管就像灯泡一样，用久了就会烧坏。另外，它的编程必须通过重新布置外部接线和设置开关手动完成，而且几乎没有数据存储容量。

约翰·冯·诺伊曼（John von Neumann）通常被认为设计了一种在计算机中存储程序的方法。他的想法于1949年在剑桥大学的EDSAC（电子延迟存储自动计算机）上首次实现。埃克特和莫切利成立了一家公司，生产并销售了第一台商用计算机UNIVACI（通用自动计算机）。它于1951年3月31日交付给美国人口普查局。

这些早期机器使用的真空管技术在空间、动力和可靠性方面都很昂贵。20世纪50年代初，贝尔实验室发明了晶体管，这一切都发生了变化。使用这种"第二代"技术的计算机变得更小、更快、更强大、更经济。20世纪60年代中期，随着集成电路的引入，第三代计算机出现了。个人计算机开始成为一个越来越负担得起的现实。随着固态电路的改进和小型化，个人计算机的体积从迷你型到微小型，从台式机到笔记本计算机再到掌上计算机。同时，计算能力、处理速度和内存容量呈指数级增长。

在21世纪的头十几年里，计算机技术出现了一系列令人眼花缭乱的变化。超级计算机可以在几分钟内存储、分析和操作大量的数据，提供人类刚开始了解的前所未有的信息资源。小型化已经导致了手机和手持计算机的共生，取得以一双好的跑鞋的价格来实现几乎无限的交流、知识和娱乐。未来可能会有更多不同的、充满异国情调的创新出现，这意味着我们会有更多的来自电子方面的惊喜。一本写于1990年的书，现在以计算机时代的标准来说是古老的，然而，书中却很好地描述了这种变化的旋风：

在世界历史上，从来没有一种技术像计算机技术那样发展得如此之快……如果汽车技术在1960年到今天之间的发展速度和计算机技术一样快，那么今天的汽车引擎将不到1/10英寸；每加仑汽油能行驶120,000英里，最高时速为240,000英里，每小时只花费4美元。[1]

---

① 见［57］第17页。

深度阅读

本节数学概念小史的大部分内容都来自参考文献［88］的第2章。关于计算机的早期历史，参见参考文献［14］、［92］和［55］。对于20世纪的计算机来说，［165］是一个很好的资料来源。更多关于"巨像"的信息可以在比克科技（英国）和IEEE计算机学会的网站上找到（在每一种情况下搜索巨像）。有关ENIAC和IBM历史的更多信息，请参见IBM网站。

问　题

（1）计算机使用0和1的字符串存储所有内容，这可以方便地表示电路关闭或打开。将所有东西还原为0和1的第一步是在二进制位值系统中表示所有的数字，这类似于印度–阿拉伯的十进制系统，但是使用2作为基数而不是10。也就是说，数字从右到左代表2的连续幂。所以，用二进制表示19，我们写10011，因为，从右到左，

$$1+1 \times 2+0 \times 2^2+0 \times 2^3+1 \times 2^4=1+2+16=19$$

① 解释为什么这个系统只需要数字0和1。运用你的理由来解释为什么十进制数23在二进制中写成10111。

② 把十进制数52、147、200、255和256，以二进制形式写出来。

③ 以十进制形式写出二进制数10001、111000、10011001、11011110和11100110。

④ 有时你会听到程序员说"乘2只是一种转变"。你能解释一下他们的意思吗？

（2）在许多计算机编程语言中，整数被编码为由32个二进制数字（称为位）组成的字符串。第一位表示符号：0表示正，1表示负。其他31位以二进制表示法记录数字。

① 以这种方式编码的最大数字是什么？最小的是什么？

② 你在玩计算机游戏玩得正酣且分数不断上升时，突然注意到，你的分数是负数。发生什么事了？

（3）数字代码将语言和可视化对象与计算联结起来。但是二进制数字的字符串对人类来说很难读，所以通常用四位数字块来重写二进制数字。由于四个二进制数字可以表示从0到16的数字，所以我们可以使用数字0到9的通常含义，然后让A，B，……，F代表10，11，……，15。实际上，这意味着我们用基数16表示数字，所以这种表示称为十六进制。

① 将十六进制37、5A、B9和ED转换为通常的十进位数字。有多少不同的数字可以写成两位数字的十六进制？他们是什么？

② 字节是由八个二进制数字组成的块。如果我们把一个八位字节分成两个四位数字的，那么每一半都可以转换成一个十六进制数字。使用问题（1）③中的二进制数字说明这一过程。产生的两位十六进制数字总是正确的字节转换吗？解释一下。

③ 在20世纪60年代，一种名为ASCII的标准代码（这代表什么？）为每个键盘字符分配了一个字节。例如，空格是（十进制）数字96，小写字母a到z是97到122。使用此代码将"Talk to me"转换为十六进制，然后转换为字节字符串。

④ 图形使用了类似的编码过程。例如，要指定网页的背景色，你可以说BGCOLOR="#EEFFEE"之类的话。数字EE、FF、EE指定颜色的红色、绿色和蓝色成分的强度；在这种情况下，R=238，G=255（最高值），B=238，生成浅绿色。

i. 有多少种不同的颜色（RGB组合）可以造出来？你认为#FFFFFF和#000000会是什么颜色？#808080怎么样？

ii. R=252，G=188，B=16会产生一种淡橙色，将其转换为十六进制形式。

iii. 将#27277A转换为RGB值。

专　题

（1）查找并制作至少10个自1950以来出现的计算机硬件或软件的重大进展（如晶体管的发明、ASCII码的采用、鼠标的发明、图标用户界面的开发或触摸屏的开发）时间线图。对于每一个条目，列出一个项目或过程，这些项目或过程在现代社会中很常见，但如果没有计算机技术的相应进步，这些项目或过程就不可能存在。为每个选择写一个简短的理由。

（2）ASCII代码的一个问题是它非常容易出错。把问题2中的信息"talk to me"当作二进制数字串。随机选择一个数字，并将其从0改为1，或反过来。现在的信息是什么？为了避免这种情况，我们可以使用一个具有足够的内置冗余的代码，以便我们注意并纠正这样的错误。这种代码被称为"纠错码"。对纠错码进行一些研究，并写一篇短文。

24. 推理算法：布尔代数

计算机会思考吗？好像是会的。计算机会问我们问题、提出建议、纠正我们的语法错误、跟踪我们的财务状况，并计算我们的税收。有时候计算机看起来很反常，误解我们很明白地表达的意思，耽误我们宝贵的时间，或彻底拒绝回应我们的合理要求。然而，计算机看起来越是能思考，实际上就越是对人类思维能力的赞扬，人类已经找到了将越来越复杂的理性活动完全表达为0和1的字符串的方式。

将人类理性还原为机械过程的尝试至少可以追溯到公元前4世纪亚里士多德的逻辑三段论。较近代的一个例子出现在伟大的德国数学家莱布尼茨的作品中。莱布尼茨的许多成就之一是在1694年发明了一种能加、减、乘、除四则运算的机械计算装置。这台机器，被称为步进计算器，是对第一台已知的机械加法机的改进，1642年帕斯卡尔的加法器（Pascaline）只能加减。与加法器（Pascaline）不同，莱布尼茨的机器在计算中使用了二进制数字系统，将所有数字表示为1和0的序列。

莱布尼茨步进式计算器（照片由IBM档案馆提供）

　　莱布尼茨还独立于牛顿发明了微积分，[①]对"逻辑演算"的观点产生了兴趣。他着手建立一个适用于所有科学的普遍推理系统。他希望自己的系统能够根据一套简单的规则来"机械地"工作，从少数基本的逻辑假设开始，由已知的规则推导出新的陈述。为了实现这种机械逻辑，莱布尼茨认为，陈述必须以某种方式象征性地表示，所以他试图发展一种通用的特征，一种通用的符号逻辑语言。这项工作的早期计划出现在他的1666年出版的《论组合术》（*De Arte Combinatoria*）中，他的其他大部分研究成果直到20世纪初才被出版。因此，他对抽象关系和逻辑代数的许多预见性的成果对18世纪和19世纪的数学几乎没有持续的影响。

　　从19世纪奥古斯都·德·摩根和乔治·博尔的著作开始，逻辑被认为是数学系统的象征，这一对好友兼同事面对逆境取得了成功。

　　德·摩根出生在印度马德拉斯，一只眼睛失明。尽管有这种残疾，他还是以优异成绩毕业于剑桥的三一学院，22岁时被任命为伦敦大学的数学教授。他是一个有着多种数学兴趣的人，一位才华横溢的教师，尽管他的脾气有点古怪，但他却享有良好的声誉。他写过关于逻辑、代数、数学史和其他各种话题的教科书和通俗文章，是伦敦数学学会的联合创始人和首任会长。德·摩根认为，数学和逻辑之间的任何分离都是人为的和有害的，因此他致力于把许多数学概念建立在更坚实的逻辑基础上，并使逻辑更加数学化。也许考虑到一只眼睛失明的缺陷，他总结了自己的观点，他说：

> 　　我们都知道数学家对逻辑的关心从未比逻辑学家对数学的关心更多。数学和逻辑学是精密科学的两只眼睛，但是数学家对逻辑视而不见，逻辑学家对数学视而不见。双方都相信自己只用一只眼比用两只眼看东西更清楚。[②]

---

① 有关微积分的更多信息，请参见数学概念小史30。

② 见［33］第331页。

作为一个英国商人的儿子，乔治·布尔生活在既没有钱也没有特权的家庭。尽管如此，他还是自学了希腊语和拉丁语，接受了足够的教育，成为一名小学教师。布尔开始认真学习数学的时候已经20岁了。仅仅11年后，他出版了《逻辑数学分析》（*The Mathematical Analysis of Logic*，1847年），这是他的两本逻辑学著作中的第一本，为逻辑推理的数值和代数论述方法奠定了基础。1849年，他成为都柏林皇后学院的数学教授。在49岁突然去世之前，布尔还写了几本现在被视为经典的数学书籍。他的第二部更著名的逻辑学著作《思想规律研究》（*An Investigation of the Laws of Thought*，1854年），详细阐述并编纂了他1847年出版的书中探讨的观点。这种象征性的逻辑方法促使了布尔代数的发展，布尔代数是现代计算机逻辑系统的基础。

布尔研究成果的关键要素是，他系统地将叙述作为对象来处理，这些对象的真值可以通过逻辑运算进行组合，就像数的加法或乘法一样。例如，如果两个叙述*P*和*Q*中的每一个都可以是真或假，那么当它们组合在一起时，只有四个可能的真值情况需要考虑。事实是"*P*和*Q*"是真的当且仅当这两个叙述都是真的，然后可以用图25中的第一个表来表示。类似地，图25中的第二个表捕获了"*P*或*Q*"是正确的，只要两个组件语句中至少有一个是正确的。最后一个表显示了一个事实，即一个叙述及其否定总是有相反的真值。

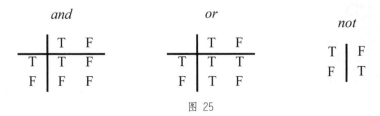

图 25

从这里开始，将T和F转化为1和0是一个简单的步骤，并且将逻辑运算表（如图26）作为一个有点不寻常但是完全可行的算术系统的基础，这个系统有许多相同的代数性质，如加法、乘法和相反数。

and	1	0		*or*	1	0		*not*	
1	1	0		1	1	1		1	0
0	0	0		0	1	0		0	1

图 26

德·摩根也是逻辑代数处理有影响力、有说服力的支持者。他的出版物有助于完善、扩展和推广由布尔创立的系统。在摩根对这一领域的许多贡献中，有两条规律，现在以他的名字命名，清楚地捕捉到逻辑运算和（或）关于否定的行为的对称方式：

$$\text{not-}(P \text{ and } Q) \Longleftrightarrow (\text{not-}P) \text{ or } (\text{not-}Q)$$

$$\text{not-}(P \text{ or } Q) \Longleftrightarrow (\text{not-}P) \text{ and } (\text{not-}Q)$$

在摩根对数学逻辑理论的重要贡献中，他强调关系是一种值得自己详细研究的对象。大部分的作品在19世纪最后四分之一时间，在查尔斯·桑德斯·皮尔斯（Charles Sanders Peirce）复兴和扩展之前，基本上没有人注意到。查尔斯·桑德斯·皮尔斯，作为哈佛数学家和天文学家本杰明·皮尔斯的儿子，他在数学和科学的许多领域都做出了贡献。然而，随着他对哲学和逻辑的兴趣越来越浓厚，他的作品也向这个方向转移。他把自己对逻辑代数的兴趣从他父亲和其他数学家的代数中区分出来，他说数学家们想要尽快得出结论，所以当他们知道一个论点在哪里的时候，他们愿意跳过这些步骤；另一方面，逻辑学家希望尽可能仔细地分析演绎，把它们分解成小的、简单的步骤。

将数学推理简化为由微小的机械步骤组成的长串，是"计算机时代"的一个关键前提。20世纪电气设备设计的进步，以及将1和0转化为开关电气状态，导致电子计算器超过了莱布尼茨的步进计算器的上限。键盘符号的标准代码允许这种机器读写单词。但正是布尔、德·摩根、皮尔斯和其他人的工作，把推理从文字转换成符号，再到数字，才导致了现代计算机的出现，其快速的长串1和0的计算使其"思考"的方式成为数理逻辑越来越复杂的应用。

01010100 01101000 01100101　01000101 01101110 01100100

深度阅读

一个好的学习起点是参考文献［177］的1852—1931页。不难阅读的单行本是［55］。关于莱布尼茨、布尔、德·摩根和皮尔斯的更多信息，另见［166］。

问 题

（1）做0-1表通常是验证逻辑叙述是否为真的有效方法。

① 否定会使真的叙述为假，使假的叙述为真，因此否定反转了0-1真值表中的真值。假设参考列和参考行上分别标出P和Q的真值，请做出"非（P与Q）"和"（非P）或（非Q）"的真值表。你的结果与摩根法则有何关系？

② 请用0-1真值表验证第二个摩根法则。

（2）除了且、或、非之外，还有一个较基本的逻辑运算符。这就是"如果……那么……"的条件形式。在数学逻辑中，只有当P为真，Q为假时，"如果P，那么Q"的叙述才是假；在所有其他情况下，它都被视为真。

① 请做一个"如果……那么"0-1真值表。请在表中指定什么代表P（假设）和什么代表Q（结论）。

② 用与问题（1）①相同的假设，请做出"非（如果P，那么Q）"的0-1真值表。这个叙述在逻辑上是否等同于"若（非P）则（非Q）"？（如果他们在任何情况下都有相同的真值，则两种形式在逻辑上是等价的）。用一个常识性的例子来说明你的答案。

（3）通常，将逻辑参数转换为机器能够理解的语言的中间步骤是使用符号作为基本的逻辑连接词。以这种方式，复杂的英语散文被分解成一系列简单的声明性叙述，它们之间则由我们所描述的四个基本连接词之一连接起来。多年来一直使用各种符号，以下是现在常见的：

非：· ，且：∧ ，或：∨ ，如果……那么：→

例如，"如果阳光不强烈，那么我要么去购物中心，要么去看电影"可以写成"·P→（Q∨R）"，这里P、Q和R分别代表"阳光强烈""我要去购物中心""我要去看电影"。将以下每个复杂句子改写为由此处定义的四个逻辑符号连接的一连串简单肯定叙述。

① 如果$x^2=y^2$且x非负，那么x不小于y。

② 如果平行假设不真，或者勾股定理不真，那么几何就不是欧几里得几何。

（4）当用0和1表示时，第263页图26中的表与0和1的乘法表完全相同：0乘任何东西都是0，$1 \times 1=1$。另外两个表也可以使用算术模2来进行这种积分：认为0代表"偶数"，而1代表"奇数"。然后乘法运算与往常一样，但是另外我们得到$0+0=0$，$0+1=1$和$1+1=0$，因为两个奇数相加就是偶数。

① 检验一下，如果P等于0或1，那么非P等于$1+P$。

② 检验"P或Q"是由$P+Q+PQ$给出的。

③ "如果P，那么Q"的公式是什么？

④ 用这种解释来决定"Q或非（如果P，那么）"是否可以代替"Q或P"。

（5）我们认为布尔和德·摩根都是英国人，他们都与大英帝国的其他地区有联系。

① 德·摩根出生时，马德拉斯和印度南部大部分地区都在英国的统治之下。英国人是如何将印度的大部分地区置于自己控制下的？印度何时正式成为大英帝国的一部分，何时成为独立国家？

② 布尔在都柏林当教授时，爱尔兰的政治经济局势是怎样的？

③ 在布尔和德·摩根从事数学研究的职业生涯中，谁是英国的君主？

专 题

（1）本节数学概念小史告诉你很多关于乔治·布尔和奥古斯都·德·摩根的生活，却很少提到第三个重要人物查尔斯·桑德斯·皮尔斯（Charles Sanders Peirce）。找出更多资料并撰写一篇关于他和他的研究工作的短文。

（2）只有当P为真，Q为假时，才认为"如果P那么Q"是假。这对数学来说很好，但也有一些自相矛盾的后果。例如，这意味着只要P为假，

"如果 P 那么 Q" 就为真。当 Q 为真时，"如果 P 那么 Q" 也为真。所以我们说，"如果猪有翅膀，那么每个偶数就是两个素数之和""如果黎曼假设是真的，那么天空就是蓝色的"这两句话都为真。这会让你困扰吗？为什么或者为什么不？我们对"如果 P，那么 Q"的解释对日常语言中这类句子的使用有多大的一致性？（一种方法是收集书籍或其他来源的"如果……那么"句子，然后考虑我们如何理解它们）。你是否可以为我们所陈述的"如果……那么"的真值定义提供依据？

25. 在可数之外：无穷大与集合论

许多世纪以来，无穷作为一个永无止境的过程的概念，一直是一个有用的数学工具。它是极限的基本概念，也是微积分的基本概念。然而，处理无限的对象集合是一个相对较新的数学活动。就在两个世纪前，伟大的欧洲数学家高斯说：

> ……首先，我反对将一个无限的量视为一个完备的量，而在数学中，这是不允许的。"无限"只不过是一种说法……[1]

高斯的评论反映了一种共同的理解，可以追溯到亚里士多德时期。但请考虑一下：当我们看到一个自然数时[2]，我们会识别它，无论它是5、300还是78, 546, 291，我们知道没有最大的数字，因为我们总是可以在这个数上加1。现在，如果我们可以将自然数与其他类型的数字，如$\frac{1}{3}$或-17或$\sqrt{2}$区分开来，考虑将所有自然数的集合作为一个独特的数学对象，是不是有意义？乔治·康托尔（Georg Cantor）认为是这样。

随着美国南北战争的结束，乔治·康托尔在德国数学家卡尔·维尔斯

---

① 高斯给海因里希·舒马赫的信，1831年7月12日；引自［53］第120页。

② 数学家通常称这些数字为自然数。

特拉斯的指导下完成了他的博士学位。当时，欧洲数学家正处于加强微积分逻辑基础的最后阶段，这一过程已经持续了近200年。当他们这样做的时候，他们对实数有了更深入的理解，这些数字可以用来标记一个坐标轴上的所有点。实数可以分为两种不同的类型——有理数和无理数。有理数可以表示为两个整数的比值，无理数则不能。数学家们知道每种类型在另一种类型中都是"稠密"分布。也就是说，他们知道，任意两个有理数点之间有无穷多个无理数点，在任意两个无理数点之间，有无穷多个有理数点。这导致了一个普遍的感觉，实数的有理数和无理数或多或少地平分秋色。

然而，对某些函数的研究开始使人们对这种感觉产生怀疑。对于这两种类型的数字，某些类型的函数表现得非常不同。当康托尔研究这些差异时，他开始认识到将这些不同类型的数字作为不同的数学实体或"集合"的重要性。康托尔的这一概念是非常笼统和模糊的：

> 通过一个集合，我们将把任何集理解为对于我们的直觉或思想来说的一个明确和独立的对象的整体。①

这意味着无限的数字集合（和其他事物）可以被视为不同的数学对象，可以像有限集合一样进行比较和操作。特别是，询问两个无限集合是否"大小相同"是有意义的；也就是说，他们是否能够以一对一的方式进行匹配。这些基本思想迅速使康托尔在数学思想史上取得了一些最具革命性的成果。下面是其中的几个：

· 不是所有的无限集合都是相同的大小。（也就是说，存在无穷集合不能彼此一对一的对应）。

· 无理数集合比有理数集合大。

· 自然数的集合与有理数集的大小相同。

· 集合的所有子集构成的集合大于集合本身。

---

① 摘自［36］第85页，略作修改，以反映现代术语。

· 实数直线上任意区间内的点集，无论多短，都处在该实数直线上所有点的集合的相同区间内！

· 任何在平面中或三维空间或 n 维空间中的所有点的集合，对于任何自然数 n，与一条线上的一组点的大小相同。

康托尔出发点的抽象简单性使他的集合论在整个数学中都适用。这使得我们很难忽视他的惊人结论，这些结论似乎违背了大多数数学家对数学学科的常识理解。

他的工作在数学界的许多领域都受到欢迎，但并不被普遍接受。康托尔对无穷大的集合论处理引起了一些最重要的同时代人的强烈反对，尤其是柏林大学的著名教授利奥波德·克罗内克（Leopold Kronecker）。克罗内克将他的数学方法建立在这样一个前提之上：除非一个数学对象在有限的步骤中是可构造的，否则它是不存在的。从这个角度看，无限集是不存在的，因为在有限的步骤中构造无限多个元素显然是不可能的。自然数是"无限的"，只是意指迄今为止所构造的自然数的有限集合可以扩展到我们想要多远就有多远；"所有自然数集合"不是一个合法的数学概念。对克罗内克和那些分享他的观点的人来说，康托尔的研究是一个危险的异端和炼金术的混合物。

为了理解克罗内克所担心的是什么，考虑可以表示为两个奇素数之和的所有偶数的集合。这个集合里有什么数？这样说吧，对于任何比4大的特定偶数，很容易（有时是麻烦的）来决定这个数字是否在本集合中。例如，由于22434=12503+9931，所以集合中有22434。每一个大于6的偶数都在本集合中是真的吗？我们不知道。（在这个集合中，每一个大于4的偶数都是一个著名的猜想，[①]到目前为止，还没有人能够证明这一点）。但是，如果我们不能说出哪些元素属于我们的集合，我们如何才能把我们的集合作为一个完整的整体来讨论呢？这样的谈论难道不会使我们陷入矛盾的危险吗？

---

① 这是哥德巴赫猜想，由克里斯蒂安·哥德巴赫在1742年写给欧拉的信中首次提出。

克罗内克对数学一致性的安全担忧似乎是有道理的，因为集合论中出现了几个悖论。其中最著名的悖论是伯特兰·罗素在1902年提出的。它的集合论公式在这里不需要我们关注，①你可以从它的许多普及版本中得到这个想法。罗素本人在1919年给出了一个问题：

> 在某个村庄的一位理发师声称，他替全村那些不自己刮胡子的村民刮胡子。如果他的说法为真，则这位理发师会给自己刮胡子吗？

用更正式的术语来说，这位刮胡子的理发师自己也是村民，他是不是所有不自己刮胡子的村民所组成的集合中一员呢？如果是的话，他就不可能自己刮胡子，但因为他替所有不自己刮胡子的村民刮胡子，这意味着他必须刮自己的胡子，所以他最终不在本集合中。如果他不在本集合中，那么他会自己刮胡子，但他只会替那些不自己刮胡子的人刮胡子，所以他必定不自己刮胡子，所以他在本集合中。似乎没有办法摆脱这种逻辑上的矛盾循环。像这样的困境迫使19世纪末20世纪初的数学家对康托尔的集合论进行彻底的重新研究，试图使它摆脱自相矛盾的危险。

尽管有这种最初的不适，康托尔的研究工作还是以一种绝对积极的方式影响了数学。他的基础集合论为数学的许多不同领域提供了一种简单、统一的方法，包括概率、几何和代数。此外，在他的工作的早期扩展中所遇到的奇怪的悖论鼓励数学家们形成有序的逻辑思维。他们对数学逻辑基础的仔细研究导致了许多新的结论，并为更抽象的统一思想铺平了道路。

由于对无限集合的反对大多基于哲学假设，康托尔超越了数学的通常边界来论证其思想的哲学接受性。他认为，无限集合不仅是有趣的数学思想，而且它们确实存在。正因为如此，他的研究工作不仅受到数学家的关

---

① 更正式但可读的罗素悖论的版本，见［60］第39页。

注，也受到哲学家和神学家的关注。这个时机特别成熟，因为在19世纪末，正当康托尔的集合论出现在知识的曙光中时，人们正在尝试制定一种既能适应科学又能满足宗教信仰的哲学。

1879年，教皇利奥十三世颁布了《永恒之父》（*Aeterni Patris*）通谕①，他指示天主教堂恢复对经院哲学的研究。这种哲学也被称为托马斯神学，因为它是基于13世纪托马斯·阿奎那（Thomas Aquinas）所写的《论神大全》（*Summa Theologica*）。阿温迪·帕特里斯提出了新托马斯主义，这是一种哲学思想流派，认为宗教和科学是相容的。它认为现代科学不需要引出无神论和唯物主义。新托马斯主义者认为，他们的方法产生了对科学的理解，从而避免了与宗教（尤其是与天主教）的任何冲突。

当康托尔在无穷数学方面的研究工作在19世纪80年代被人们所熟知时，引起了新托马斯主义哲学家们相当大的兴趣。从历史上看，天主教会认为，无限事物的真实存在会导致泛神论，这被认为是一种异端邪说。康托尔这位虔诚的基督徒并不同意。他认为他的无穷集合的数学确实处理了现实，但这些无限的集合并不等于无限的上帝。康托尔把他的研究成果的数学方面与哲学方面区分开来。他声称，在数学方面，一个人可以自由地考虑任何不自相矛盾的概念。现实世界中是否有任何东西与这些概念相对应不是一个数学问题，而是形而上学的一部分。

形而上学是研究存在与现实的哲学分支。康托尔的形而上学的说法是，实际上无限的数字集合是一个真实的（虽然不一定是物质的）存在。在与一些主要的天主教神学家的耐心的、持续的通信中，他与异端观点划清了界线，并获得半官方的接受。德国的一些新托马斯哲学家甚至用他的理论来断言实际无穷的存在。例如，他们认为，因为神是全知的，它必须知道所有的数字；因此，不仅所有的自然数实际上都存在于上帝的头脑中，那么所有的分数，所有的无限小数，等等，都是如此。

---

① 通谕是教皇给主教的一封正式的信，信中涉及教会教义。

然而，集合论在哲学中最重要的作用远远超出了新托
马斯主义者的观点。康托尔和他的后继者试图摆脱集合论
的矛盾，从而使其形而上学的声音导致了对数学基础的深
入研究。20世纪早期的这些研究也导致了逻辑形式、证明
方法和句法错误的澄清，而这些反过来又被用来提炼哲学
的论点。现代数学为哲学提供了一些有着可接受的推理和

可能的逻辑结构的明确的、正式的指导原则。集合论也为哲学研究提供了
关于无限的新问题和新思想。因此，宗教、哲学和科学之间的界限成为更
加热门的焦点。

这些努力的一个结果是，许多人开始把数学看作是一门脱离形而上学
领域的学科。当人们开始认真地研究数学的基础时，很明显涉及的哲学问
题是非常深刻的。出现了几个学派（参见本书第62页），但没有一个找到令
人信服的答案。

目前看来，康托尔观点在今天被认可的似乎是第一部分。数学研究可
以不用先解决哲学问题就能完成。数学家可以研究无限集合，只要它们能
够避免矛盾，结果将是有效的数学。在现实世界中，这些数学中有很多是
有用的，但它们之间的联系往往比我们想象的要微妙和令人惊讶。与此同
时，那些尚未解决的哲学问题（比如关于数学为何被证明适用的问题）可
以留给哲学家。这可能让康托尔失望了，他对自己研究的形而上学方面的
关心和对纯数学的关心一样强烈。然而，大多数现代数学家和哲学家都认
为这种分离是人类思想进步的巨大步伐。

深度阅读

参考文献［66］的第11章给出了康托尔研究的易懂的描述。关于无限
概念的古怪而可读的解释，参见［153］。参考文献［60］的第二章是集合
论的一个更一般性的讨论。最后，参考文献［99］第五章详细介绍了集合
论的早期历史。

问 题

（1）这些问题说明了无限过程与无限对象之间的区别。

① 作为一个程序，无限小数0.999……表示一个越来越接近1的数列：

$$0.9，0.99，0.999，0.9999，等等。$$

在这个数列中，每一项比1小多少？

② 但是，如果一个无限小数（如0.999……）表示一个特定的数，那么它应该是①部分所描述的数列的极限，在本例中是1；即0.999……=1。如果一个数与逼近数列的每项的差最终小于你选定的任何距离，则这个数就是极限，无论它有多小。0.4999……表示什么？7.562999……又表示什么？为什么？

③ 推广②部分，证明如果$d_n \neq 9$，则无限小数

$$.d_1d_2d_3 \cdots d_n999 \cdots 和 \quad .d_1d_2d_3 \cdots （d_n+1）000 \cdots$$

表示同一数（每个d都代表一个单一的位数）。

（2）两个集合之间的一一对应将一个集合中的每一元素和另一个集合中的每一元素配对。这种大小的常识是统计和记数的基础。即使是一个蹒跚学步的孩子也可以通过将她的口香糖和她弟弟的口香糖配对起来，看她是否得到了与弟弟一样多的口香糖。然而，当这种"相同大小"的自然概念被扩展到无限集合时，奇怪的东西就开始出现了。

① 例如，$n \leftrightarrow 2n$定义了一个在自然数的集合N与偶数自然数之间的一一对应关系，这意味着我们可以"丢掉"N的一半并且剩下一个相同大小的集合。这种匹配是一对一的，因为$2a = 2b$对于任何数字a和b意味着$a = b$。通过在特定数字之间给出至少四个匹配例子来说明N与一组偶数自然数之间的对应关系。

② 推广这一论点以表明我们可以丢弃99%的N，并且仍然具有相同大小的左侧集合。举例说明你与一些具体例子的对应关系。

③ 进一步推广以证明，对于任意非零数k，k的所有自然数倍数的集合

*kN*与*N*的大小相同。给出一些具体的例子。

④ 这种类型的匹配表明实数线上两个不同长度区间上的点集之间有一一对应关系。说明对应关系*x↔2x*如何证明了区间［0，1］和［0，2］间"有相同多的点"。如此说这两个区间的大小相同是否公平？

⑤ 推广④部分以证明区间［0，1］可以与实数线上的任何区间［*a*，*b*］建立一一对应关系。（这说明了"基数"——康托尔意义上的大小——完全独立于长度。）

（3）乔治·康托尔生活和工作的时期，均处在中欧政治和社会极端动荡的时代，其中大部分历史事件都涉及德国。

① 在1871年，德国最主要的政治事件是什么？

② 在康托尔的一生中，是哪位著名的德国作曲家改变了歌剧风格？

③ 在康托尔生命的最后几年发生了什么国际冲突？

专　题

（1）写一篇文章，发生在其他学科领域时，或从其他角度比较和对比数学中的无穷的概念。使用任何你喜欢的外部资料，但记住要说明你所引用的想法和陈述的出处。

（2）查找、书写并准备提出或解释康托尔所确立的下列至少一项事实的证明：

① 有理数的集合与自然数的集合的大小相同。

② 实数集合与自然数集合的大小不同。

③ 没有一个集合与其所有子集所构成的集合大小相同。（这意味着无限集合有无限多种不同的大小。）

（3）希腊数学家，也许是因为受亚里士多德的影响，对与"无限"相关的论述非常谨慎。然而，到了近代早期，像伽利略、开普勒和卡瓦列里这样的数学家似乎对无限集合更感兴趣。即使如此，直到康托尔研究工作之后，实际上的"无限"才开始成为数学的正式部分。写一篇论文，推测哪些文化的变化可能会影响这一发展。

26. 走出阴影：正切函数

一根普通的杆子可能是第一台天文仪器。将它垂直放置在水平地面或水平放置到垂直墙中，它将产生一个投影。投影的长度和方向揭示了太阳的当前位置。观察这种变化可以告诉我们现在是什么时间，就像日晷一样。

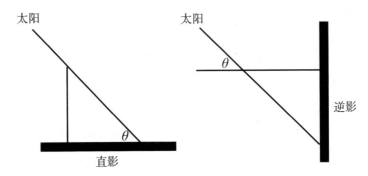

放在这些位置的杆子都被称为圭表。一根垂直杆子在正午投影最短，此时太阳处于最高点，而且往往引起早期天文学家兴趣的是这种最短的投影。正午投影长度取决于纬度，而且每天也不尽相同。夏至日那天它是最短的，这个时候也是一年中正午太阳高度最高的一天。冬至日那天则是最长的，此时也是正午太阳高度最低的一天。他们之间折中的时候则是春分和秋分，正午是太阳恰好在赤道上的时候。

三角学的一些知识将会告诉你投影的长度是如何与太阳的角度相关的。假如我们有一根1米长的杆子，我们将太阳的入射角设为θ。那么，垂直杆在地面的投影长度是cot（θ）米，而水平杆在墙面的投影长度是tan（θ）

米。在早期的文献中，我们称第一种（余切）为"直影"（直立杆之投影），而称第二种（正切）为"逆影"（倒杆之投影）。

起初，正切不是三角学的一部分。托勒密的《天文学大成》[①]（*Almagest*）写于大约公元150年，是现存最早的三角学文字，书中只用到弦函数——与我们今天的正弦密切相关。尽管如此，托勒密解释了如何计算在给定纬度的每一个冬至和春分的中午阴影的长度。用弦表做这件事并不难。没有人想一次又一次地做这些计算，所以计算一次并把结果放入一个表中是很自然的。

中世纪印度的数学家通过用正弦替换弦来改进托勒密的弦函数。他们也计算出了阴影的表格。从印度学习到三角学的中世纪伊斯兰国家的天文学家是伟大的表格制作者。收集的天文表被称为*zīj*，*zīj*通常包括一个正弦表、行星的位置表和其他很多有用的资料，包括投影的表格。

令人惊讶的是，投影表不是三角函数表的一部分，它通常只列出正弦（人们通过互补角的正弦值来找到余弦）。在他们各自的表格中，总是根据太阳的位置，而不是仅仅用角度来计算阴影。他们建立了一个一定长度的日晷，通常与正弦表所用的半径不一样。

给定一个正弦表，如果知道太阳的角度，就很容易计算出投影。在古代，它总是以比例来计算的：

$$\frac{AC}{AB} = \frac{\sin(\theta)}{\sin(90° - \theta)}$$

然而，我们不能用这样的一张表格，倒着从它的余切或切线中找到这个角度（正如我们现在所说的）。需要时，通常的方法是使用勾股定理求出斜边*CB*，用找到的角的正弦值，然后查正弦表。这种计算在古代作者中反复出现。这并不难，但确实需要几个额外的步骤，所有的计算都必须手工

---

① 我们不知道他自己是否选择了这个名字，如果他这样做了，他肯定对它的重要性充满了信心！

完成。一个表可以让他们找到与给定切线相对应的角度，这样就节省了大量的工作量。

是什么使印度和阿拉伯的学者不把投影写入三角函数表中？这似乎是一种概念的区别：投影属于日晷理论和圭表，而正弦表是三角学和天文学的一部分。投影对确定一个人所在的纬度很重要，所以它们也是地理学的一部分。每一个想法都与它引入的实际环境紧密相连，因此他们的关系很难被察觉。

这在11世纪开始发生变化，很大程度上是因为两位学者的共同努力，他们是阿尔·巴塔尼和阿布·瓦法（中世纪阿拉伯数学家、天文学家）。阿尔·巴塔尼大部分时间生活在现在的乌兹别克斯坦，而阿布·瓦法住在巴格达。我们知道他们彼此间有联系，因为他们曾被安排在同一个晚上观察月食。通过计算每个地点的月食时间，他们算出了两个城市之间的经度差异。

关键的步骤是由阿布·瓦法在10世纪晚期，在他的《天文全书》中，介绍了所有六个标准函数：正弦、余弦、阴影（我们称余切）和反影（我们称正切），阴影的斜边（我们称余割）和反影斜边（我们称割线）。他想出了如何用一个图表来代表上述所有函数，这有助于论证他们本质上的统一。

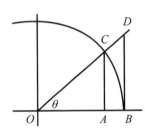

正如我们在这里所做的那样，只用三个函数来绘制图形就不那么让人费解了。点 O 是圆的中心，其半径是用于三角函数的那个半径（如今选取的 $R=1$ 在很久以后才成为标准）。画一个角度 θ，让 C 成为圆周上的对应点，所以 OC 的长度为半径 R。从 C 到 A 做一条垂线，作切线 BD 平行于 AC，则 $\sin(\theta)=AC$，$\tan(\theta)=BD$，和 $\sec(\theta)=OD$。为将余弦、余切和余割标在图中，我们所要做的就是绘制垂直轴的等效线段。

约1020年，阿尔·巴塔尼撰写了一本重要的书——《阴影详论》（*The Exhaustive Treatise on Shadows*）。他的这本书中包含了大量与阴影相关的话题。特别是，他在书中讨论了阴影表的许多应用，并强调了它在三角计算中的实用性。然而，并非所有伊斯兰世界的数学家都采用了新的函数。他们中的一些人似乎更倾向于坚持由正弦函数为主的旧系统，尽管使用阴影函数的实际优势是如此明显。这个不全的三角函数的版本最终被传送到欧洲。欧洲数学家从阿拉伯语中学习三角学，且起初他们只使用正弦函数。

通过研究15世纪最重要的三角学著作——雷格蒙塔努斯的作品，我们可以追溯在欧洲正切是如何从阴影中产生的。这本书名是《论各种三角形》（*De Triangulis Omnimodis*）。书中的观点是解释如何"解决三角形"，也就是说，如何从已知的三角形中求出三角形未知的长度和角度。《论各种三角形》写于14世纪50年代，巩固了当时的三角学中大多数已知的东西，但它根本不使用正切函数。

然而，1467年，雷格蒙塔努斯出版了他的《方位表》（*Tables of directions*），他发现拥有一个正切表的益处，说它可以"产生巨大的和令人钦佩的效果"。他将表命名为"丰硕的表"（Tabula Fecunda），但显然那儿没有列出函数的名字。他的一些追随者似乎把正切简单地称为"富有成果的数字"。

受雷格蒙塔努斯影响的许多人中，雷蒂库斯（Georg Joachim Rheticus，1514—1574，奥地利数学家、天文学家）是最广为人知的1543年出版哥白尼《天体运行论》（*De revolutionibus orbium coelestium*）的出版人。在负责那本书的时候，雷蒂库斯添上自己计算的表格，把三角学的部分作为一本单独的书出版。在他的表格中发现的创新是在页面右侧列出互补角的想法，这样就也可以利用他的正弦表找到余弦。这本小册子于1541年出版，非常受欢迎。

在他的学生卢修斯瓦伦丁·奥索（Lucius Valentin Otho）的帮助下，雷蒂库斯在他生命的最后阶段还在撰写一本更为详尽、有更广泛表格的著作。雷提克斯1574去世后，奥索接续了他的工作，撰写完成了这本书——《帝王三角书》（*The Opus Palatinum de Trianguli*），最终于1596年出版。这是一本有1400页的皇皇巨著，其中一半内容是专门论述一个庞大的三角表。我们难以确定是否有很多人完整地读过这本书，但是显然这些表格都被大量使用过了。

在雷蒂库斯关于三角学的两本书中，都提出了新的思想和新的名称。他决定用三角形来描述三角函数，而不是用圆来描述三角函数。和他那个时代的其他人一样，他假定了一个半径恒为R的基础圆（我们将使用$R=$

1）。他的第一个三角形是我们的标准三角形：设斜边长度等于半径*R*，他有效地使正弦等于"斜边的对边"，而余弦等于"斜边的邻边"（当然，他的正弦是*R*乘以我们今天的正弦）。但比起将其他函数引用到同一个三角形上，他介绍了另外两个半径在不同的位置的三角形。下图是它的样子。①

如果斜边是参考圆的半径，则底边是余弦，垂线是正弦。

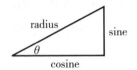

如果底边是参考圆的半径，那么垂线是正切，斜边是正割。

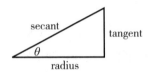

如果垂线是圆的半径，那么底边就是余切，斜边是余割。

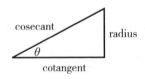

雷蒂库斯的表格精确地反映了这个描述。他列出了从0°到45°间的所有角度的全部六个三角函数。他将表格分成三列，每列有两个子列。第一列指的是三角形的第一种，子列是"垂线"和"底边"，即正弦和余弦。第二列是三角形的第二种，子列是"斜边"和"垂线"，即正割和正切。最后第三列是三角形的第三种，子列"斜边"和"底边"，即余切和余割。

雷蒂库斯的新名称引来的一个问题是其子名称结构。你不能只说"垂直"，因为它可以是正弦或正切。你必须在每种情况下指定上下文（三角形的类型）。最重要的是，选择哪一边是"基础"和"垂直"似乎是任意的。人们想要一个其他的名字并不奇怪。"正弦"这个词太固定了，不能改变，

---

① 我们在［238］中看到更详细的描述。

但其他两个主要函数的术语仍然是不固定的。它会是"本影""阴影"或"丰硕的数"吗? 如你所知, 这些都没有被选中。

我们今天使用的名称是由丹麦数学家托马斯·芬克 (Thomas Fincke) 在一本叫作《几何学轮回》(*geometriae rotundi*) 中介绍的。芬克提出了 "rotundi" 这个词, 因为他想要一个可以同时指圆圈和球体的词, 标题的英语翻译就像"圆形物体的几何形状"。

芬克以一张非常像阿布·瓦法画的图片为基础, 在其中重新绘制了芬克的字样。他在图中看到正弦 (线段*UE*) 和"与它相关的另外两条线", 一个相切 (tangent) 于圆 (线段*AI*), 另一个则分割 (Secant) 圆 (射线*OI*)。[1]因此他建议称它们是θ的正切 (tangent) 和正割 (Secant)。他说:"这些词不指代这些事物时是新的, 不过, 我们希望它们是恰当的。"

芬克对引入新的名词有些歉疚, 但他似乎觉得雷蒂库斯通过用自己的新名称打开了命名之门。他似乎没有意识到"本影"。他驳回了雷格蒙塔努斯的建议:"那些把线段*AI*称为'丰硕的数'的人, 看看他们如何捍卫这个名称。他们不会说服我。"他指出,

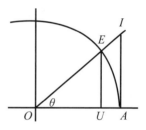

"垂直"应用到几个不同的线。他争辩说"几何学本身提供了一个贴切的名字", 因为这个问题真的是相切于圆。

这一连接也解释了为什么正割是余弦的倒数, 而不是正弦。正是在正弦和正切的同一张图片中自然出现的割线, 所有的"共函数"都是从互补角出现的。

芬克名称的确定不是他的研究的直接结果。这是巴索洛缪·皮季斯库斯的作品, 他的三角学著作于1595年出版, 很快就成了一种参考标准[2]。皮季斯库斯的表上的计算是对雷蒂库斯的改进, 特别是当它面临切线和割线的角度值接近90° 时。因为皮季斯库斯用了芬克介绍的新名称, 这些名称从那时起成为公认的标准术语。

---

① 分割表示"切割", OI切割圆。

② 见第214页, 一个扩展的版本出现在1600年, 在1614年翻译成英语。

深度阅读

关于三角学早期历史的最好的书是［238］。这是我们这篇数学概念小史的主要来源。[93]第1章，有一个关于三角学历史的简述。

问 题

（1）这个问题指的是276页上所说的"直影"。杆子长度的标准选择之一是12单位。例如，阿尔·巴塔尼用这个数值产生了一个$z\bar{i}j$。

① 假设垂直杆长12英寸，太阳角度为θ，阴影则为12 cot（θ）英寸。

② 通过计算15°、30°、45°、60°、75° 的阴影长度来建立你自己的阴影表（如果你不怕困难，可只使用一个正弦表并通过手工计算）。

③ 假设太阳光线与桌面的夹角偏离1°，其阴影长度在每种情况下会有什么不同？

（2）公元前3世纪，亚历山大的埃拉托斯提尼把两个实用的地理事实和一个中午的影子结合起来，估计了地球的大小。他知道，埃及的阿斯旺几乎就在亚历山大以南大约500英里远的地方。（当然，他没有以英里计算。）他还知道，在夏至的中午，阿斯旺一个垂直日晷没有阴影，因为太阳就在头顶上。与此同时，在亚历山大市观察，他发现太阳的射线和垂直的日晷之间的夹角大约是一个圆的1/50。用一个图表来解释这是如何使埃拉托斯提尼估计地球的周长的。并计算他估计的数是多少？

（3）278页上的图表只包括三条主要的三角线：正弦、切线和割线，因此"不那么混乱"。没有显示余切和余割，也没有识别余弦。绘制一张图表，显示所有这些线条。

（4）根据本文，阿布·瓦法和阿尔·巴塔尼一起观测月食，以测量两个城市之间的经度差异。因为月食是发生在月球上的事件（不取决于你在地球上的位置），所以很容易看到，记录下看到月食发生时的时间，把它与另一个人的记录核对一下，找出两个地点在当地时间上的差异。

① 观察员发现，当地时间与他们所在地的时间相差大约一小时。这是告诉你关于经度的什么信息？

② 阿布·瓦法在伊拉克巴格达，阿尔·巴塔尼在乌兹别克斯坦的希瓦。找出这两个城市的经度。他们找到了差异吗？

（5）在阿布·瓦法和阿尔·巴塔尼的时代，中亚正在经历一种"启蒙"，有着许多重要的文化、哲学和科学发展。世界其他地方发生了什么？下面列出的所有事件都发生在那个时候，按时间顺序排列。

① 阿布·瓦法诞生。

② 阿布·瓦法和阿尔·巴塔尼观察月食

③ 诺曼人入侵英国。

④ 欧洲人试图在第一次十字军东征中夺回圣地。

⑤ 博洛尼亚大学建立。

⑥ 托马斯·贝克特在坎特伯雷大教堂被谋杀。

⑦ 中国宋朝建立。

⑧ 阿尔–哈曾（Ibn al-Haytham，又名Alhazen）写了一本关于光学的书。

⑨ 天文学家观测到一颗巨大的超新星，它的残骸是现在的蟹状星云。

⑩ 格伯特·奥瑞拉克成为教皇西尔维斯特二世。

（6）你知道 $\tan\theta = \dfrac{\sin\theta}{\cos\theta}$。但在三角学早期，这并不是正确的。为什么？当时的类似说法是什么？

专 题

（1）弗兰·奥斯·维特在他的"数学问题的各种答案"中反对芬克的新术语"切线"和"割线"，理由是所使用单词在几何学中已经有了独立的意义，会造成混乱。例如，人们会说"切线"，没有人会弄清指的是几何中的"相切"，还是指一个三角函数。你觉得呢？这影响到我们的命名了吗？

（2）我们知道很多关于阿尔·巴塔尼的生活，因为他写了很多关于自己的文章。对他的传记做些研究。找出他住在哪里，他写了什么，他与谁互动。他最出名的是什么？

（3）文中说，"皮季斯库斯的表格比雷蒂库斯计算的表有所改进，特别是在角切线和割线接近90°的情况下。"为什么接近90°的角度特别困难？

27. 记数比：对数

　　把你的计算器放在一边，拿出一张大纸，把你的笔蘸到墨水槽里，然后把1867392650183除以496321087，保留10位有效数字。当你做完的时候——也许在晚餐之后，你可能对16世纪末那些费时费力的算术工作有一些感想。那个时期，欧洲天文学受到像第谷·布拉赫和约翰尼斯·开普勒这样目光敏锐的观察者的推动，需要越来越精确的计算来检验有关我们的行星系统及其与更远处宇宙的关系的多家相互竞争的理论。

　　当时的天文学家有大量的正弦表和余弦表，其中一些以一个10,000,000,000的半径为基础，以避免处理分数。因此，典型的正弦是一个九位数字（小数还没有被使用）。由于平面和球面三角学的许多用途都需要对正弦和余弦进行乘除运算，天文学家不得不做许多繁琐的算术。有几个技巧可以使工作变得更容易，但它们并不总是非常有用。

　　进入苏格兰的"地主"约翰·纳皮尔，是一个拥有土地的休闲绅士。在16世纪90年代，纳皮尔对寻找方法简化庞大的计算产生兴趣。他可能受斯蒂菲尔1544年的《整数算术》（*Arithmetica Integra*）中的双重序列的启发：

　　0.　1.　2.　3.　4.　5.　6.　7.　8.

　　1.　2.　4.　8.　16.　32.　64.　128.　256.

　　这两个序列中的第一个序列是算术的——每一项与前一个项等差。第二个序列是几何的——每一个项与前一项等比。16世纪的数学家们没有指数符号，但他们知道如何用等比数列中的数计算——通过"数"每一个数的比例因子的数量。例如，在斯蒂菲尔的第二个序列中的比例因子为2，则每一项中的2的幂的数量通过第一个序列数出。若要在该序列中乘两个数字（如8和16），只需累加用于每个数的2的幂（3+4=7），则7个2的乘积（2^7）就是所对应的数（128）。同样，序列中的除法也可以通过减去2的幂的数量来完成。当然，许多我们想要乘或除的数可能不是2的幂。

最初，纳皮尔的目标是将这种简化的计算延伸到天文学家的正弦表。为了清晰和简洁，我们在这里使用一些现代代数语言和符号来描述他做的工作。但是其中大部分并不是纳皮尔工作。在微积分和坐标几何学之前，甚至连代数符号都没有标准化的时候（见数学简介小史8），他几乎完全用文字描述了他的杰出见解。

纳皮尔从"完全正弦"开始，即sin90°——所隐含的圆的半径。他把它想象成一段长10, 000, 000的线段TS。他假设一个点g，从T减速运动到S，于是，"在相同时间内，（它）不断地切断与已被切断的线（段）成相同比例的部分。"例如，如果g相同的时间内从T移动到g_1和从g_1移动到在g_2，那么

$$\frac{Tg_1}{TS} = \frac{g_1g_2}{g_1S}$$

例如，g可能在第一分钟移动路程的1/5，然后在下一分钟移动剩下部分的1/5，然后再移动剩下部分的1/5，以此类推。（纳皮尔的计算中使用1/1000）显然，g一直无法到达S。

$$g: \quad \overline{\underset{T}{|} \quad \underset{g_1}{|} \quad \underset{g_2}{|} \qquad\qquad\qquad \underset{S}{|}}$$

现在是最精彩的一步。纳皮尔假设在一条无限的射线上有一个对应点a，它以恒定速度运动，当g通过每个g_i点时，a通过点i。a和g在每个时刻的对应位置将每个正弦与射线上的一个唯一数（一般不是整数）相关联。特别是，随着通过由等距的点组成的等差数列的移动，对应的g点形成一个关于正弦的等比数列。

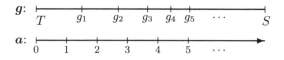

起初，纳皮尔称这些a-数字为"人造数"；然后他决定称他们为将希腊文logos（比率）和arithmos（数字）组合起来的"比率数字"，用来表示对数（logarithm）。纳皮尔定义线段g,S的对数是i乘以10的大数字幂（以避免小数）。这就出现了正弦为0的对数。因为点g不会到达S，纳皮尔说0的对数是无限的。

实际上，尽管非积分指数在当时还不被理解，但纳皮尔靠几何上的直觉把指数的概念从整数扩展到了连续的值。（纳皮尔似乎从来没有把他的对数看作指数。）

纳皮尔的对数有一些非常好的性质。关键之处用比例表达如下：若w、x、y和z满足下列条件，则$\dfrac{x}{w}=\dfrac{z}{y}$，然后$\log(x)-\log(w)=\log(z)-\log(y)$。[①]

问题是，这个优雅的、富有活力的模型没有提供计算特殊正弦的对数的方法。纳皮尔用多年的聪明才智解决了这个问题，并最终在1614年发表了《奇妙的对数表的描述》（*Mirifici logarithmorum canonis descriptio*）。这本书里有90页的对数表，约有50页描述了它们的用法和与各种几何定理的关系，但没有解释它们是如何构建的。它很快就成为天文学家和其他科学家的热门工具。当然，数学家们想知道它是如何且为什么起作用。这一解释在1617年纳皮尔死后的两年之后才出现于《奇妙对数规则的结构》（*Mirifici logarithmorum canonis constructio*）中。

1615年，伦敦格雷沙姆学院的几何学教授亨利·布里格斯读了《奇妙的对数表的描述》，对此印象深刻，于是他前往苏格兰的默奇斯顿塔拜访纳皮尔。纳皮尔的家就在爱丁堡附近。他在那儿待了一个月左右，与纳皮尔合作，改良体系中的一些难点。其中值得提及的是两个关键的变化。第一个是"起始点"的选择。两个人都意识到了修改定义的巨大优势，于是log（1）=0。结合上面提到的纳皮尔关于比例的结果，就可以很容易通过求和差计算出乘除。第二个不明显但同样有用的改变是比率的选择。布里格斯

---

① 这是三角学的完美应用。

令log（10）=10^{14}，这使得他的对数能在十进制记数法下很好地工作。人们更习惯小数之后，这就被简化为log（10）=1。[①]

和以前一样，最困难的部分是计算实际的对数，这需要很长时间。布里格斯从计算（通过手工）10的平方根开始，发现

$$0.5 = \log（3.16227766016837933199\,889354）$$

他开了53次方，最后得到一个非常接近1的数字，其对数是

$$2^{-54}=0.00000\,00000\,00000\,05551\,11512\,31257\,82702\,11815\cdots\cdots$$

自那以后，他用一个乘积的对数是其因子的对数之和重建了体系。1624年，布里格斯出版了《对数算术》（*Arithmetica logarithmica*），包含了1—20000和90000—100000间所有整数的对数表，并精确到了14位数。在接下来的几年里，他一直在努力计算20000到90000间的数字，直到一个荷兰出版商补充了布里格斯的作品（并没有使用他的知识），编写了第二版，这个版本中的有效数字只精确到了10位数，但包含了之前未被算出的值。

纳皮尔和布里格斯在苏格兰工作时，三十年战争正在欧洲大陆蔓延。这场战争产生了一个不好的影响，约斯特·伯基（Joost Bürgi，瑞士钟表匠）于1620年出版的一本出版物的大部分印本丢失了。1588年，早在纳皮尔（着手研究对数）前几年，伯基在布拉格协助天文学家约翰尼斯·开普勒时，就发现了对数的基本原理，但他的对数表直到纳皮尔的《奇妙的对数表的描述》出现6年后都还没有出版。大部分的印本遗失之后，伯基的作品渐渐被冷落了。

布里格斯在计算时，居住在布拉格的比利时耶稣会士圣文森特（Grégoire de Saint Vincent）正在研究双曲线下方区域的性质。1647年发表了他的一个研究结果，对对数有重

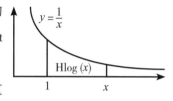

---

① 在等比数列中，如果两个项的比值与另两个项的比值相同，那么，这两对项彼此之间间隔的项数必相同。

要的影响：如果A、B、C、D、……是x轴上的一个点序列，使得长度AB、AC、AD……按等比数列增加，那么在这些线段和双曲线之间的区域以等差数列的形式增加。正如圣文森特的一位学生在1648年观察到的那样，这意味着双曲线和x轴之间的区域构成某种对数。按照［93］的术语，如果双曲线是$y=\dfrac{1}{x}$，那么我们将它下面的面积（从1到x，$x \geqslant 1$）称为x的双曲对数，并写作$\mathrm{Hlog}(x)$。

16世纪60年代，居住在意大利北部帕多瓦的苏格兰数学家詹姆斯·格雷戈里（James Gregory）研究了双曲对数。和那个时代的其他人一样，他采用大数来避免出现小数，尽管纳皮尔广泛地使用了它们，但大家对小数仍然相当的陌生。特别地，他用逐次逼近的内切和外接多边形来计算Hlog（10）。经适当的10次幂调整，他的结果是

$$\mathrm{Hlog}（10）=2.302585092994045624017870 0$$

这清楚地表明，双曲对数与纳皮尔和布里格斯的对数不一样。它还表明，在计算面积时，对数关系可能会"自然"出现。

当格雷戈里在意大利研究Hlog时，英国的牛顿正在研究双曲线$y=\dfrac{1}{1+x}$下的区域。在1664年至1665年之间，牛顿确定，从0到x（$0<x<1$）的双曲线下的面积可以用无穷级数来计算。

$$x-\frac{x_2}{2}+\frac{x_3}{3}-\frac{x_4}{4}+\frac{x_5}{5}-\frac{x_6}{6}+\cdots\cdots$$

因为这个双曲线只是$y=\dfrac{1}{x}$向左移动一个单位得到的变形，这个级数代表$\mathrm{Hlog}(1+x)$——在我们的而不是他的表示法下。

大约10年后，牛顿在Hlog这个领域上又添了一道难题，尽管是间接导致的。那时，整数的指数已经被普遍使用了一段时间，作为重复的乘法的简写。另一方面，分数幂并不常用，这使得纳皮尔和其他人无法在指数方面来思考他们的对数。大约在1675年，牛顿给伦敦皇家学会寄了一封信，解释了他在无穷级数上的一些工作，包括他给出了（$1+x$）幂的级数的二项式定理。因为这些研究也适用于分数幂，牛顿描述了其意味着什么。这就敲开了一扇门，让人们对幂指数有了一个更全面的认识。在接下来的一个世

纪里，这扇门敞开了。

威廉·加德纳（William Gardiner）于1742年发表了对数及指数的系统描述，引用威廉·琼斯（William Jones）作为其作品的来源。但真正确立这一观点的是杰出的瑞士数学家欧拉。他在1748年出版了两卷《无穷小分析引论》，这是那个时代最具影响力的数学文本。在这本书中，他将幂指数描述为函数$y=a^z$，z为任意实数z。假设中没有明确定义，所以分数指数可以扩展到所有的实数。然后他说：

"反过来，给定y的任何正值，存在一个恰当的z值使得$a^z=y$；z的这个值……通常被称为y的对数。"

但是具体是哪个对数呢？在欧拉的方法中，对每个正底数（$a \neq 1$）都有一个对数函数。欧拉证明了同一个y的所有对数都是彼此的倍数。具体而言（以现代术语而言），对于任意两个底数a和b，都存在一个数K（当然，取决于a和b），使得

$$\log_b (y) = K \log_a (y)$$

所以哪种对数函数是"最好的"呢？是布里格斯的以10为底的对数，还是Hlog，还是别的什么？在某种程度上，答案取决于你在做什么。当然，在制表和用我们的十进制计算的时候，布里格斯的对数是非常方便的。但这是数学理论中最便利的底数吗？欧拉用无穷级数解决了这个问题。主要思路是这样的。[1]

对于任何对数，底数都是其对数为1时的数字。现在考虑$y=a^z$，$a>1$。欧拉利用牛顿二项式定理展开了无穷级数中的a^z，其中包含一个常数k，k的值取决于a的值：

$$a^z = 1 + \frac{kz}{1} + \frac{k^2 z^2}{1 \cdot 2} + \frac{k^3 z^3}{1 \cdot 2 \cdot 3} + \frac{k^4 z^4}{1 \cdot 2 \cdot 3 \cdot 4} + \cdots\cdots$$

---

[1] 更充分的解释请参见［93］的第139—141页。

如果我们为a选择一个"方便"值，比如说$a=2$，常数k就变成一个非常难看的数字。欧拉决定，最好选择一个常数a使得烦人的k等于1，使公式非常简单。欧拉将这个底数称为e（"指数"的第一个字母）命名为e，由此我们得到：

$$e^z = 1 + \frac{z}{1} + \frac{z^2}{1\cdot 2} + \frac{z^3}{1\cdot 2\cdot 3} + \frac{z^4}{1\cdot 2\cdot 3\cdot 4} + \cdots\cdots$$

当欧拉计算出他精心挑选的底数e的对数函数时，他得到了

$$\ln(1+x) = x - \frac{x^2}{2} + \frac{x^3}{3} - \frac{x^4}{4} + \cdots\cdots$$

这就是牛顿为Hlog找到的系列。因此，对数函数这个大家族中最简单的成员实际上是双曲对数，现在用欧拉（Euler）的名字来命名它——自然对数，并写为"$\ln(x)$"。

最后，利用他的级数展开，欧拉计算了$f(x) = \ln(x)$的导数，发现$f'(x) = \frac{1}{x}$，在所有的对数函数中，这个函数具有最简单的导数，因此对于"自然"这个名字，它确实名副其实。

深度阅读

本节数学概念小史的信息主要来自［93］（第68—147页）的第二章。关于纳皮尔工作的简短且清晰的说明见［131］的第13.2节。许多资料提供了相关文本的摘录。

问 题

（1）假设一个长度为10, 000, 000的线段TS（取你最喜欢的测量单位）和一个从T=10, 000, 000向S=0移动的点g，使得它每分钟"切断"剩下的线段的$\frac{1}{100}$。在第一分钟结束时，g在9, 900, 000处。

① 每过4分钟，g会移动到哪儿？

② 第100分钟结束时g在哪里？（将你的答案四舍五入，精确到千分之一左右。）

③ 取g_n是g在第n分钟末的位置。现在，g_1g_2表示从g_1到g_2的线段长度。它有多长？g_2g_3多长？

④ 证明$\dfrac{Tg_1}{TS} = \dfrac{g_1g_2}{g_1S} = \dfrac{g_2g_3}{g_2S}$

（2）第287页的脚注①说"在等比数列中，如果两个项的比值与另两个项的比值相同，那么，这两对项彼此之间间隔的项数必相同。"

① 从数列3，6，12，24，……$3 \cdot 2^{n-1}$，……找出一个例子，其中一对项是6和48。

② 证明该陈述对任何等比数列都成立。

（3）文中说，约翰·纳皮尔是一个苏格兰的"地主（laird）"。这和"贵族（lord）"是一样的吗？如果不是，它的意思是什么？关于纳皮尔，它告诉了我们什么？

（4）这些问题取决于这样一个事实：数字的积与商对应于它们的对数的和与差。你可以用计算器做算术，但直到最后一步才会用到LOG函数（这些是四舍五入到小数点后四位的以10为底数的标准对数）。

① 用log（2）= 0.3010去计算log（4）、log（16）、log（1024）。

② 用①中的结果和log（24）= 1.3802计算log（12）、log（3）、log（108）。

③ 用①和②的结果及log（49）=1.6902去计算log（21）和log（35）。

④ 用你的计算器的LOG函数检查你的答案。你得到了什么结果？

（5）这些问题依赖牛顿在曲线$y=\dfrac{1}{1+x}$下的区域上的级数和288页Hlog的定义。

① 用级数的前六项估计Hlog（1.2）和Hlog（1.4）。答案四舍五入至5位有效数字。

② 已知$179 \approx (1.2 \cdot 1.4)^{10}$、$4 \approx (1.4 \div 1.2)^9$用你在上面①中的答案估计Hlog（179）和Hlog（4）。因为Hlog就是自然对数，你可以用你计算器

中的自然对数函数检查你的答案。你的答案和它有多接近？

（6）欧拉发现，对任意两个基底a和b，存在一个数K（取决于a和b），使得$\log_b(y) = K\log_a(y)$，$y>0$。

① 证明K是$\log_b(a)$。

② 这个问题指的是你计算器中的LOG和LN函数。如果$K \cdot \text{LN}(100) = \text{LOG}(100) = 2$，求$K$。

（7）在曲线下的区域内，对数的性质由圣文森特发现。一种陈述方式是：

在曲线$y = \dfrac{1}{x}$下，$x=1$和$x=b$的面积与$x=a$与$x=ab$的面积是相同的。为什么这个是正确的？

专 题

（1）发明对数是为了简化乘或除以大数时所需的工作。为什么有人要这么做？找出为什么天文学家和航海家发现自己需要做这样的计算。

（2）如今，乘法和除法很容易在计算器上完成。但是对数仍然是有用的，因为许多现实生活的过程中都涉及指数变化，而对数将指数函数变成线性的。描述对数函数对指数变化的三种现代的应用。在每一种情况下，举一个现实的例子，用对数的方程描述。

（3）在三十年战争中，伯基和圣文森特都在从布拉格逃出时失去了重要的著作。这些事相隔12年（1620年和1632年）。在每个事件中，谁是入侵的军队？冲突是由什么引起的？

28. 无论你怎么分割它：圆锥曲线

这是一个故事，关于如何追寻一个希腊神谕提出的问题，揭开太阳系的秘密，并帮助启动科学革命。它是一个关于一个数学工具，一旦被发现后如何能以意想不到的方式证明是有用的案例分析。

古希腊的一个传说讲述了受到瘟疫困扰的德洛斯岛的人们如何祈求阿波罗的神谕。神谕告诉他们把阿波罗的方形祭坛的大小加倍。他们建立了一个新的祭坛，有些人说把两个立方体放在一起，有些人则说把每边的长度加倍。瘟疫还在继续，德洛斯岛人意识到神谕要求的是一个体积是原来两倍的方形祭坛。当他们向柏拉图寻求建议时，他告诉他们："这份神谕（阿波罗）告诫所有的希腊人远离战争和争夺，自己去学习，且……彼此间和谐生活，并使集体受益。"[1] 这就是"加倍体积"的问题——为我们所谓的 $\sqrt[3]{2}$ 找到一个几何上的解释 ——被称为德洛斯岛人问题。

希腊数学家以各种方式解决这个问题。在柏拉图时代之前，希俄斯的希波克拉底曾经展示了德洛斯的问题是如何归纳成寻找线段，使其能构成两个比例中项。具体地说，如果 a 是原祭坛的边长，并存在长度 x 和 y 的线段，使得三个比率 $a:x$、$x:y$ 和 $y:2a$ 相等，则 x 将是两倍的祭坛边长。

下一个阶段过了半个世纪才到来。在公元前4世纪后半叶，亚历山大带

---

① 这个版本的故事在《天才苏格拉底》（*De Genio Socrates*）中由普鲁塔克所说。见 ［146］第399页。

领马其顿人征服了整个东地中海——从希腊到埃及，从远东到印度中部。这些地区中有许多地方在共用的语言——希腊语的统一影响下开始共享信息。我们现在称为希腊人的许多古代数学家来自这个庞大帝国的各个部分。米内克穆斯，来自现在属于土耳其的一个地区，是几个解决找到两个比例中项问题的数学家之一。他用通过切片圆锥体，在空间几何中得到的曲线完成了这件事。每条曲线表示这两个比例相等，因此相交的两条曲线产生了所需的线段。

与圆锥曲线最密切相关的人，是公元前3世纪"伟大的几何学家"（土耳其的）阿波罗尼奥斯。他在米内克穆斯、阿里斯泰俄斯和欧几里得的理论基础上，将这些曲线统一在一个单一的、优雅的理论中。阿波罗尼奥斯开始于一个对顶圆锥——通过旋转在一个轴线上相交的且被轴线平分它们的交角的两条线形成。当圆锥体被一个不通过锥体尖端的平面切割时，平面上的交点就形成了一个叫作圆锥曲线（conic section）的曲线，或者简称圆锥截面（conic）。

圆
椭圆
抛物线
双曲线

通过旋转平面，使其与轴的角度由垂直变为平行，阿波罗尼奥斯产生了四种圆锥曲线——圆、椭圆、抛物线和双曲线。这些名称的最后三个源于早期关于区域特性的研究。形象地翻译的话，它们暗示"太少""恰到好处"和"太多"[①]（金色的阴影）。

这就是阿波罗尼奥斯选择这些名字的原因。对于每一种类型的曲线，他观察线段——这条线段是由曲线上任意一点P作垂线垂直于主轴所形成的。（见295页图）他比较了一个建在这条线段上的正方形和一个长方形的面积，这个长方形由一条长度与我们现在所说的通径相等的线段和由从P作的垂线的终点以及曲线最近的一个顶点所决定的主轴上的线段构成。如果面积完全相等，曲线就是抛物线；如果正方形面积太小或太大，曲线就是

---

① 更多关于这些名字的来源，见［15］概要61。

一个椭圆或双曲线，而精确的形状可以用面积具体有多小或多大来描述。

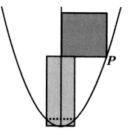

抛物线：面积相等

阿波罗尼奥斯的《圆锥曲线论》是关于圆锥曲线及其用途的详细描述。它包含的是初期的成果，但它远远超出了其他人所做的。在随后几个世纪的希腊学术研究中，其他学者扩展了圆锥理论，并将其应用于各种问题。其中最引人注目的是公元4世纪早期的一位数学家，即亚历山大的帕普斯，他利用双曲线的焦点和准线的性质，找到了三等分角的方法。[1]但阿波罗尼奥斯的《圆锥曲线论》在很长一段时间内仍然是关于圆锥曲线的最权威的著作。他的8本书中有4本直接从希腊版本中幸存下来，另外还有3本书是由阿拉伯语翻译过来的，有一本失传了。

重要的是要记住，希腊人对圆锥曲线和几何学的处理一般来说完全是"合成的"。也就是说，它处理的是线条、正方形和其他各种形状，而不是数字或坐标。我们认为理所当然的代数和解析几何出现在将近两千年后的未来。比较长度、区域和类似的比例关系，而不是清楚的度量。在后世看来，我们可以看到阿波罗尼奥斯的作品中，有一些强有力的关于圆锥曲线的坐标处理的先例，但解析几何的技术在当时根本就不存在。

在希腊，罗马帝国崩塌和伊斯兰教在地中海和东方传播之后的几个世纪里，许多希腊数学著作被翻译成阿拉伯语。在公元9世纪和10世纪，阿拉伯人[2]和波斯人开始发展方程式的代数。这个早期的代数，完全用语言来做，从列出和解二次方程开始。下一步是寻找解决三次方程的方法（事实上，这是提洛问题的延伸）。在这个游戏中一个杰出的玩家是奥玛珈音（Umar al-Khāyammī），[3]12世纪的波斯学者，其作品跨越了诗歌、数学、科学和哲学。建立在上个世纪的一些阿拉伯数学家的成果之上，奥玛珈音

---

① 这是另一个与德洛斯问题密切相关的"古代问题"，见第25页。

② "阿拉伯人"这个词指的是住在伊斯兰帝国某处，用阿拉伯语写作的人。

③ 现在更有名的或许是欧玛尔·海亚姆，《鲁拜集》的作者。

使用米内克穆斯的方法解决几种不同形式的三次方程，例如，通过交叉两个圆锥截面。

有一些证据表明，早在13世纪，阿波罗尼奥斯的《圆锥曲线论》就已经在欧洲被人所知，那时维泰洛在他关于光学与透视书中使用了圆锥曲线。尽管如此，很长一段时间内，关于这个学科几乎都没有新的研究。也许这只是阿波罗尼奥斯的问题，（他的作品）难以阅读，给人的印象是他基本上已经完成了所有的事情。

欧洲文艺复兴始于15世纪。1453年君士坦丁堡沦陷时，一些希腊学者把他们的手稿和知识带到西方的城市和新大学。活字印刷术被引进，使新思想的传播变得容易得多。还有很多新思想，包括尼古拉·哥白尼的太阳系新理论，在16世纪发表。这是早期欧洲科学和数学的分水岭。代数开始有了系统的符号（虽然还没有标准化），分数的小数表示法在科学界迅速传播。纳皮尔正在研究对数（见数学概念小史27），伽利略用抛物线来描述抛物运动。

1600年夏天，德国天文学家约翰尼斯·开普勒生活在格拉茨，那时那儿有一次日食。他在城市广场上组装了一个巨大的木制工具，用来观察日食。这是一种大尺寸的针孔照相机，设计用来让他看到和测量正在发生的事情而不伤害到他的眼睛。现在，当光线穿过针孔时，它可以做一些有趣的事情，而开普勒的观察让他对光学的一些问题感到好奇。毕竟，天文观测是完全通过观察天空来完成的，而奇异的光学效应可能会影响观测的精度。

不久之后，开普勒不得不离开格拉茨。他最后来到了布拉格，在皇家天文台工作。起初，他是第谷·布拉赫的助手，但第谷死于1601年，开普勒继承了他的工作并收集了他几十年来积累的大量的观测数据。利用这些科学宝藏，开普勒开始尝试计算出行星的轨道。但这项工作进展缓慢，他决定先写出他在光学方面的研究成果。他开始阅读一本书，书中有两个著名的光学著作，一个由伊本·阿尔−海塞姆（Ibn al-Haytham）［又名阿尔哈曾（Alhazen）］所著，另一个由维泰洛（Witelo）所著。也许是因为他们都引用了阿波罗尼奥斯的观点，开普勒认为自己也需要阅读这篇文章。幸运的是，在1566年出版了一本很好的拉丁文译本，由康曼丁那（Commandino）翻译。这是艰苦的工作。在1603年，他写信给一位朋友说："阿波罗尼奥斯的《圆锥曲线论》全部内容都必须先消化，这是我现在近乎完成的工作。"①1604年，开普勒的《天文学的光学需知》终于出版了。

机会偏爱有准备的人。开普勒在做这些的同时也研究火星。他和其他人一样，首先假设一个确信的哥白尼体系，轨道必须是一个绕着太阳的圈，在中心附近的一个位置。但是在对第谷的观察进行了检查之后，开普勒发现火星的轨道并不符合圆形的模式：它比圆形更平直，像某种椭圆形。当然，他想到了圆锥曲线。通过进一步地仔细观察和测量，他得出结论：轨道必须是一个焦点在太阳上的椭圆。他断言所有的行星都有这样的轨道，并制定了三个"定律"，详细描述了轨道。他还认为太阳对行星施加了某种力，使它们沿着这样的轨道运动。

17世纪是在理解运动上有巨大进步的一个时代。因此，我们就有可能计算出一个中心力是否会产生遵循开普勒定律的轨道。开普勒曾暗示，这种力会随着距离的增大而变小。到了17世纪60年代，人们更普遍的猜测是，力应该随着距离的平方变小，但没有人知道如何将力的性质与轨道的形状联系起来。

1684年，英国天文学家哈雷拜访了牛顿，讨论了这个问题。牛顿告诉他，他知道，一个反平方的中心力会产生开普勒的椭圆轨道。哈雷很吃惊，问他是如何知道的。牛顿的回答很简单："我已经计算过了。"在哈雷的要求下，牛顿写下了这一计算过程，在几年后，牛顿的杰作《自然哲学的数学原理》（*Philosophiae Naturalis Principia Mathematica*）出版。②开普勒的定律得到了证实，因此，圆锥曲线被刻在了天空上。

当然，1600年到1680年之间也有进步。主要是，这与两种全新的方法

---

① 引自［136］第7页。

② 字面意思就是"自然哲学的数学原理"。牛顿的题目表明他已经建立了一个属于运动物理学的数学理论。

有关。一种是笛卡尔和费马发明的解析几何（见数学概念小史16）。正如费马所示，每个二元二次方程都描述了一个圆锥截面。他的证明可以归结为，由这样一个方程定义的曲线总是满足阿波罗尼奥斯所说的圆锥曲线的"症状"性质之一。

另一种新方法是射影几何。吉拉德·笛沙格和帕斯卡扩展了透视画法的原理创造了一个新的几何学。在欧几里得几何中，如果一个图形是另一个图形进行刚体运动后的图像，则两个图形是全等的。在射影几何中，一个图形可以通过"投影"变换成另一个图形。想象一下从一个光源通过一个胶卷投射到屏幕上的图像。如果在胶片上有一个圆，光线从光源处穿过圆，形成一个圆锥。如果屏幕与胶片平行，那么图像就是一个（更大的）圆。当你倾斜屏幕时，图像会变成椭圆，然后是抛物线，然后是双曲线。因此，在射影几何中，四种圆锥曲线本质上都是"相同的"，因为你可以通过投影变换从一个变到另一个。（见数学概念小史20）

解析几何和射影几何结合在一起，被称为"代数几何"，图像的几何结构由多项式方程定义。圆锥曲线——在所有由二元二次方程描述的曲线家族中是最简单的代数曲线。它们对其他代数曲线和曲面研究充当了模型、诱因和问题来源的角色。

现代世界已经看到越来越复杂的圆锥曲线应用——抛物面反射镜和光学透镜、椭圆卫星轨道、双曲无线电波导航——毫无疑问将会有更多的应用。在这种令人印象深刻的多样性中，曲线家族这强大的四重奏有着惊人的团结。从一个单一的问题开始，它们的几何学的构造和代数的描述统一起来。此外，它们的效用是纯粹的好奇心的一种价值证明。

用19世纪英国数学家J.J.西尔维斯特（J.J.Sylvester）的话来说就是："但对于'圆锥曲线'的这一发现，它可能在柏拉图时代和之后的时间里，被认为是投机性头脑的无益娱乐，那么现在的实践哲学的整个过程……可能在不同的频道运行；而世界历史上最伟大的发现，万有引力定律……可能永远不会在这个时刻被引出。"①

深度阅读

阿波罗尼奥斯的《圆锥曲线论》和开普勒的《天文学的光学需知》都有英文版。

柯立芝的［46］显示了它的年龄，但仍然是对原始作品的一个很好的参考来源。所有的教科书都包含了对古代作品的讨论，但对于后来的材料往往会变薄。

专 题

（1）希波克拉底的关于德洛斯问题的两个比例的方法用分数形式可能更容易理解（希腊人不使用）。

① 看看它是怎么运用的，找到满足 $\dfrac{8}{x} = \dfrac{x}{y} = \dfrac{y}{27}$ 中 x 和 y 的数值。

② 重写 $\dfrac{a}{x} = \dfrac{x}{y} = \dfrac{y}{2a}$，作为只有一个未知数 x 的方程，并解释它是如何等价于德洛斯问题的。

（2）这个问题通过比较正方形和长方形的面积来说明阿波罗尼奥斯对抛物线的描述。

他没有解析几何，但我们有。把第295页的图看作是 $y=x^2$ 的图像。它的顶点在（0，0）处，它的焦点在（0，$\dfrac{1}{4}$）处。

① 抛物线的通径指的是通过焦点，端点在抛物线上的水平线段。它的端点的坐标是什么？它有多长？

② $P=$（3，9）是抛物线上的点。包含焦点的那个矩形的尺寸是多少？它的面积是多少？

③ 拐角是 $P=$（3，9）的正方形的边有多长？

---

① 来自"一个关于几何的预备讲座"，见［232］卷2第7页。

④ 证明对于这个抛物线的任意点P，矩形和正方形的面积是相等的。

（3）椭圆是到两个定点的距离和为常数的点的"轨迹"[①]。每一个定点都被称为焦点。通过两个焦点被椭圆所截的线段是长轴。长轴的垂直平分线上被椭圆所截的线段是短轴。

① 在解析几何之前存在的这个轨迹描述可以被翻译成代数。画一个椭圆的坐标图，其长轴和短轴分别在x轴和y轴上。使（$\pm a$，0）为长轴的端点，（0，$\pm b$）为短轴的端点，（$\pm c$，0）为焦点。

② 为什么从椭圆上的任意点到两个焦点的距离之和等于长轴的长度？

③ 如果$a=9$和$b=6$，那么焦点的坐标是什么？一般来说，关于a、b、c的公式是什么？

④ 取（x，y）为椭圆上的任意点。用常用的距离公式推导出含有变量x、y和常数a和b的椭圆方程。

（4）抛物线是指到固定点（焦点）和直线（准线）距离相等的点的轨迹。狄奥克勒斯（Diocles）是阿波洛尼奥斯同时代的人，发现所有垂直于准线的光线的反射都通过焦点。这是制造"燃烧镜"的关键。对于抛物线$y=x^2$，利用一些解析几何可以说明这一点。

① 光线在曲线的某一点上的反射光线的角度与该点切线角度是相等的。[②]导函数$y=2x$给出了任意点处切线的斜率。$\tan^{-1}$函数可得出切线与x轴的夹角。请问切线在（1，1）的角度是多少？垂直射线$x=1$的反射角是多少（用角度表示）？

② 在（1，1）反射线斜率是多少？它的y轴截距是多少？

③ 反射线$x=3$的斜率和y轴截距是多少？

④ 这个抛物线的焦点是什么？

（5）证明所有抛物线都是相似的。

---

① 在今天的术语中我们会说"集合"。

② 它就像台球从桌子的一边弹回一样。

专　题

（1）德洛斯祭坛的故事出现在许多作家笔下（古代和现代都有）。通常情况下，细节似乎发生改变。对互联网和书籍进行一些研究，以追踪故事变化的细节。你认为最初的故事是什么？

（2）有一种使用绳子绕圈绘制椭圆的方法。把钉子钉在两个焦点上，把绳子绕在两个钉子和铅笔上。移动铅笔，同时保持绳子的弯曲部分绷直，就可以画出一个椭圆。为什么可以这么做？你能找到类似的方法来绘制抛物线和双曲线吗？

（3）从哈雷和牛顿的谈话到《自然哲学的数学原理》的出版，我们的叙述非常迅速，但事实上这两件事相隔了好几年。这中间发生了什么事？请对牛顿《自然哲学的数学原理》的起源和出版历史做一些研究。

29. 在范围之外：无理数

    传说毕达哥拉斯由听音乐而对数字着迷。如果在竖琴或吉他上拨动一根绷紧的弦，你就会听到一个音符。如果同时拨动两根琴弦，音符听起来不一定和谐。据说毕达哥拉斯注意到音符的和谐程度取决于弦的长度之比。当它是两个小的整数的比时，听起来很好。例如，如果一根弦的长度是另一根的两倍，形成一个2∶1的比例，音符就是一个八度音；如果比例是3∶2，那么音符就形成了"纯五度"。但如果比率是11∶8，那么这些音符就不和谐了。在认识到这一点之后，毕达哥拉斯学派[①]在理解比率方面付出了大量努力。他们得到了一个惊人的发现：有一些长度的比例不能用数字来表示！

    有这样的一个比率将正方形的对角线与它的边联系起来。没有人真的知道毕达哥拉斯学派的证明是如何进行的，但亚里士多德说，它包含了基于偶数和奇数的矛盾。在现代符号中，有一个古老的证明：从一个1×1的正方形开始，假设它的对角线d和它的边的比值是$a:b$，a和b都是整数，则d可以写成分数a/b的最简形式。由于a和b没有共同的因子，其中至少有一个是奇数。根据勾股定理，

$$\left(\frac{a}{b}\right)^2 = 1^2 + 1^2, \ \frac{a^2}{b^2} = 2, \ a^2 = 2b^2$$

---

    ① 关于毕达哥拉斯和毕达哥拉斯学派的更多信息，请参阅第21页。

可得$a^2=2b^2$。

这意味着a^2是偶数，所以a必须是偶数（如果a是奇数，那么a^2也是奇数）。因为a是偶数，我们可以把它写成$2s$，s是另一个整数。然后，用$2s$代替a。我们得到

$$(2s)^2=2b^2,\quad 4s^2=2b^2,\quad 2s^2=b^2$$

则b^2是偶数，所以b必须是偶数。所以a和b都是偶数。正如我们所见，这是不可能的，所以逃离这个逻辑唯一的方法是承认最初的假设是错误的。也就是说，比值d：1不能表示成整数比。

今天我们会说$d=\sqrt{2}$，并称之为一个无理数，但毕达哥拉斯学派称这两条线段为"难以计量的"（incommensurable），因为没有共同的计量单位——d是a单位而1是b单位。他们称这个比例为"非理性的"或"难以表达的"。

类似的讨论很容易产生一对其他的不可约的线段。希腊数学家很好地吸收了这一发现。他们得出结论，数字和线段是两种截然不同的数。数字属于算术，线段属于几何。它们之间的联系是比率的概念，但线段的比例比数字的比例要复杂得多。在公元前4世纪，一名内科医生兼民意代表欧多克索斯（Eudoxus）（他是柏拉图的学生）最终创造了一般数的比例理论。它是欧几里得《几何原本》第五卷的内容。

在相当长的一段时间里，不可通约性仍然是令希腊和中世纪欧洲人烦躁的事情。另一方面，印度和阿拉伯的数学家对于处理"根式"（通常被称为有理数的根）没有任何疑虑。他们只是接受了这样一个概念，即必须有平方为2、3或5的数字，然后开始寻找与使用它们的方法。例如，在9世纪的埃及，艾布·卡米勒（Abu Kamil）的著作中就囊括了各种根式，同时也是代数问题的系数和答案。在公元1000年左右的巴格达，阿布·伯克尔·阿尔-凯拉吉（Abu Bakr al-Karaji）写了一本关于算术和代数的书，书中他叙述了希腊人几何中的无理数可能被视为数字。在11世纪的波斯（现伊朗）诗人、天文学家莪默·伽亚谟（Omar Khayyam）从数值的角度检验了欧多克索斯的比例理论，这是领先于时代的。在12世纪的印度，婆什迦

罗第二①描述了计算非平方数的整数平方根的规则。

所有这些知识最初都是通过接触阿拉伯文化，然后研究保存在拜占庭的希腊手稿而传播到欧洲的。因此欧洲人继承了两种不同的观点。一种来自希腊人，他们处理数字和应用于比较的数量是非常不同的，只通过比率的概念有联系。另一种来自阿拉伯人，使用了更广泛的数字概念，包括整数、分数和各种各样的根。

小数统一了这两个观点，正如在西蒙·斯蒂文（Simon Stevin）的书《论十进制》②写的那样。在另一本书中，斯蒂文明确表示，有理数和无理数都同样有权被称为数字。他的方法表明，它们都可以被放入我们现在所说的"数轴"中。小数大大简化了分数和根的计算，因此很快被欧洲的科学家和工程师所接受。因此，当笛卡尔在1637年的《几何学》中整合平面系统时，他的主张是，在他的轴上的所有点都毫无争议地与实数（就像他命名的那样）相对应。事实是，无论有理数还是无理数，都和他的主要观点以及17世纪晚期、18世纪早期的数学发展无关，尤其是在微积分的方法中。有理数与无理数的问题已经退回到抽象数学的领域了，常常被忽略，但永远不会被遗忘。

例如，当时还不清楚 π 是不是无理数。它肯定不是如 $\frac{22}{7}$ 或者是 $\frac{355}{133}$ 这样精确的数，但它难道不可能是一些巨大整数的奇异的商数吗？这个问题一直持续到1761年，直到瑞士数学家、物理学家约翰·兰伯特（Johann Lambert）证明了这一点。π 是无理数。近二十年后，他著名的同胞欧拉证明了自然对数的底数e是无理数。对这些和其他特定的无理数的研究记载在18和19世纪的欧洲数学文献中。

同样，存在多少无理数也是不清楚的。第一个被发现的无理数是有理数的n次方根。所有这些数字都是整数系数的多项式方程的解，它们被称为

---

① 婆什迦罗第一和婆什迦罗第二的区别见30页。

② 更多相关信息见数学概念小史4。

代数数。一个简单的例子是$\sqrt{2}$，这是$x^2-2=0$的一个答案。$2x^5-4x+1=0$的根也是代数数，但复杂得多。所有的无理数都是代数数吗？早在17世纪晚期就存在一些确信的数，那时约翰·沃利斯（John Wallis）猜想π是这样的一个数。这些数字有一个共同的名称——超越数——但它们的存在直到19世纪才被证明。

验证一个数是超越数，意味着证明它不是任何一个整数系数多项式方程的解。这是困难的。1851年，法国的约瑟夫·刘维尔（Joseph Liouville）构建了第一个可证明的超越数，

$$\sum_{n=1}^{\infty} \frac{1}{10^{n!}} = 0.110001000000000000000010\cdots\cdots$$

（1出现在1!、2!、3!的位置，等等。）

这个"显而易见的候选者"顽强得难以捉摸。最后，在1873年，法国数学家夏尔·埃尔米特（Charles Hermite）成功地证明对于任何有理数r来说，e^r都是超越数，但预测了π会是一个更加困难的挑战。这一挑战是在9年后由德国的费迪南德·林德曼（Ferdinand Lindemann）完成的。

与此同时，越来越多的工程学和科学专业的学生正在学习18世纪发展起来的强大的微积分学方法。他们的一些老师——尤其是法国的奥古斯丁·路易·柯西（Augustin Louis Cauchy）和德国的理查德·戴德金（Richard Dedekind）——在试图向这些学生解释实数连续统的模糊概念时愈发难受。他们开始认真地寻找实数的更精确的描述。

在19世纪后半叶，德国几乎同时出现了两种截然不同而同样优美的连续统模型。建立在柯西的带有数列的著作之上，格奥尔格·康托尔以算术的方式来处理这个问题，从有理数的小数部分开始论述。而理查德·戴德金采用了一种基础几何的方法。接下来的几段介绍了两种理论的主要观点。为了做到这一点，学者们必须参加数量上令人为难的讨论，且会被印刷下来，并忽略或处理许多重大的逻辑问题，希望这些方面的形象能更清晰地出现。

在卡尔·魏尔斯特拉斯（Karl Weierstrass）的著作基础上，康托尔观察到，直线上的任何点都可以通过递增的小数部分数列从下限近似到任何

期望的准确度。例如，数列1、1.3、1.33、1.333……接近点为$\frac{4}{3}$，也就是它的极限。这个序列的简写是无限小数1.333。一个类似的序列是由点$\sqrt{2}$决定的，它在1和2之间。通过平方可得它在1.4到1.5之间，然后在1.41到1.42之间，以此类推。这就产生了序列1，1.4，1.41，1.414，1.4142……它可以无限接近$\sqrt{2}$，只要你有毅力计算。可见的任何一个唯一存在于连续的、以10的幂为区间的点，都能在更正式的逻辑处理中幸存下来。也就是说，选择0和1所在的点，就可以确定直线上所有点和无限小数之间的一一对应关系。一些繁琐的特殊情况需要注意，但它们是可以被处理的。通过一些允许的逻辑修补，得到了属于无限小数集合的实数表示。

有好消息也有坏消息。好消息是：我们现在有了所有实数、有理数和无理数的统一表示法，我们可以从它们的小数表示中分出哪个是哪个。不难看出，任何一个有理数的小数最终都必须有一个有限的重复模式，所以所有其他的无限小数都表示无理数。坏消息是：用无限小数来做算术几乎是不可能的。更糟糕的是，将无穷序列看成是无限的"事物"，而不仅仅是一个潜在的无止境的过程，也是许多数学家都无法接受的。康托尔集合理论的时代还没有到来（但快了），将数字系统视作包括功能良好但抽象的、可算术运算的对象集合的想法才刚刚开始成形。

在1872年的一篇论文中，康托尔将这个模型推广到包含所有"应该"有极限的有理数序列的极限。早在半个世纪前，柯西就已经描述了这种数列（现在通常称为柯西序列），通过一种不用预先假定存在极限的收敛性检验来描述这种序列。[①]我们定义这样的两个序列等价，如果它们的不同数列收敛到0，得到等价集合，在这个特定集合中的所有数列"应该"有相同极限。通过描述对它们做加法和乘法的方法，康托尔将这样的等价集合化为实数系统的模型。此外，由于每个集合包含一个无限小数序列，无限小数

---

① 如果对任何 $\varepsilon >0$，存在自然数N，对任意m，$n>N$，$|am \cdot an|<\varepsilon$，则序列$\{a_n\}$是柯西序列。

仍然可以被用来表示它们。

戴德金的几何方法专注于数轴上没有有理数标签的点。他观察到，每一个这样的点都将有理数分为两个不相交的集——所有小于这个点的有理数也小于剩下的其他有理数。因为在数轴的任何区间内都有一个有理数——无论多小，所以不同的分离点必然确定不同的一对集合。如果选择的点是有理的，那么这个数就是"上"集的最小元素。如果在上面的集合中没有最小的有理数，那么这一对集合必须对应一个无理的点。戴德金定义了这些集合对的加法和乘法，这样它们就像数字一样。这构造了成对的集合，现在被称为戴德金分割，一种实数的模型。

这种连续统一体的正式的表现形式并不适合一些当时的数学家。柏林大学著名教授利奥波德·克罗内克（Leopold Kronecker）是最直言不讳的批评者之一，他宣称"无理数不存在"。[1]为了测量，他指出了一点。任何无理数和附近的有理数之间的差异都可以如我们所希望的那样小，所以有理数的近似值总是很好地达到这样的目的。（在计算地球的周长时，使用3.14159265代替 π ，大约产生2英寸的差异。）但是，虽然有理数可能足以用来计算，但无理数使连续性概念丰富，这是微积分和分析的基础。

克罗内克不满的根源在于，这两种构造都把无限集看作是完整的东西，而不是简单地作为可以随意延续的过程。戴德金分割是真实的集合。康托尔数列的等价集合也是无限集。而且，两者所处理的集合都将所有这些对象——实数——作为一个对象本身。克罗内克不喜欢任何一种真实存在的无限，他认为讨论许多无限集中的无限集是纯粹的愚蠢行为。

当康托尔跨过这道障碍，开始思考实数时，他发现了一些惊人的东西。通过使用一一对应来定义"大小相同"，他表示有不同大小的无限集。他指出，所有实数集都大于有理数集。换句话说，无理数远比有理数多。这对你来说可能并不奇怪。毕竟（你可能会对自己说），大多数有理数的根

---

① 在给费迪南德·林德曼的信中提到，见［111］第204页。

都是无理数的，而且有很多这样的根。但下一个令人惊讶的地方是：戴德金向康托尔指出，所有的代数数的集合都与有理数集大小相同。这意味着大多数无理数都是超越数！

尽管克罗内克持怀疑态度，但实数仍然是如此有用，以至于如今每个人都接受它们。许多数学家继续研究超越数。他们的探索受到了戴维·希尔伯特（David Hilbert）在1900年的第二届国际数学家大会上演讲中发表的著名的20世纪23个问题挑战的鼓舞。问题7问道：如果α是代数的数（不是0或者1），β是代数的无理数，那α^β是什么样的数呢。一个例子就是$2^{\sqrt{3}}$。1934年，苏联的亚历山大·格尔丰德（Aleksandr Gelfond）和德国的西奥多·施奈德（Theodor Schneider）都证明了所有这些数全部是超越的。

尽管有这些和其他令人印象深刻的结论，但丰富的超越数成员仍保持着神秘。即使是如此简单诱人的组合，如$\pi + e$、πe、π^e，仍是"未定的"。"我们知道，大多数实数都是无理数，而且大多数无理数都是超越数。"但我们不知道大多数超越数是什么样的。还有很多事情需要去研究。

深度阅读

朱利安·海维尔（Julian Havil）的［111］给出了一个可理解的无理数和对它们的历史描述。对戴德金"分割"描述得最好的是最原始的那个，它构成了［58］的前半部分。你可以在［245］中读到希尔伯特的问题和它们的解决者。

问　题

（1）毕达哥拉斯关于$\sqrt{2}$无理的证明中，偶数/奇数的逻辑论证可以通过关注由其他质数的可除性进行拓展。它取决于一个事实，每个大于1的正整数都可以用一种方法表示为质数的乘积。

① $231 = 3 \cdot 7 \cdot 11$和$1350 = 2 \cdot 3^3 \cdot 5^2$。2312和13502的质因数分解是什么？你怎么看这两个平方数的质因数分解中所有的指数？

② 假设n是一个正整数，而质数p是n^2的一个因子。p一定是n的因数

吗？为什么是或为什么不是呢？

③ 用毕达哥拉斯证明$\sqrt{2}$无理的方法说明：对于任何质数p，$\sqrt{p}$是无理数。

（2）在实线上的一点p的戴德金分割是一对集合（A，B），这样小于p的有理数都在A中，其余的都在B中。

① 如果（A，B）表示某物（还不是一个数字），它的平方是2，你如何检验一个给定的有理数q是在A还是在B中？

具体来说，这些数字分别在哪：$\dfrac{3}{2}$，$\dfrac{5}{4}$，$\dfrac{7}{5}$？

② 分割（A，B）小于分割（C，D），即有一些有理数在C中而不在A中。假设（C，D）表示某物，其立方为3。证明定义如①中的（A，B）小于（C，D）。

（请记住：戴德金试图构造无理数，所以在这个阶段你无法计算它们。）

（3）一个得到无理数的方法取决于：在数轴上的任意点，不管是否为有理数，都可以被限制在一个间隔越来越小的嵌套序列中，其长度是10的幂。

① 例如，$\sqrt{7}$在区间［2，3］中，为什么？它在哪个十分之一的区间中？百分之一呢？千分之一呢？

② 使用计算器得到$\sqrt{7}$的值，以此找到一个长度为$\dfrac{1}{10^6}$的、包含它的区间。

③ 如何用十进制表达式来表示与包含它的、十次幂区间的嵌套序列相关的一个正数？

④ 数轴上的两个不同的点能用同样的无限小数来表示吗？为什么能或为什么不能呢？

（4）这个问题的目的是让你了解如何证明一个数是无理数，或者是超越数。

① 假设$x=\dfrac{a}{b}$和$y=\dfrac{c}{d}$，a、b、c、d是整数且$x\neq y$。证明$|x-y|$不能小于$\dfrac{1}{bd}$。

② 把$x=\dfrac{a}{b}$看作一个固定的有理数，我们正试图通过求$y=\dfrac{c}{d}$来近似。证明仅有有限数量的y的选择，使得x和y的差值小于$\dfrac{1}{d^2}$。

③ 让我们同意，有一个大分母的分数比分母小的分数"更昂贵"。解释为什么之前的结果可以被理解为"与x的近似接近的部分是昂贵的"。

④ 现在让 $\tau=\dfrac{1+\sqrt{5}}{2}$。（这个数字是被称为"黄金比例"）证明每个从下方逼近 τ 的分数 $\dfrac{c}{d}$ 的差小于 $\dfrac{1}{d^2}$。

$$\frac{c}{d}=\frac{2}{1},\frac{3}{2},\frac{5}{3},\frac{8}{5},\frac{13}{8},\frac{21}{13},\frac{34}{21},\frac{55}{34}$$

⑤ 事实上，可以证明分子和分母都是连续的斐波那契数的每个分数都近似于 τ，差值小于 $\dfrac{1}{d^2}$。这给出了一个 τ 是无理数的证据。为什么？

⑥ 刘维尔证明，如果 α 是一个 n 次多项式方程的根，那么可以只存在一个有限数的分数 $\dfrac{c}{d}$，使得 α 和 $\dfrac{c}{d}$ 的差小于 $\dfrac{1}{d^n}$。用这个来证明刘维尔在305页上的数字是超越的。

专 题

（1）19世纪晚期，康托尔、戴德金、克罗内克和魏尔斯特拉斯的日常生活与今天截然不同。那么，下面的现代化便利设施中，哪一种是当时普遍可用的呢？通信：邮政服务、电报、有线电话、手机；媒体：书籍、报纸、杂志、广播、电视、互联网；运输：铁路、轮船、汽车、卡车、飞机。

（2）我们如何称呼某件事物是重要的事物的呢？在普通英语中，"非理性（irrational，即无理数）"一词的意思是"没有理由"或"没有思考"，而且几乎总是带有贬义。"比例"和"理性"是如何与之联系起来的？这是否让人们更难以适应无理数？

（3）克罗内克声称，既然我们所能做的和思考的都是有限的，那么，诸如"无限非循环小数"或"所有满足 $x^2<2$ 的 x 的集合"之类的概念从根本上说都是无意义的。对此，你怎么看？

30. 几乎没有碰到：从切线到导数

这是任何微积分的标准问题之一：在$x=a$处求出曲线$y=f(x)$的切线。有人可能会认为导数正是为了解决这个问题而发明的。但是求切线是在微积分很久以前的事了。

欧几里得《几何原本》中的一个定理说，如果我们在一个圆上取一个点，画一条线穿过这个点并垂直于半径，这条线就会"接触圆"。在拉丁语中，"触碰"是tangere，所以触线是"tangente"，即切线。欧几里得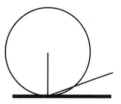继续说，如果你试着在切线和圆之间再加上一条线，你就会失败，因为另一条线会在另一点切断圆。

希腊人研究了除圆之外的许多其他曲线。特别是，他们花了很多时间研究圆锥曲线（见数学概念小史28）。在阿波罗尼奥斯的圆锥曲线中，有关于如何找到双曲线、椭圆和抛物线的说明。

以抛物线为例。将与曲线只相交一次的直线称为其切线的说法不再正确。任何垂线与抛物线$y=x^2$的交点只有一次，但它肯定不是切线。因此，我们首先要解释什么是切线。

在欧几里得之后，阿波罗尼奥斯定义了它：如果在某条直线和抛物线夹角之间不再有合适的直线，那么这条线是正切的。当然，阿波罗尼奥斯没有使用方程式来描述抛物线，但是我们可以把他的定理转化到我们的标准抛物线$y=x^2$上。下面是阿波罗尼奥斯定义所描述的：取$x=a$，则$y=a^2$；在y轴上找到一点，该点在顶点的另一侧的相同距离处，也就是点$(0, -a^2)$；

作一条从（a，a^2）到（0，$-a^2$）的线，它将与抛物线相切。用导数来快速计算，这确实是正确的。

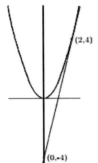

圆锥曲线上的切线已经被找到，寻找切线似乎变得不那么有趣了。为了得到新的问题，就需要新的曲线。有一些曲线是已知并在被研究的，但它们的切线问题似乎不是已经被考虑了，就是太难了。

无论怎样，这个问题都必须一直等待，直到17世纪新的曲线变得丰富起来。

由于近代早期的数学家们对希腊的所有事物都感兴趣，他们知道圆锥曲线及其切线。他们也对事物的发展感兴趣。关于运动的思考引发了一个新的有趣的曲线。假设一个圆沿着一条直线滚动。它的中心只是向前移动，但是在圆周上的一点的轨迹是什么曲线呢？

这个问题似乎是由库萨的尼古拉斯（Nicholas of Cusa）首先提出的。马林·梅森（Marin Mersenne）对曲线进行了更精确的描述，被称为"摆线"，并推广了这些显而易见的问题：它下面的面积是多少？它的长度是多少？我们能找到切线吗？

摆线显然激发了各地几何学家的想象力，因为每个人都在研究它。伽利略、梅森、罗贝瓦尔、雷恩、费马、帕斯卡和沃利斯都有了发现，并开始为谁先做了这事而争吵。然而，真正的行动开始于费马和笛卡尔发明的解析几何之后。他们的工作大大扩展了可用曲线的范围。费马指出，任何有两个变量的方程都定义了一条曲线。最重要的是，如果一条曲线被代数方法描述了，我们自然也想求它的切线。在《几何学》中，笛卡尔描述了一个复杂的代数方法来寻找切线。他以抛物线为例，在某种程度上是因为这可以展示他用自己的方法而找到了正确答案，即阿波罗尼奥斯发现的那个。

费马有一种稍微好一点的寻找切线的方法。此外，他还认识到，寻找切线的问题和寻找最大和最小值的问题之间存在着联系。在这两种情况下，费马的关键性见解是将问题与我们所说的"二重根"联系起来。如果你想象一条直线在两个相近的点上切割一条曲线，然后把它转化到代数上，你就得到了一个有两个彼此接近的根的方程。当点靠拢的时候，直线就变得越来越接近切线。所以当两个根变成相等时，即当方程有二重根的时候，切线就会出现。这是有用的，因为检测二重根的标准是已知的。

费马很快就想出了一个更有效的方法来做同样的事情：他把两个交点的x坐标写成a和$a+e$，所以相应的y坐标是a^2和$a^2+2ae+e^2$。连接它们的直线的斜率是

$$\frac{(a^2+2ae+e^2)-a^2}{(a+e)-a}=\frac{2ae+e^2}{e}=2a+e$$

为了使这两个点重合，令$e=0$，得到斜率。

所有这些数学家实际上都在"做微积分"，当然，那时还没有任何"微积分"。我们可以把这叫作微积分的个人英雄时代：单个的数学家解决单个曲线的切线和最大值问题，有时用着被特别创造的方法。当推测的一般方法被提出时，它们往往只适用于多项式。而摆线不是多项式曲线。因为这个特有的原因，它显得十分有趣。完成任何与它相关的事情都需要技巧，这与在抛物线上所需的技巧完全不同。如果有人提出了一条新的曲线，就必须从头开始，因为没有通用的方法。

正是在这样的背景下，我们可以理解，当数学家们读到莱布尼茨发表于1688年的、关于微积分的、著名的第一篇文章的标题[①]时，是多么兴奋了。该标题为：《求最大值和最小值的新方法，以及求切线的新方法，不被其他有理数和无理数幂阻碍，并为此而设的一种独特的微积分》。这个标题说的是莱布尼茨发现了一种对任何方程都有效的计算切线和解决最大和最小问题的方法。更重要的是，他说他已经开发出了"微积分"——这是一种简单的计算方法，用来解决这类问题。

阅读莱布尼茨的论文是一种非凡的经历。他说我们应该取一个任意的量，叫它dx。如果有一个定义了一条曲线的y关于x的公式，那么dy就是任

---

① 我们引用了［223］中的译文，其中包括了最初的拉丁文和英文的论文。

意使得$\frac{dy}{dx}$等于切线的斜率的数。① 然后他开始教学它的规则：$d(y+z)=dy+dz$，$d(yz)=ydz+zdy$，$d(x^n)=nx^{n-1}dx$，等等。"只要计算，"我们可以想象他会说什么，"找到dy能让你找到$\frac{dy}{dx}$，从而得到切线。令$dy=0$可以找到y的最大值。这里有一个例子。"这篇文章读起来就像一本微积分书里的名著导读版。莱布尼茨只给出了所有的这些意味着什么的最少线索，并没有解释他是如何计算出这些规则的。他只是给出了这个方法：不需要思考，只要计算这个方法，答案就会出来。对于抛物线，莱布尼茨的解释使你立刻从$y=x^2$转换到$dy=2xdx$。

我们可以把莱布尼茨的微积分作为新时期的开始。为了解决这类问题，不再需要采取夸张的极端手段。这儿有一种方法，并且它很管用。现在探索和扩展这个方法的是一个重要的问题。因为这个方法本质上是代数方法，只是一堆关于操作的规则，我们也许可以称之为微积分的代数时期。

牛顿和莱布尼茨被认为是微积分的共同发明人，因为他们都发明了解决相同问题的方法，但是牛顿的方法更直观，更物理。他强调了变化率的概念，他用变化率来称呼一个可变的（"流动的"）量的不断变化。对于牛顿来说，x是一个随着时间变化的量，而$\dot{x}$只是其变化率，他并没有真正定义它。取而代之，他会说诸如"当时间o的流逝，x变成$x+\dot{x}o$"之类话。所以一个牛顿学说的计算抛物线切线斜率的方式应该是这样的。抛物线是$y=x^2$，随时间o的流逝，y变成$y+\dot{y}o$而x变成$x+\dot{x}o$。所以有$y+\dot{y}o=(x+\dot{x}o)^2=x^2+2x\dot{x}o+\dot{x}^2o^2$；

减去$y=x^2$，然后化简，我们得到$\dfrac{\dot{y}}{\dot{x}}=\dfrac{2xo+\dot{x}o^2}{o}=2x+\dot{x}o$；

现在"让增量消失"，得到"最终比率"，$\dfrac{\dot{y}}{\dot{x}}=2x+\dot{x}o$。

莱布尼茨的版本是比较成功的，因为我们可以看到，他提到的"微积分"已经成为整个学科的名字。很快，人们就会明白莱布尼茨的dx是一个"无穷小的"量。雅各布·伯努利和约翰·伯努利研究并教授了这一观

---

① 不是用这些确切的词，但是差不多。

点，然后在1696年由洛必达（Marquis de l'Hospital）出版的第一本微积分课本中也提到了这一点。

洛必达是一位出色的法国数学家。此外，作为一位侯爵，他有很多钱。约翰·伯努利需要一份工作，所以洛必达聘请他做自己的微积分导师。洛必达把他笔记中的内容放到了自己的书中，书名翻译为《阐明曲线的无穷小分析》（*Analysis of the Infinitely Small for the Understanding of Curved Lines*）。这本书只讨论微分学，它确实专注于使用微积分来理解曲线。寻找切线是《阐明曲线的无穷小分析》的第一个也是最简单的部分。

正如题目所指出的，洛必达的书都是关于无穷小的量，比如dx和dy。但是这些是怎么工作的呢？这个想法大致是这样的：如果周围有一个正常的（有限的非零）数字，一个无穷小的变化并不重要。例如，对任意x，x^2+2dx和x^2是一样的。但是当没有有限的数时，无穷小的东西很重要了：$2dx$不是0。当你遇到无穷小的结果时，它会变得更加复杂：与那些只是无穷小的东西相比，并不重要的结果应该是"更加无穷小的"。所以这就是我们如何证明莱布尼茨在$y=x^2$时的规则是正确的。当x变成$x+dx$，y就变成$y+dy$，于是：

$$y+dy=(x+dx)^2=x^2+2xdx+(dx)^2=x^2+2xdx$$

最后一个等号是困难的：因为$(dx)^2$比$2xdx$小得多，所以它可以被舍去，至少洛必达是这么说的。

这和牛顿的计算是一样的，尽管基本思想是不同的：一个有变化率，而另一个一切都是静态的，但我们使用无穷小的增量。这两种方法都有其奇怪的部分。在牛顿的方法中，有一个"时间的时刻"——o，它是非零的，直到我们"让它消失"。在莱布尼茨的方法中，有"无限小的东西，除了它们重要的时候都不重要"。这让一些人感到困惑，但大多数数学家似乎学会了接受它。他们的基本论点是实用的：它起作用了。有一些批评，尤其是来自乔治·贝克莱的批评（见第54页），但没有产生多大影响。数学家们学了微积分，然后开始用它计算。18世纪的主要贡献者是欧拉。他意识到牛顿的运动定律可以用莱布尼茨的微分来表示，所以我们可以用它们来做物理。微积分成为一切的关键。物理问题可以简化为涉及微分的方程，解这些微分方程可以让人预测会发生什么。几何问题可以用类似的方法来分析。这一切都归结为明智地使用微积分，而且从来没有一个比欧拉更有天赋的计算者。

有一次，欧拉自己在写对微积分的介绍的时候，试图解释他所做的事情。结果很奇怪：他同意小于任何正数的数必须为零，所以无穷小（如 dx）是零，所以 $\frac{dy}{dx}$ 实际上是 $\frac{0}{0}$。但他认为，并不是所有的 $\frac{0}{0}$ 表达式都是相同的，如果有人考虑到零的来源，他就可以给它们赋值。这个想法似乎是，0不仅仅是一个数字，而是一个有记忆的数字。所以当我们令 $x=2$ 时，出现在 $\frac{x^2-4}{x-2}$ 的分子和分母上的 0 "记住了"足够的信息让我们知道在这种情况下 $\frac{0}{0}=4$。

既然有这么多新问题要解决，为什么还要担心最基本的东西呢？答案是"为了更好地解释它"。在法国大革命之后，数学家们不仅被要求向其他有天赋的数学家传授微积分，而且还要向未来的工程师和公务员传授。这需要给出清晰的解释，如果最初的基本概念不清楚，就很难做到。因此，从拉格朗日和柯西开始，一直持续到19世纪末，数学家们为微积分奠基而努力。他们寻找明确的定义，这个定义并不依赖于关于移动或流动的事物的物理直觉或关于无穷小量的哲学思想。

拉格朗日是发明"导数函数"和符号 $f'(x)$ 的人。他的目标是把莱布尼茨的东西做得更好，把微积分的整个过程简化为代数运算。下面是他如何去设想的。给定一个函数 $f(x)$，使用代数来找到一个公式。

$$f(x+h)=f'(x)+Ah+Bh^2+\cdots\cdots$$

然后我们定义 $f'(x)=A$，抛物线的例子变得很简单：因为 $(x+h)^2=x^2+2xh+h^2$，$f(x)=x^2$ 的导数是 $f'(x)=2x$。问题在于，这种方法用在更复杂的函数——比如正弦函数上更为困难。

在柯西的教科书中，最终引入了极限的概念并给出了导数的定义：

$$f'(x)=\lim_{h\to\infty}\frac{f(x+h)-f(x)}{h}$$

柯西关于"极限"的概念仍然不是很精确，无论如何，这要多用上几十年的时间才能把一切整理好。尽管如此，这一切还是得到了解决。当数学家们发现在欧拉时代的简单假设中的例子会失败时，他们也发现了准确的有效性条件，并表明这些条件通常存在于实际情况下。新的定义使事情更加清晰，但并没有使之前的任何工作失去作用。这就是为什么朱迪思·格拉比纳（Judith Grabiner）说[1]：

> 导数首先被使用，之后它被发现，接着它被探索和发展，最终它被定义了。

对于理解曲线、曲面以及更复杂的几何对象来说，导数仍然是基本的，这是微分几何的主题。它们主要是通过微分方程，成为描述事物如何变化和发展的基本工具之一。虽然基本问题已经解决，但今天的英雄们仍有很多问题需要解决。

深度阅读

一个著名的、可读的关于导数故事的描述是［94］。历史学家在刚有微积分的时候做了很多工作。成果在如［131］、［100］、［99］等标准参考文献中得到了很好的总结。

问　题

（1）在第312页，在描述了阿波罗尼奥斯找到抛物线$y=x^2$的切线的方法之后，我们说，"用导数来快速计算，这确实是正确的。"现在轮到你了：完成这个"快速计算"。

（2）一条摆线可以被参数方程$x=r(t-\sin t)$和$y=r(1-\cos t)$描述成半径r的圆，沿着x轴"滚动"。参数t是圆所旋转过的弧度的角度。

① 考虑摆线由一个半径为3的圆形成，（当$t=0$时）"轨迹"点在（0，0）且它的中心在（3，0）处开始。计算对应于$t=\dfrac{\pi}{4}$，$\dfrac{\pi}{3}$，$\dfrac{\pi}{2}$，π，和2π时，摆

---

① 在［94］的介绍中。

线的点的（x, y）坐标。把你的答案写到小数点后三位。

② 圆心的x坐标是$x=rt$，那么它的y坐标的公式是什么？

③ 在t取何值时，圆心的x坐标等于摆线点的x坐标？在图像上，这些点在曲线上的什么位置？

④ 如果你有一个图形计算器，用曲线图表示一个半径为3的圆所生成的摆线。然后用它来检查你在①中答案的一部分。（设置$0 \leqslant T \leqslant 15$，$T \text{ step} = 0.25$，$0 \leqslant X \leqslant 40$，$0 \leqslant Y \leqslant 20$的窗口可以运行得很好。你可以通过实验来找到更适合你的设置。）

（3）文中提到了费马用两种不同的寻找切线的方法，但它只详细计算了一个。针对这个问题，通过一个例子向你说明了基于"二重根"的方法是如何工作的。我们不再使用费马中的（典型的）困难示例，而是再次使用抛物线$y=x^2$。（都是平方上标格式）

① 在抛物线上取点（a, a^2）。写出过这一点斜率为m的直线方程。

② 解出你的方程中的y，把结果代入$y=x^2$。将结果重新排列成x的二次方程，这个方程的根的几何意义是什么？

③ 计算二次方程的判别式。

④ 如果①中的直线与抛物线不相切，它会将抛物线切割两次，所以二次方程有两个不同的根：$x=a$和另一个交点的x坐标。但是如果这条线是正切的，那么应该只有一个根。这告诉了你关于判别式的什么？

⑤ 求出m的值使得直线与抛物线相切。

（4）对于"莱布尼茨风格的"关于抛物线$y=x^2$的切线的计算，当x变成$x+dx$，y变成$y+dy$，则$y+dy=(x+dx)^2=x^2+2xdx+(dx)^2=x^2+2xdx$。最后一个等号是困难的，因为$(dx)^2$比$2xdx$小得多，所以它可以被舍去。但是$dy$和$2xdx$比$y$和$x^2$都小。为什么他们没有被舍去？

（5）本节提到了许多生活在17世纪的学者。他们中的大多数以数学以外的东西而闻名。请把他们的名字和他们在非数学领域的著名事业联系起来。

伽利略·伽利雷（Galileo Galilei）　　　　　律师与法官

马林·梅森（Marin Mersenne）　　　　　　第一个发现木星的卫星

克里斯多佛·雷恩（Christopher Wren）　　　基督教神学与哲学

皮埃尔·德·费马（Pierre de Fermat）　　　　破译者

布莱士·帕斯卡（Blaise Pascal）　　　　　造币厂的主人

约翰·沃利斯（John Wallis）　　　　　　　《单子论》（哲学）

勒内·笛卡尔（René Descartes）　　　　　伦敦圣保罗大教堂

戈特弗里德·威廉·莱布尼茨（Gottfried Wilhelm Leibniz）　"我思，故我在。"

艾萨克·牛顿（Isaac Newton）　　　　　　音乐理论

主　题

（1）找出更多的有关摆线的知识及其研究历史。许多数学家都研究过它。他们做了些什么？他们研究的方法是相似的还是不同的？现代数学家如何计算摆线的弧长和它摆动形成的扇面的面积？

（2）本节说笛卡尔用一个复杂的方法，可以找到抛物线的切线。在他的《几何学》中能发现一些标准的原始文献（如［223］第74页）。阅读并写一份详细的解释——它到底是怎样的。

（3）牛顿的微积分是基于任何变化（他更愿意说成"流动"）量都有一个变化（他更愿意说成"变动"）率。他认为这很直观，只不过很多人没有发现它。你如何向喜欢怀疑的学生解释"变化率"呢？

延伸阅读

"数学史"是一门庞大而又引人入胜的学科。由于本书只是拉开数学史的帷幕，让读者略窥一角，所以提供一个文献指南也是很重要的。

像这样的选择性参考书目总是作者个人偏好的结果，它们涉及判断，这些判断必然带有一定程度上的主观色彩。我们在选择和讨论书籍时使用了两个主要标准。首先，我们所选的书并不难读，也不需要太多的数学或历史知识基础。第二，我们试图选择可靠来源的书籍。当然，数学史就是历史，而不是数学。与所有历史研究一样，历史学家之间常常存在分歧；有时，这种分歧甚至使学习这门课更有趣。尽管如此，我们还是避免了那些被广泛认为是过时的、高度揣测性的或容易出错的书籍。

我们在这里给出的是一小部分书，我们认为这些书是特别值得推荐的。其他许多参考资料请参见每个数学概念小史结尾处的注释，以及其他参考文献的每个部分的结尾处的注释。这些数字指的是书目中更完整的引文。

参考书籍

让我们先考虑一下理想的参考书籍可能会是哪些。这些书籍是用来寻找特定问题的答案或特定时期的数学概念小史的书籍。

第一本应该放在我们的参考书架上的书是一部庞大而正式的数学史。这样的书很多。其中一些是作为大学课程的教科书而编写的（很容易辨别，它们包含练习），另一些则针对更普通读者而编写的，剩下一些则针对专业数学研究者而编写的。在今天可用的那些书中，最好的可能是［131］，由维克多·J.卡茨（Victor J. Katz）撰写的《数学史》（*A History of Mathematics*）。这的确是一本鸿篇巨制，里面有很多信息。卡茨了解当前数学史的研究现状，并提供了很好的参考。他的书并不是关于数学史最容易读懂的书，但它却是我们最想看的第一本书。

其他一些单卷本的数学史也都各有其优点。霍华德·伊夫斯（Howard Eves）的《数学史概论》（*An Introduction to the History of Mathematics*）（［73］）和大卫·M. 伯顿（David M. Burton）的《数学史》（*The History of Mathematics*）（［32］）都是作为大学教科书而写的，两者都比卡茨的著作更容易理解，也不那么沉重，且都展示了数学发展的时代。英国的数学史家格顿-吉尼斯（Ivor Grattan-Guinnes）的《数学彩虹》（*The Rainbow of Mathematics*）（［100］）则是为更广泛的普通读者而写的，尽管仍然有点专业性，但有趣的是它比其他人的著作更关注近代数学和应用数学。当你打开卡茨、伊夫斯或伯顿的书，你可能会找到一个关于中世纪数学的章节；但当你打开《数学彩虹》时，你会发现自己已进入18世纪。这准确地反映了近代以来有关数学知识发现的巨大爆发量。另一方面，这意味着格顿-吉尼斯讨论的许多主题更加高深，因此对读者数学素养提出了更高的要求。罗杰·库克（Roger Cooke）的《数学史：一个简短的课程》（*The History of math: A Brief Course*）（［45］）是基于作者在佛蒙特大学（University of Vermont）教授的课程而编写的。正如他在导言中所说，这本书反映了他的兴趣和个人倾向性观点，但读起来很有趣，让人愉悦。卢克·霍奇金（Luke Hodgkin）的《数学史》（*A History of Mathematics*）比卡茨或库克更简短，且非常重视近代数学的趋势。杰奎琳·斯特德尔（Jacqueline Stedall）的《数学出现》（*Mathematics Emerging*）是在对历史文本进行直接考察的基础上提出的一种新的教科书风格。

一个好的图书馆的参考书架上应该包含《数学科学史与哲学百科全书》（*Companion Encyclopedia of the History and Philosophy of the Mathematical Sciences*）（［98］），这是一本由格顿-吉尼斯主编的两卷版著作。像大多数从许多作者那里收集文章的书籍一样，本书的品质参差不齐，但它对短篇的历史专题和参考书目而言，仍然是一个很好的学术来源。遗憾的是，它现在已经绝版了。

我们提到的许多书都是在一本参考书中讨论的，这本参考书名为《西方数学中的地标著作（1640—1940）》（*Landmark Writings in Western Mathematics 1640—1940*）（［97］），也是由格顿-吉尼斯主编的。每一篇文章都详细讨论了一本重要的书，并追踪其版本和内容。同样值得在图书馆寻找的是《科学家传记大辞典》（*Dictionary of Scientific Biography*，简称DSB）（［90］）、（［91］），它既是一个多卷本的书籍，也是一个在线查询资源。DSB中的人物传记通常是严肃地研究个别数学家的最佳起点。

塞林（Selin）、达布罗西奥（D'Ambrosio）合著的《跨越文化数学》（*Mathematics Across Cultures*）（［209］）是一本论文的合集，在这本书中，关注的是非西方文化的数学，包括一些古老的文化。由于这个主题有时在大的历史中被低估了，所以这本书是很有价值的补充。在乔治·盖弗格斯·约瑟夫的《孔雀的羽毛》（*The Crest of the Peacock*）（［125］）中，也考证了非欧洲数学的起源。

另外两个论文集也是很好的资料来源。第一个是《从五个手指到无限》（*From Five Fingers to Infinity*）（［229］），由弗兰克·斯威茨（Frank Swetz）主编。这本书选编了期刊中关于数学历史的文章，这些文章是选自面向广大的数学读者的期刊，如《数学教师》（*Mathematics Teacher*）和《数学杂志》（*Mathematics Magazine*）。这些文章中有一部分非常有价值，而这本书作为一个整体是相当有用的，读来也很有趣。遗憾的是，它现在业已绝版，但多佛出版社正在将其中的部分作为独立书籍再版。到目前为止，［231］是关于近代早期的，［230］是关于19世纪和20世纪的。类似的，但范围更广的是《数学世界》（*The World of Mathematics*）（［177］），这是詹姆斯·R.纽曼（James R. Newman）主编的四卷本，试图让非专业人士得以进入数学世界。它包括小说、历史、传记、说明文，等等，其中特别针对历史的文章收集在第一卷。

有几本更专业的书值得注意。《初等数学的历史根源》（*The Historical*

Roots of Elementary Mathematics）（［29］），由卢卡斯·N. H.邦特（Lucas N. H. Bunt）、菲利普·S.琼斯（Phillip S. Jones）和杰克·D.贝迪安（Jack D. Bediant）合著，只专注于数学的初等部分，并很好地说明了它们的历史。弗洛里安·卡约里（Florian Cajori）的《数学符号史》（*A History of Mathematical Notations*）（［34］）是一本关于数学符号是如何发展的参考书，它常常可以给出"谁是第一个使用这个符号"问题的正确答案。但现在，出现了一个现代的竞争对手，具体请参阅后面的"历史在线"一节。

约瑟夫·马祖尔（Joseph Mazur）的《启蒙符号》（*Enlightening Symbols*）（［163］）是一种象征主义更具可读性的叙述。关于广泛的记数系统的学术研究，请参见斯蒂芬·克里索马里斯（Stephen Chrisomalis）的《数字符号：比较历史》（*Numerical Notation: A Comparative History*）（［42］）。

女性在数学史上的作用在几本很好的书中得到了探讨，其中有几本书几乎都有相同的书名。林恩·奥森（Lynn Osen）的《女数学家列传》（*Women in Mathematics*）（［181］）主要讲述了从希腊时代到20世纪初8位女数学家的生平故事。尽管与最近的历史研究有一些出入，但她讲述的故事却引人入胜。导论和结束语部分对20世纪前数学史上女性几乎从未被披露的情况的叙述发人深省。《数学女性》（*Women of Mathematics*）（［105］），自称为"一本文献资料集"，是一本为43名女数学家编纂的简短传记和文献参考资料，除三人外，其余都生活在19世纪和20世纪。这些简短的传记可读性相当高，并且为学生研究特定女性提供了很好的起点。《数学中的杰出女性》（*Notable Women in Mathematics*）（［168］）一书也非常相似，或许更容易阅读。朱迪·格林和珍妮·拉杜克的《美国数学先锋女性》（*Pioneering Women in American Mathematics*），重点关注在1940年之前获得数学博士学位的美国女性数学家。更综合性的是克劳迪娅·亨里昂（Claudia Henrion）的《数学中的女性》（*Women in Mathematics*）（［115］），讲述了9位当代女数学家的故事（其中大多数人仍然活跃在数学领域），探索这一领域中女性的更广泛的职业背景。说到综合性，《数学中的女性》几乎是一本数学女性手册，包含传记、分析论文、研究成果，甚至一些说明文件。

最后，还有一些很有趣的书。霍华德·伊夫（Howard Eves）在他的

《数学圈》(*Mathematical Circles*)([75]、[77]、[76])系列中收集了许多有关数学家的轶事。这些都是令人愉快的阅读,是一个很好的故事来源,可以增加课堂学习的一些趣味。斯蒂文·克兰茨(Steven Krantz)所著的《数学外典》(*Mathematical Apocrypha*)([143])和《数学外典归来》(*Mathematical Apocrypha Redux*)([144])是相似的。收集引言的书也可以很有趣。有两本好书,一本是《数学纪念物》(*Memorabilia Mathematica*)([167])(一本较老的书),另一本是《数学家箴言集》(*Out of the Mouths of Mathematicians*)([204])(一本较新的书)。你也可以在互联网上找到一些数学引文集。最后,还有罗宾·威尔逊(Robin Wilson)的《数学印记》(*Stamping Through Mathematics*)([244])。这本精美的书复制了以数学和数学家为特征的邮票,按历史顺序排列。其结果很吸引人,也是课堂演讲中有趣的视觉展示的潜在来源。

12本你应该阅读的历史书

到目前为止,我们所描述的书籍作为参考书是有用的,但是很少有读者真正想要从一本读到另一本。在大多数情况下,这不是这些著作撰写的目的。在这一节中,我们列出了一些我们认为既具有可读性又值得阅读的数学史图书的书单。这些书中有些是数学史学家写的,另一些是由研究他人历史的作家写的。我们认为,这些书是可靠的来源,但是,每一位历史著作的读者都应该"信任,但要验证"。

《数学史:简短的介绍》(*The History of Mathematics: A Very Short Introduction*):杰奎琳·斯特德尔在这本书中对历史学家的目标和方法以及数学史作了介绍。这本小书是你在处理现代历史文本之前的一个很好的铺垫。它又短又便宜,所以请从这里开始。

托拜厄斯·丹齐格(Tobias Dantzig)的《数字:科学的语言》(*Number: the Language of Science*)([51])是数字概念从其史前原始起源到复杂和超限数的现代复杂性演变的一篇富有洞察力、雄辩的编年史。沿着这个方向,丹齐格讲述的故事触及早期代数和几何学的许多主题,提供了一个精心设计的、统一的数学历史观点。

威廉·邓汉姆（William Dunham）的《天才之旅：数学的伟大定理》（*Journey Through Genius: The Great Theorems of Mathematics*）（[66]）通过关注少数几个重要定理来考察数学史。每一章都包含对所讨论主题的广泛的历史介绍，对定理证明的说明，以及对结果进行初步证明后发生的情况的总结。这是一本有着实质数学内容的书，它仍然具有较高的可读性。

关于古代数学的书往往很难，这是一个遗憾，因为这门学科是迷人的。莱维特·尼茨（Reviel Netz）和威廉·诺尔（William Noel）合著的《阿基米德法则》（*Archimedes Codex*）（[175]），是一个例外。它讲述了"阿基米德的重写本"的故事——在19世纪末发现的阿基米德手稿，后来丢失，然后在21世纪初重新被发现和研究。这个故事很激动人心，且沿着这条路径，我们学到了很多关于古代数学和现代研究的知识。

中世纪的数学经常被忽略，但那也是一个有趣的时代。南希·玛丽·布朗（Nancy Marie Brown）的《算盘与十字架》（*The Abacus and the Cross*）（[26]）讲述了杰伯特·德·奥瑞拉克（Gerbert d'aurillac）的精彩故事，奥瑞拉克后来成为教皇西尔维斯特二世（Pope Sylvester II）。奥瑞拉克是欧洲数学的先驱之一，他去西班牙学习阿拉伯数学，并把这些知识带回法国和神圣罗马帝国的学校。布朗可能夸大了奥瑞拉克的历史重要性，但她讲了一个好故事。

格伦·凡·布伦梅伦（Glen van Brummele）的《天体数学》（*Heavenly Mathematics*）是对球面三角学的一种历史介绍，它显示出三角函数的迷人之处。人们可以阅读它来学习如何解决诸如"明天太阳什么时候会升起"这样的问题，但我们建议你为了这个故事也应该去阅读它。

E.T.贝尔（E. T. Bell）的《数学先生》（*Men of Mathematics*）（[17]），是一本贯穿整个数学史的可读性强并引人入胜的数学家传记大集（不全是男性）。贝尔知道如何写一个有趣的故事，他竭尽全力让读者真正关心他所描述的数学家的生活。这本书已不再像当初那样受欢迎，不是（或者至少不是主要的）因为政治上不正确的标题，而是因为贝尔对他的资料来源太随意了（有些评论家会说，"因为他编造了一些东西"）。这本书读起来很有趣，但不要仅仅依靠贝尔来了解事实。

达瓦·索贝尔（Dava Sobe）的《经度》（*Longitude*）（［222］）描绘了18世纪数学、天文学和航海之间的相互作用的良好图景，并记录了约翰·哈里森（John Harrison）的生平，他是一位钟表匠，他解决了海上航行准确的时间问题。

罗伯特·奥瑟曼（Robert Osserman）的《宇宙的诗篇》（*Poetry of the Universe*）（［182］）是一部简短而可读性强的著作，说明了几何学的观点如何影响我们对我们生活的宇宙观的影响。沿着这个方向，奥瑟曼收录了大量关于几何学历史的材料，包括对非欧几何学的很好的讨论。

虽然这并不完全是一本历史书，但巴里·马祖（Barry Mazu）的《想象数字》（*Imagining Numbers*）（特别是–15的平方根）（［162］）讲述了复数故事的很大一部分。马祖的著作是针对"那些没有数学背景，在高中从未关注过这个主题或厌恶过这个主题，但是他们是很乐意花几个小时思考一个诗歌的短语的人"。这本书邀请他们用他们的才能想象数字，如–15的平方根。

由于20世纪的数学专业性很强，很难掌握它的历史。传记和采访是一种了解已发生事情的方法。两本以传记作为故事切入点的书籍是大卫·萨尔斯堡（David Salsburg）的《女士品鉴茶》（*The Lady Tasting Tea*）（［203］）——这是20世纪的统计史，以及本杰明·扬德尔（Benjamin Yandell）的《荣誉班》（*The Honors Class*）（［245］），这本书的重点是研究致力于解决希尔伯特在1900年国际数学家大会上提出问题的数学家们的生活。

历史在线

历史信息并不仅仅存在于书籍中。现在，你也可以在网上找到它。有很多关于数学史的网站。和往常一样，最大的问题是可靠性。因为创建一个网站是如此容易，人们并不总是确定信息的质量。在这里，也是最好的"信任，但验证"。

这一节指出了一些更有趣的事情，没有试图过于完整或详细。我们只列出对我们特别有用的网站。我们不提供网址，因为它们变化很大，但我们提供了足够的信息，使人们很容易能选择最喜欢的搜索引擎找到网站。

当然，我们必须从维基百科开始。对于与数学及其历史有关的大多数事情来说，这可能会出乎意料的好。关键当然是检查信息来源并遵循最后给出的链接。

麦克托尔数学档案馆的历史是众所周知的，它收集了大量的简要的数学家传记。这些传记包括引文、照片（如果可能的话）以及其他材料。

互联网是一个极好的方式，让你掌握原始的材料来源。许多旧书已被扫描，并提供在这样的网站，如盖丽卡、欧洲和早期英语书籍在线。欧几里得的《几何原本》希腊语和英语的版本都有在线的。有关欧拉的所有资料都可以在欧拉档案馆找到。大多数学术期刊都把完整的档案放在网上。无论你想要阅读《教师学报》（*Acta Eruditorum*）还是《数学年鉴》（*Annals of Mathematics*），第一步就是尝试在网上找到它（但是有时你必须付费）。

有两个网站，都是由佛罗里达州新里其港海湾高中的老师杰夫·米勒（Jeff Miller）维护的，它们都很有用，也很有趣。第一个网站是有关最早使用各种数学符号的信息资料。它涉及的数学符号和其他符号的历史。在某种程度上，这是对上面提到的弗洛里安·卡约里书的现代回答。它的姊妹网站，是有关最早已知的一些数学词汇使用的信息资料，涉及数学术语及其起源。这两个网站都包含了很多可以用来丰富数学课程的材料。

巴黎第五区的街道标志
（照片由Marilena B.Gouvêa提供）

在德雷塞尔大学（Drexel University）数学论坛上有一个数学史子页面，这是一个由德雷塞尔大学主办的巨大且非常实用的网站，收集了各种数学资源。论坛维护大量的数学历史链接（点击"数学主题"，然后选择"历史/传记"）。

最后，我们要提到的是在线期刊《聚合》（*Convergence*），美国数学协会的出版物。它特别关注数学的历史及其在课堂上的应用。它提供了大量的资源——文章、被称为"数学宝藏"视频资源、引文，甚至"在这一天"的特色板块。

参考文献

[1] Irving Adler. *Probability and Statistics for Everyman*. The John Day Co.，1963.

[2] Muhammad ibn Musa al Khuwarizmi. *The Algebra of Mohammed ben Musa*，edited and translated by Frederic Rosen，volume 1 of *Islamic Mathematics and Astronomy*. Institute for the History of Science at the Johann Wolfgang Goethe University，1997. Bilingual reprint of the original edition，London 1830—1831.

[3] Don Albers，Gerald L. Alexanderson，and Constance Reid. *International Mathematical Congresses:An Illustrated History*，*1893—1986*. Springer-Verlag，1987.

[4] Donald J. Albers and Gerald L. Alexanderson，editors. *More Mathematical People*. Birkhäuser，1990.

[5] Donald J. Albers and Gerald L. Alexanderson，editors. *Mathematical People*. A K Peters Ltd.，second edition，2008.

[6] Donald J. Albers and Gerald L. Alexanderson，editors. *Fascinating Mathematical People*. Princeton University Press，2011.

[7] Amir Alexander. Geometrical Landscapes:*The Voyages of Discovery and the Transformation of Mathematical Practice*. Stanford University Press，2002.

[8] Kirsti Andersen. *The Geometry of an Art*:*The History of the Mathematical Theory of Perspective from Alberti to Monge*. Springer，2007.

[9] Archimedes. *The Works of Archimedes*. Dover，2002. Translated and edited

by T. L. Heath. Unabridged reprint of the 1897 edition, with the supplement of 1912.

[10] Archimedes. *The Works of Archimedes*. Vol. I. Cambridge University Press, 2004. The two books on"The Sphere and the Cylinder, " Translated into English, together with Eutocius' commentaries; with commentary and critical edition of the diagrams by Reviel Netz.

[11] Benno Artmann. *Euclid : The Creation of Mathematics*. Springer-Verlag, 1999.

[12] Marcia Ascher. *Ethnomathematics : A Multicultural View of Mathematical Ideas*. Brooks/Cole, 1991.

[13] Marcia Ascher. *Mathematics Elsewhere : An Exploration of Ideas across Cultures*. Princeton University Press, 2002.

[14] William Aspray, editor. *Computing Before Computers*. Iowa State University Press, 1990.

[15] J. K. Baumgart, D. E. Deal, B. R. Vogeli, and A. E. Hallerberg, editors. *NCTM Thirty-first Yearbook : Historical Topics for the Mathematics Classroom*. National Council of Teachers of Mathematics, 1969, revised 1989.

[16] Petr Beckmann. *A History of Pi*. Barnes & Noble, 1993.

[17] E. T. Bell. *Men of Mathematics*. Simon & Schuster, 1937.

[18] J. L. Berggren. *Episodes in the Mathematics of Medieval Islam*. Springer-Verlag, 1986.

[19] Lennart Berggren, Jonathan Borwein, and Peter Borwein. *Pi : A Source Book*. Springer-Verlag, 1997.

[20] William P. Berlinghoff and Fernando Q. Gouvêa. *Pathways from the Past I : Using History to Teach Numbers, Numerals, and Arithmetic*. Oxton House, 2010.

[21] William P. Berlinghoff and Fernando Q. Gouvêa. *Pathways from the Past II : Using History to Teach Algebra*. Oxton House, 2013.

[22] William P. Berlinghoff, Kerry E. Grant, and Dale Skrien. *A Mathematics Sampler : Topics for the Liberal Arts*. Ardsley House, 5th edition, 2001.

[23] Bruce C. Berndt and Robert A. Rankin, editors. *Ramanujan : Letters and*

Commentary. American Mathematical Society，1996.

[24] Bruce C. Berndt and Robert A. Rankin，editors. *Ramanujan:Essays and Surveys*. American Mathematical Society，2001.

[25] Carl B. Boyer. *History of Analytic Geometry*. Dover，2004. Reprint of the 1956 edition in *Scripta Mathematica Studies*.

[26] Nancy Marie Brown. *The Abacus and the Cross:The Story of the Pope Who Brought the Light of Science to the Dark Ages*. Basic Books，2010.

[27] Louis L. Bucciarelli and Nancy Dworsky. *Sophie Germain:An Essay in the History of the Theory of Elasticity*，volume 6 of *Studies in the History of Modern Science*. Springer，1980.

[28] James O. Bullock. Literacy in the language of mathematics.*American Mathematical Monthly*，pages 735—743，1994.

[29] Lucas N. H. Bunt，Phillip S. Jones，and Jack D. Bediant. *The Historical Roots of Elementary Mathematics*. Dover，1976.

[30] Edward B. Burger and Michael Starbird. *The Heart of Mathematics:An Invitation to Effective Thinking*. Wiley，4th edition，2012.

[31] W. Burkert. *Lore and Science in Ancient Pythagoreanism*. Harvard University Press，1982.

[32] David M. Burton. *The History of Mathematics*. McGraw-Hill，seventh edition，2010.

[33] Florian Cajori. *A History of Mathematics*. AMS Chelsea Publishing，fifth edition，1991.

[34] Florian Cajori. *A History of Mathematical Notations*. Dover，1993.

[35] Ronald Calinger，editor. *Vita Mathematica:Historical Research and Integration with Teaching*. Mathematical Association of America，1996.

[36] Georg Cantor. *Contributions to the Founding of the Theory of Transfinite Numbers*. Dover，1955.

[37] Girolamo Cardano. *Ars Magna，or the Rules of Algebra*. Dover，1993.

[38] Girolamo Cardano. *The Book of My Life*. NYRB Classics，2002.

[39] Christián Carlos Carman and James Evans. The two earths of Eratosthenes. *Isis*，106:1—16，2015.

[40] Bettye Anne Case and Anne M. Leggett，editors. *Complexities:Women in Mathematics.* Princeton University Press，2005.

[41] Karine Chemla，editor. *The History of Mathematical Proof in Ancient Traditions.* Cambridge University Press，2012.

[42] Stephen Chrisomalis. *Numerical Notation:A Comparative History.* Cambridge University Press，2010.

[43] Brian Clegg. *Infinity:The Quest to Think the Unthinkable.* Carroll& Graf，2003.

[44] Consortium for Mathematics and its Applications. *For All Practical Purposes.* W. H. Freeman，9th edition，2013.

[45] Roger Cooke. *The History of Mathematics:A Brief Course.* John Wiley & Sons，third edition，2012.

[46] Julian Lowell Coolidge. *A History of the Conic Sections and Quadric Surfaces.* Dover，1968. Originally published by The Clarendon Press，Oxford，1945.

[47] Peter R. Cromwell. *Polyhedra.* Cambridge University Press，1997.

[48] John N. Crossley and Alan S. Henry. Thus spake al-Khwārizmī: a translation of the text of Cambridge University Library ms.Ii.vi.5. *Historia Mathematica*，17：103–131，1990.

[49] Michael J. Crowe. *Theories of the World:From Antiquity to the Copernican Revolution.* Dover，second edition，2001.

[50] S. Cuomo. *Ancient Mathematics.* Routledge，2001.

[51] Tobias Dantzig. *Number:The Language of Science.* Pi Press，fourth edition，2005. Original publication by Scribner，1954.

[52] Lorraine Daston. *Classical Probability in the Enlightenment.* Princeton University Press，1988.

[53] Joseph Warren Dauben. *Georg Cantor:His Mathematics and Philosophy of the Infinite.* Princeton University Press，1990.

[54] H. Davenport. *The Higher Arithmetic.* Cambridge University Press，7th edition，1999.

[55] Martin Davis. *The Universal Computer:The Road from Leibniz to Turing.* W.

W. Norton，2000.

[56] Augustus De Morgan. Review of *Théorie Analytique des Probabilités*. *Dublin Review*，2:338–354，April 1837. Author not given in the original publication.

[57] R. Decker and S. Hirschfield. *The Analytical Engine*. Wadsworth，1990.

[58] Richard Dedekind. *Essays in the Theory of Numbers*. Dover，1963.

[59] René Descartes. *The Geometry of Ren´e Descartes:With a facsimile of the first edition*. Dover，1954. Translated from the French and Latin by David Eugene Smith and Marcia L. Latham.

[60] Keith Devlin. *Mathematics:the New Golden Age*. Columbia University Press，second edition，1999.

[61] Keith Devlin. *The Millennium Problems: The Seven Greatest Unsolved Mathematical Puzzles of Our Time*. Basic Books，2002.

[62] Keith Devlin. *The Unfinished Game:Pascal，Fermat，and the Seventeenth-Century Letter that Made the World Modern*. Basic Books，2008.

[63] Keith Devlin. *Leonardo and Steve:The Young Genius Who Beat Apple to Market by 800 Years*. Keith Devlin，2011. Electronic book.

[64] Keith Devlin. T*he Man of Numbers:Fibonacci's Arithmetic Revolution*. Walker and Co.，2011.

[65] Yvonne Dold-Samplonius，Joseph W. Dauben，Menso Folkerts，and Benno van Dalen，editors. *From China to Paris:2000 Years Transmission of Mathematical Ideas*，Stuttgart，2002. Franz Steiner Verlag.

[66] William Dunham. *Journey Through Genius:The Great Theorems of Mathematics*. John Wiley & Sons，1990.

[67] Albert Einstein. *Sidelights on Relativity*，chapter Geometry and Experience. Dover，1983. Reprint of the Dutton 1922 edition.

[68] Michele Emmer. *The Visual Mind*. MIT Press，1993.

[69] Euclid. *The Thirteen Books of Euclid's Elements*. Dover，1956. Translated with introduction and commentary by Thomas L.Heath.

[70] Euclid. *Euclid's Elements:All Thirteen Books Complete in One Volume*. Green Lion Press，Santa Fe，NM，2002. The Thomas L.Heath translation，edited

by Dana Densmore.

[71] Leonhard Euler. *Elements of Algebra*. Springer-Verlag，1984.

[72] Howard Eves. *A Survey of Geometry*. Allyn and Bacon，1963.

[73] Howard Eves. *An Introduction to the History of Mathematics*. Holt，Rinehart and Winston，fourth edition，1976.

[74] Howard Eves. *Great Moments in Mathematics（after 1650）*.Mathematical Association of America，1981.

[75] Howard Eves. *In Mathematical Circles*. Mathematical Association of America，2002. Originally published by Prindle，Weber &Schmidt，1969.

[76] Howard Eves. *Mathematical Circles Adieu and Return to Mathematical Circles*. Mathematical Association of America，2003.Originally published as two separate volumes by Prindle，Weber & Schmidt，1977 and 1987.

[77] Howard Eves. *Mathematical Circles Revisited and Mathematical Circles Squared*. Mathematical Association of America，2003. Originally published as two separate volumes by Prindle，Weber& Schmidt，1972.

[78] Howard Eves and Carroll V. Newsom. *An Introduction to the Foundations and Fundamental Concepts of Mathematics*. Holt，Rinehart and Winston，revised edition，1965.

[79] John Fauvel and Jeremy Gray，editors. *The History of Mathematics，a Reader*. Macmillan Press Ltd.，1988.

[80] John Fauvel and Jan van Maanen，editors. *History in Mathematics Education: an ICMI Study*. Kluwer Academic，2000.

[81] Timothy G. Feeman. *Portraits of the Earth*. American Mathematical Society，2002.

[82] Leonardo Fibonacci，Pisano. *Fibonacci's Liber Abaci*. Springer-Verlag，2002. Translated from the Latin and with an introduction，notes and bibliography by L. E. Sigler.

[83] J. V. Field. *The Invention of Infinity:Mathematics and Art in the Renaissance*. Oxford University Press，1997.

[84] David Fowler. 400 years of decimal fractions. *Mathematics Teaching*，110：20–21，1985. Published by the Association of Teachers of

Mathematics，Lancashire，England.

[85] David Fowler. 400.25 years of decimal fractions. *Mathematics Teaching*，111：30–31，1985. Published by the Association of Teachers of Mathematics，Lancashire，England.

[86] David Fowler. *The Mathematics of Plato's Academy*. OxfordUniversity Press/ The Clarendon Press，second edition，1999.

[87] Paulus Gerdes. *Geometry from Africa:Mathematical and Educational Explorations*. Mathematical Association of America，1999.

[88] Judith L. Gersting and Michael C. Gemignani. *The Computer:History，Workings，Uses & Limitations*. Ardsley House，1988.

[89] Richard J. Gillings. *Mathematics in the Time of the Pharaohs*. Dover，1982.

[90] Charles Coulston Gillispie，editor. *Dictionary of Scientific Biography*. Charles Scribner's Sons，1970—1980. 18 volumes.

[91] Charles Coulston Gillispie，editor. *Complete Dictionary of Scientific Biography*. Gale Virtual Reference Library. Charles Scribner's Sons，2008. Online.

[92] Herman H. Goldstine. *The Computer from Pascal to von Neumann*. Princeton University Press，1972.

[93] Enrique A. Gonz´alez-Velasco. *Journey through Mathematics:Creative Episodes in its History*. Springer，2011.

[94] Judith V. Grabiner. The Changing Concept of Change:The Derivative from Fermat to Weierstrass. *Mathematics Magazine*，56（4）：195–206，1983. Reprinted in [229]，[231]，[96]，and other places.

[95] Judith V. Grabiner. Why did Lagrange "prove" the Parallel Postulate ? *American Mathematical Monthly*，116（1）：3–18，2009. Reprinted in [96].

[96] Judith V. Grabiner. *A Historian Looks Back:The Calculus as Algebra and Selected Writings*. Mathematical Association of America，2010.

[97] I. Grattan-Guinness，editor. *Landmark Writings in Western Mathematics 1640—1940*. Elsevier B. V.，Amsterdam，2005.

[98] Ivor Grattan-Guinness，editor. *Companion Encyclopedia of the History and Philosophy of the Mathematical Sciences*. Routledge，1994.

[99] Ivor Grattan-Guinness，editor. *From the Calculus to Set Theory, 1630–1910：An Introductory History.* Princeton University Press，2000.

[100] Ivor Grattan-Guinness. *The Rainbow of Mathematics:A History of the Mathematical Sciences.* W. W. Norton，2000.

[101] Jeremy Gray. *Plato's Ghost:The Modernist Transformation of Mathematics.* Princeton University Press，2008.

[102] Jeremy Gray. *Worlds Out of Nothing:A Course in the History of Geometry in the 19th Century.* Springer，2010.

[103] Judy Green and Jeanne LaDuke. *Pioneering Women in American Mathematics:The pre-1940 PhD's.* American Mathematical Society，2009.

[104] Marvin Jay Greenberg. *Euclidean and non-Euclidean Geometries:Development and History.* W. H. Freeman and Company，fourth edition，2008.

[105] Louise S. Grinstein and Paul J. Campbell，editors. *Women of Mathematics.* Greenwood Press，1987.

[106] Albert W. Grootendorst. *Jan de Wit's Elementa Curvarum Linearum，Liber Primus.* Springer，2000.

[107] Ian Hacking. *The Emergence of Probability:A Philosophical Study of Early Ideas About Probability，Induction，and Statistical Inference.* Cambridge University Press，1975.

[108] Ian Hacking. *An Introduction to Probability and Inductive Logic.* Cambridge University Press，2002.

[109] George Bruce Halsted. *Girolamo Saccheri's Euclides Vindicatus.* AMS Chelsea，1986. Originally published by Open Court，1920.

[110] G. H. Hardy. *Ramanujan:Twelve Essays on Subjects Suggested By His Life and Work.* AMS Chelsea，2002. Reprinted with corrections from the Cambridge University Press edition，Cambridge，1940.

[111] Julian Havil. *The Irrationals:A Story of the Numbers You Can't Count On.* Princeton University Press，2012.

[112] Julian Havil. *John Napier:Life，Logarithms，and Legacy.* Princeton University Press，2014.

[113] Cynthia Hay，editor. *Mathematics from Manuscript to Print. 1300—*

1600, Oxford and New York, 1988. Oxford University Press/The Clarendon Press.

[114] J. L. Heilbron. *Geometry Civilized:History, Culture, and Technique.* Oxford University Press/The Clarendon Press, 1998.

[115] Claudia Henrion. *Women In Mathematics:The Addition of Difference.* Indiana University Press, 1997.

[116] C. C. Heyde and E. Seneta, editors. *Statisticians of the Centuries.* Springer-Verlag, 2001.

[117] Victor E. Hill, IV. President Garfield and the Pythagorean Theorem. *Math Horizons*, pages 9—11, 15, February 2002.

[118] Alistair Horne. *Seven Ages of Paris.* Knopf, 2002.

[119] Jens Høyrup. *In Measure, Number, and Weight:Studies in Mathematics and Culture.* State University of New York Press, 1994.

[120] Jens Høyrup. Subscientific mathematics:Observations on a premodern phenomenon. In *In Measure, Number, and Weight:Studies in Mathematics and Culture* [119], pages 23—43.

[121] Carl A. Huffman, editor. *A History of Pythagoreanism.* Cambridge University Press, 2014.

[122] Barnabas Hughes. *Regiomontanus on Triangles.* University of Wisconsin Press, 1967.

[123] Catherine Jami. *The Emperor's New Mathematics:Western Learning and Imperial Authority During the Kangxi Reign (1662—1722).* Oxford University Press, 2012.

[124] Dick Jardine and Amy Shell-Gellasch, editors. *Mathematical Time Capsules:Historical Modules for the Mathematics Classroom.* Mathematical Association of America, 2010.

[125] George Gheverghese Joseph. *The Crest of the Peacock:Non-European Roots of Mathematics.* Princeton University Press, third edition, 2011.

[126] Robert Kanigel. *The Man Who Knew Infinity:A Life of the Genius Ramanujan.* Washington Square Press, 1991.

[127] Robert Kaplan. *The Nothing That Is.* Oxford University Press, 2000.

[128] Edward Kasner and James R. Newman. *Mathematics and the Imagination.* Dover, 2001. Reprint of the Simon & Schuster edition, 1940.

[129] Victor J. Katz, editor. *Using History to Teach Mathematics:An International Perspective.* Mathematical Association of America, 2000.

[130] Victor J. Katz, editor. *The Mathematics of Egypt, Mesopotamia, China, India, and Islam: A Sourcebook.* Princeton University Press, 2007.

[131] Victor J. Katz. *A History of Mathematics.* Addison-Wesley, third edition, 2009.

[132] Victor J. Katz and Karen Dee Michalowicz, editors. *Historical Modules for the Teaching and Learning of Mathematics.* Mathematical Association of America, 2005. Available as an e-book and on CD-ROM.

[133] Victor J. Katz and Karen Hunger Parshall. *Taming the Unknown:A History of Algebra from Antiquity to the Early Twentieth Century.*Princeton University Press, 2014.

[134] Agathe Keller. *Expounding the Mathematical Seed.* Birkha¨user, 2006.

[135] Patricia Clark Kenschaft. *Change is Possible:Stories of Women and Minorities in Mathematics.* American Mathematical Society, 2005.

[136] Johannes Kepler. *Optics:Paralipomena to Witelo & Optical Part of Astronomy.* Green Lion Press, 2000. Translated by William H. Donahue.

[137] Omar Khayyam. *The Algebra of Omar Khayyam, translated by Daoud S. Kasir.* Number 385 in Contributions to Education. Columbia University Teachers College, 1931.

[138] Peggy Aldrich Kidwell. The metric system enters the American classroom:1790—1890. In Amy Shell-Gellasch and Dick Jardine, editors, *From Calculus to Computers*, pages 229—236. Mathematical Association of America, Washington, DC, 2005.

[139] E. J. Kijksterhuis. *Archimedes.* Princeton University Press, 1987.

[140] Jacob Klein. *Greek Mathematical Thought and the Origin of Algebra.* Dover, 1992.

[141] Morris Kline. *Mathematical Thought from Ancient to Modern Times.* Oxford University Press, second edition, 1990.

[142] Wilbur R. Knorr. *The Ancient Tradition of Geometric Problems*. Dover，1993.

[143] Steven Krantz. *Mathematical Apocrypha*. Mathematical Association of America，2002.

[144] Steven Krantz. *Mathematical Apocrypha Redux*. Mathematical Association of America，2005.

[145] Federica La Nave and Barry Mazur. Reading Bombelli. *The Mathematical Intelligencer*，24:12–21，2002.

[146] Phillip H. De Lacy and Benedict Einarson，editors. *Plutarch's Moralia*，*volume VI*. Loeb Classical Library. Harvard University Press，1959.

[147] Imre Lakatos. *Proofs and Refutations:The Logic of Mathematical Discovery*. Cambridge University Press，1976.

[148] R. E. Langer. Josiah Willard Gibbs. *American Mathematical Monthly*，46:75–84，1939.

[149] Reinhard Laubenbacher and David Pengelley. *Mathematical Expeditions:Chronicles by the Explorers*. Springer-Verlag，1999.

[150] Reinhard Laubenbacher and David Pengelley. "voici ce que j'aitrouv'e":Sophie Germain's grand plan to prove Fermat's Last Theorem. *Historia Mathematica*，37:641–692，2010.

[151] Martin Levey. *The Algebra of Abū Kāmil*，*in a commentary by Mordecai Finzi*. University of Wisconsin Press，1966.

[152] Yan Li and Shi Ran Du. *Chinese Mathematics*. Oxford University Press/The Clarendon Press，1987.

[153] Lillian R. Lieber. *Infinity:Beyond the Beyond the Beyond*. Paul Dry Books，2008. Reprint of the Rinehart edition，1953.

[154] D. R. Lloyd. How old are the platonic solids ? *BSHM Bulletin*，27:131–140，2012.

[155] Pamela O. Long，David McGee，and Alan M. Stahl，editors. *The Book of Michael of Rhodes*. MIT Press，2009.

[156] Annette Lykknes，Donald L. Opitz，and Brigitte Van Tiggelen，editors. *For Better or For Worse ? Collaborative Couples in the Sciences*.

Birkhäuser，2012.

[157] Liping Ma. *Knowing and Teaching Elementary Mathematics.* Lawrence Erlbaum Associates，1999.

[158] Michael S. Mahoney. *The Mathematical Career of Pierre de Fermat，1601—1665.* Princeton University Press，second edition，1994.

[159] Eli Maor. *Trigonometric Delights.* Princeton University Press，1998.

[160] John Martin. The Helen of geometry. *College Mathematics Journal，* 41：17–27，2010.

[161] Jean-Claude Martzloff. *A History of Chinese Mathematics.* Springer-Verlag，1997.

[162] Barry Mazur. *Imagining Numbers（Particularly the Square Root of Minus Fifteen）.* Farrar，Strauss and Giroux，2002.

[163] Joseph Mazur. *Enlightening Symbols:A Short History of Mathematical Notation and Its Hidden Powers.* Princeton University Press，2014.

[164] Karl Menninger. *Number Words and Number Symbols:A Cultural History of Numbers.* Dover，1992.

[165] N. Metropolis，J. Howlett，and Gian-Carlo Rota，editors. *A History of Computing in the Twentieth Century.* Academic Press，1980.

[166] Henrietta O. Midonick，editor. *The Treasury of Mathematics.* Philosophical Library，1965.

[167] Robert Edouard Moritz. *Memorabilia Mathematica.* Mathematical Association of America，1993.

[168] C. Morrow and Teri Perl. *Notable Women in Mathematics:A Biographical Dictionary.* Greenwood Press，1998.

[169] Margaret A. M. Murray. *Women Becoming Mathematicians:Creating a Professional Identity in post-World War II America.* MIT Press，2000.

[170] Dora Musielak. *Sophie's Diary:A Mathematical Novel.* Mathematical Association of America，2012.

[171] Dora Musielak. *Prime Mystery:The Life and Mathematics of Sophie Germain.* AuthorHouse，2015.

[172] Paul J. Nahin. *An Imaginary Tale:The Story of $\sqrt{-1}$.* Princeton University

Press，1998.

[173] National Research Council. *The Mathematical Sciences in 2025.* National Academies Press，2013.

[174] Reviel Netz. *The Shaping of Deduction in Greek Mathematics.* Cambridge University Press，1999.

[175] Reviel Netz andWilliam Noel. *The Archimedes Codex:Revealing the Secrets of the World's Greatest Palimpsest.* Da Capo Press，2007.

[176] Otto Neugebauer. *The Exact Sciences in Antiquity.* Dover，second edition，1969.

[177] James R. Newman，editor. *The World of Mathematics.* Dover，2000. Vols. 1–4.

[178] Isaac Newton. *The Principia:Mathematical Principles of Natural Philosophy.* University of California Press，1999. Translation by I. Bernard Cohen and Anne Whitman. Preceded by A Guide to Newton's Principia，by I. Bernard Cohen.

[179] Deborah Nolan，editor. *Women in Mathematics:Scaling the Heights，* volume 46 of MAA Notes. Mathematical Association of America，1997.

[180] Apollonius of Perga. *Conics I–IV.* Green Lion Press，2013. Books I–III translated by R. Catesby Taliaferro；Book IV translated by Michael N. Fried.

[181] Lynn M. Osen. *Women in Mathematics.* The MIT Press，1974.

[182] Robert Osserman. *Poetry of the Universe.* Anchor Books，1996.

[183] Marla Parker，editor. *She Does Math!* Mathematical Association of America，1995.

[184] Teri Perl. *Math Equals.* Addison-Wesley，1978.

[185] Peter Pesic. *Abel's Proof:An Essay on the Sources and Meaning of Mathematical Unsolvability.* MIT Press，2003.

[186] Kim Plofker. *Mathematics in India.* Princeton University Press，2009.

[187] Walter Prenowitz and Meyer Jordan. *Basic Concepts of Geometry.* Ardsley House，1989. Originally published by John Wiley &Sons，1965.

[188] R. Preston. Profile:The Mountains of Pi. *The New Yorker，* pages 36—67，

March 2，1992.

[189] Chris Pritchard. *The Changing Shape of Geometry*. Mathematical Association of America，2002.

[190] Helena Pycior. Mathematics and philosophy：Wallis，Hobbes，Barrow， and Berkeley. *Journal of the History of Ideas*，pages 265—286，1987.

[191] Helena M. Pycior. *Symbols，Impossible Numbers，and Geometric Entanglements:British Algebra Through the Commentaries on Newton's Universal Arithmetick*. Cambridge University Press，1997.

[192] R. Rashed，editor. *Encyclopaedia of the History of Arabic Sciences*. Routledge，1996.

[193] H. L. Resnikoff and R. O. Wells，Jr. *Mathematics in Civilization*. Dover， 1984.

[194] David Lindsay Roberts. E. H. Moore's early twentieth-century program for reform in mathematics education. *American Mathematical Monthly*， 108：689–696，2001.

[195] Eleanor Robson. *Mesopotamian Mathematics，2100—1600* BC:*Technical Constants in Bureaucracy and Education*. Clarendon Press，1999.

[196] Eleanor Robson. *Mathematics in Ancient Iraq:A Social History*. Princeton University Press，2008.

[197] John J. Roche. *The Mathematics of Measurement:A Critical History*. Athlone Press/Springer-Verlag，1998.

[198] S. C. Ross and M. Pratt-Cotter. Subtraction from an historical perspective. *School Science and Mathematics*，99：389–393，1999.

[199] Margaret Rossiter. *Women Scientists in America*. Johns Hopkins University Press，1982.

[200] W. W. Rouse Ball. *Mathematical Recreations and Essays*. Dover，13th edition，1987. Revised by H. S. M. Coxeter.

[201] Bertrand Russell. Recent work on the principles of mathematics. *International Monthly*，4，1901. Reprinted in *Mysticism and Logic*，1918.

[202] George Saliba. *Islamic Science and the Making of the European Renaissance*. MIT Press，2007.

[203] David Salsburg. *The Lady Tasting Tea.* W. H. Freeman，2001.

[204] Rosemary Schmalz. *Out of the Mouths of Mathematicians.* Mathematical Association of America，1993.

[205] Denise Schmandt-Besserat. *Oneness，twoness，threeness.* In Swetz [229]，pages 45—51.

[206] Denise Schmandt-Besserat. *The History of Counting.* Morrow Junior Books，1999. Illustrated by Michael Hays.

[207] Randy K. Schwartz. Issues in the origin and development of *Hisab al-Khata'ayn*（calculation by double false position）. In *Actes du Huitième Colloque Maghrébin sur l'Histoire des Mathématiques Arabes，Tunis，les 18–19–20 Decembre 2004*，Tunis，2006. Tunisian Association of Mathematical Sciences.

[208] Randy K. Schwartz. *Adapting the medieval "rule of false position" to the modern classroom.* In Jardine and Shell-Gellasch [124]，pages 29—37.

[209] Helaine Selin and Ubiratan D'Ambrosio，editors. *Mathematics Across Cultures:The History of Non-Western Mathematics.* Kluwer Academic，2000.

[210] Jacques Sesiano. *An Introduction to the History of Algebra:Solving Equations from Mesopotamian Times to the Renaissance.* American Mathematical Society，2009. Translated by Anna Pierrehumbert.

[211] Kangshcn Shen，John N. Crossley，and Anthony W.-C. Lun. *The Nine Chapters on the Mathematical Art:Companion and Commentary.* Oxford University Press，1999.

[212] Barnaby Sheppard. *The Logic of Infinity.* Cambridge University Press，2015.

[213] John R. Silvester. Decimal déjà vu. *The Mathematical Gazette*，83:453–463，1999.

[214] Simon Singh. *Fermat's Enigma.* Walker and Company，1997.

[215] David Singmaster. *Chronology of recreational mathematics.* Online at anduin.eldar.org/~problemi/singmast/recchron.html.

[216] David Singmaster. *Some early sources in recreational mathematics.* In Hay

[113]，pages 195—208.

[217] June Smedley. George，a victorian schoolboy and his mathematics. *British Society for the History of Mathematics Newsletter*，47:5–10，2002–03.

[218] David Eugene Smith. The first work on mathematics printed in the new world. *American Mathematical Monthly*，28:10–15，1921.

[219] David Eugene Smith. *The Sumario Compendioso of Brother Juan Diez:The Earliest Mathematical Work of the New World*. Ginn and Company，1921.

[220] David Eugene Smith. *History of Mathematics*. Dover，1958. Vols.1 and 2.

[221] David Eugene Smith. *A Source Book in Mathematics*. Dover，1959.

[222] *Dava Sobel. Longitude:The True Story of a Lone Genius Who Solved the Greatest Scientific Problem of His Time*. Penguin Books，1995.

[223] Jacqueline Stedall. *Mathematics Emerging:A Sourcebook 1540—1900*. Oxford University Press，2008.

[224] Sherman Stein. *Archimedes:What Did He Do Besides Cry Eureka*？ Mathematical Association of America，1999.

[225] Ian Stewart. *Concepts of Modern Mathematics*. Dover，1995. Reprint of the Penguin Books edition，1981.

[226] Stephen M. Stigler. *The History of Statistics*. Harvard University Press，1986.

[227] Jeff Suzuki. *A History of Mathematics*. Prentice Hall，2002.

[228] Frank Swetz，John Fauvel，Otto Bekken，Bengt Johansson，and Victor Katz，editors. *Learn from the Masters*. Mathematical Association of America，1995.

[229] Frank J. Swetz，editor. *From Five Fingers to Infinity*. Open Court，1994.

[230] Frank J. Swetz. *The Search for Certainty:A Journey Through the History of Mathematics from 1800—2000*. Dover，2012.

[231] Frank J. Swetz. *The European Mathematical Awakening:A Journey Through the History of Mathematics from 1000 to 1800*. Dover，2013.

[232] J. J. Sylvester. *The Collected Mathematical Papers of James Joseph Sylvester*. AMS Chelsea，1973.

[233] Ivor Thomas，editor. *Selections Illustrating the History of Greek*

Mathematics，*volume I.* Loeb Classical Library. Harvard University Press，1980.

[234] Ivor Thomas，editor. *Selections Illustrating the History of Greek Mathematics*，*volume II.* Loeb Classical Library. Harvard University Press，1980.

[235] Renate Tobies. *Iris Runge:A Life at the Crossroads of Mathematics*，*Science*，*and Industry.* Birkhäuser，2013.

[236] G. J. Toomer. *Ptolemy's Almagest.* Princeton University Press，1998.

[237] Clifford Truesdell. Sophie Germain：Fame earned by stubborn error. *Bolletino di Storia delle Scienze Matematiche*，11：3–24，1991.

[238] Glen Van Brummelen. *The Mathematics of the Heavens and the Earth:The Early History of Trigonometry.* Princeton University Press，2009.

[239] Glen van Brummelen. *Heavenly Mathematics:The Forgotten Art of Spherical Trigonometry.* Princeton University Press，2013.

[240] David Foster Wallace. *Everything and More:A Compact History of* ∞. W. W. Norton，2003.

[241] Richard S.Westfall. *Never at Rest:A Biography of Isaac Newton.* Cambridge University Press，1980.

[242] Richard S. Westfall. *The Life of Isaac Newton.* Cambridge University Press，1993.

[243] D. T. Whiteside，editor. *The Mathematical Papers of Isaac Newton.* Cambridge University Press，1972.

[244] Robin J. Wilson. *Stamping Through Mathematics.* Springer-Verlag，2001.

[245] Benjamin H. Yandell. *The Honors Class:Hilbert's Problems and Their Solvers.* A K Peters，2001.